北京师范大学国家“985工程”资助项目

生态文明建设中外经验研究

（国际篇）

朱光明 卢晨阳 李毅 编著

中国人口出版社
China Population Publishing House
全国百佳出版单位

图书在版编目（CIP）数据

生态文明建设中外经验研究·国际篇 / 朱光明，卢晨阳，李毅编著. — 北京：中国人口出版社，2014.12
ISBN 978-7-5101-2848-6

Ⅰ. ①生… Ⅱ. ①朱… ②卢… ③李… Ⅲ. ①生态环境建设－经验－研究－国外 Ⅳ. ①X321.1

中国版本图书馆CIP数据核字(2014)第229560号

生态文明建设中外经验研究
（国际篇）
朱光明 卢晨阳 李毅 编著

出版发行	中国人口出版社
印　　刷	北京朝阳印刷厂有限公司
开　　本	710毫米×1000毫米 1/16
印　　张	14.5
字　　数	300千字
版　　次	2014年12月第1版
印　　次	2015年4月第1次印刷
书　　号	ISBN 978-7-5101-2848-6
定　　价	36.00元
社　　长	张晓林
网　　址	www.rkcbs.net
电子信箱	rkcbs@126.com
总编室电话	(010)83519392
发行部电话	(010)83534662
传　　真	(010)83519401
地　　址	北京市西城区广安门南街80号中加大厦
邮政编码	100054

目录 CONTENTS

第一编　生态城市建设

第二编　生态工业、农业与旅游

第三编　生态问题治理与国际合作

第四编　水资源保护

第五编　若干发达国家的特色生态环境政策及其借鉴

第一编

生态城市建设

专题一：北九州“绿色城市”建构之路

一、背景：自然环境的恶化

北九州市位于日本列岛西端，九州岛最北部，与本州之间隔着关门海峡，北侧为日本海的响滩，东侧为濑户内海的周防滩，隶属于福冈县，地理条件优越，与东亚各国相邻，处于东京至上海航线的中间位置，素有“亚洲门户”之称。1963年由门司市、小仓市、户烟市、八幡市、若松市合并组成北九州市，同时它也是第一个位于日本三大都市圈以外的政令指定都市，其人口约100万人，面积约为487平方千米，是九州岛最大的港口城市，也是日本四大工业区之一。

1901年日本政府在北九州市建立了拥有第一座现代化高炉的国营八幡制铁所（新日铁公司的前身），在正式运营后很快发展成为日本最大的钢铁生产基地。1913年，八幡制铁所的钢铁产量甚至达到了整个日本钢铁消耗总量的80%[①]。北九州以此为契机，逐渐发展成为以钢铁、化学、金属、陶瓷等原材料型产业为中心的重要产业据点，一跃成为日本四大工业区之一，为日本的现代化发挥了巨大的作用[②]。从此，重工业使北九州成为日本重要的工业中心，从这里锻造出数以亿吨的钢材，支撑了这个东亚强国两次奇迹般的崛起，时至今日也依然支撑着北九州市的经济增长。20世纪50年代末以来，伴随着重工业的飞速发展和经济的腾飞，北九州市的环境迅速恶化，大气污染、水污染、噪声污染等一系列环境问题日益凸显。

20世纪60年代中期，北九州的大气污染日益严重，钢铁厂每天排出大量的红烟和黑烟，水泥厂和发电厂则排出灰烟，还有其他不计其数的烟囱，每天向天空直接排出大量的烟雾，北九州市因此被称作“七色烟城”。在北九州洞海湾附近的城山地区，自1959年起沉降下来的煤尘量连续位列日本第一，1965年平均降尘量达到80吨/月，最高时达108吨/月，创下日本最高纪录。1969年北九州市成为日本第一座发布烟雾警报的城市，当地甚至流传“九州的麻雀都是黑的”的说法，不少小学校也因此被迫迁移出城[③]。因为严重的空气污染，北九州市众多市民相继出现了呼吸系统疾病，市民的生命健康受到了严重的影响。七色烟城——北九州市成为了全日本大气污染最严重的地区。

在空气遭受严重污染的同时，北九州市的水污染问题同样触目惊心。北九州市北部的洞海湾（Dokai Bay）曾经是一片生物资源丰富的水域，因渔业发

① OECD. Green Growth in Kitakyushu [M]. OECD Green Growth Studies.OECD Publishing, 2013:p12.
② 岸本千佳司[日]，彭雪. 日本北九州市的环境政策演变：从克服公害到创建环境首都[J]. 当代经济科学，2010(6).
③ 周呈思，杨萍. 北九州的“劫”与“生”. 支点经济观察月刊网，http://www.ipivot.cn/Institute/deep/1692.aspx，最后访问时间：2013年8月5日.

达而被称为“富饶之海，车虾宝库”。然而，随着洞海湾附近的工业迅速地发展，由工厂排放进洞海湾的大量污水使得洞海湾的污染日益加重，成为北九州市水污染最严重的地区，以至于1942年时捕鱼量降为零，渔业几乎完全消失[①]。根据1966年的调查显示，洞海湾海水的溶氧量接近零，而化学需氧量则高达36毫克/每升，100多种鱼类和其他水生生物在海湾内全部绝迹，洞海湾被称作是“连大肠杆菌都不能生存的死海”[②]。在1969年时，每天有大约4百万立方米的工业污水和6万立方米的家庭生活污水直接排放进了洞海湾[③]，最严重时，连船只的螺旋桨都被海水腐蚀掉了。许多人因此罹患病症甚至癌症，市民的生命健康受到了严重威胁。

北九州市的环境污染在1968年达到了顶峰。当年，在日本的北九州市、爱知县一带，突然有几十万只火鸡死亡。紧接着，北九州市一些市民患上了奇怪的病症：眼睑水肿、眼分泌物增多、全身起红疙瘩、肌肉疼痛、四肢麻木、肝功能下降、胃肠道功能紊乱，重症患者甚至死亡，这种病很快蔓延开来，受害者达1万多人。这就是震惊世界的八大公害事件之一的米糠油事件，也称火鸡事件、多氯联苯污染事件[④]。北九州市也因此被联合国列为世界500座环境危机城市之一。

二、北九州：从“灰色城市”到“绿色城市”之路

（一）构建“绿色城市”的“北九州模式”

面对严重的公害问题，最先行动起来的是北九州市的母亲们，出于对孩子们健康的深深担忧，北九州市的母亲们纷纷走上街头，发起运动，提醒整个社会关注环境问题。在她们的推动下，借助媒体广泛的宣传报道以及此起彼伏的居民运动，促使企业与政府开始对公害问题采取有效措施，继而市民、企业、政府部门和研究机构携起手来共同行动[⑤]，创造了“北九州模式”即官、产、学、民联合模式，北九州市的环境得以迅速恢复，北九州市也从“灰色城市”成功转型成了美丽的“绿色城市”。

1. 政府的主导作用

北九州市严重的环境问题促使北九州市政府开始行动起来，采取了一系列诸如主动立法、创建公害对策部门、设立公害动态监视中心、与企业通力合作

① 岸本千佳司[日]，彭雪. 日本北九州市的环境政策演变：从克服公害到创建环境首都[J]. 当代经济科学，2010(6).

② 日本北九州市环境局环境国际协力室官方文件，北九州市的环境国际合作[EB/OL]. http://www.city.kitakyushu.lg.jp/files/000071578.pdf.

③ OECD. Green Growth in Kitakyushu [M]. OECD Green Growth Studies.OECD Publishing, 2013:p13.

④ 夏爱民. 北九州——循环型经济的雏形[J]. 世界环境，2005(3).

⑤ 日本北九州市环境局环境国际协力室官方文件，北九州市的环境国际合作[EB/OL]. http://www.city.kitakyushu.lg.jp/files/000071578.pdf.

等措施，有效应对公害问题。在应对公害问题的历程中，北九州市政府起着十分重要的主导作用，并先后经历了从防治环境污染到创建舒适环境再到推进国际环保合作的三个主要阶段。

1971年，北九州市先于日本国政府成立了地方环保局，并制定了比日本国家规定更为严格的"北九州市公害防治条例"。1972年开始实施公害防止条例，同时制定了"北九州地区公害防治计划"，之后每10年更新一次该计划。依据这些法规和文件，明晰了企业和公众的"排放者责任"原则和"延伸生产者责任"原则，北九州市政府有计划地采取了有关措施。同时，为了就有关环境问题的基本事项进行协商和决策，北九州市政府还设立了由企业、有识之士、市民以及政府部门构成的审议会①。为了弥补法律上的不完善之处，北九州市政府还与企业签订了大量的"公害防治协议书"，制定了治理污染的具体措施，如改善污水处理系统，发展绿地，扩建废物焚烧场和填埋场等②。

在针对大气污染防治方面，北九州政府建立了公害监视中心，在市内各处安装了自动监测仪，实行全天候24小时不间断的集中监控。公害监视中心在数据显示大气污染严重时发出"烟雾警报"、"烟雾强警报"，并根据警报程度，对废弃排量超过一定标准的工厂发出紧急减少排量的指令③。针对水污染问题，北九州市政府设定了严格的排水水质标准，并逐步疏浚了洞海湾污泥，同时完善了公共污水管道。在其他方面，如垃圾处理，北九州市提出"废弃物治理及循环利用代替处理"的基本政策。在这一政策下，北九州市民开始对垃圾进行严格分类，使垃圾变成高附加值的工业原料，通过环保清洁的垃圾焚烧装置，利用燃烧热发电，实现了垃圾的减量化和资源化，达到了高效、环保、经济的处理垃圾的目标④。

为了更好地帮助企业采取环保措施，北九州市于1968年制定了对市内中小企业防治公害进行融资和补贴利息的"北九州市公害防治资金融资制度"。融资对象包括购置或改造防治、消除公害所必需的机械、器具、装置资金，因公害而迁移工厂、设备及新购土地厂房所需的资金⑤。

在经历了公害防治阶段，北九州市转向了主动创建舒适环境的进程。1988年，北九州地方政府提出了"北九州市复兴计划"，并充分利用北九州山环水抱的优越地理条件，恢复被污染的自然环境。今天的北九州，已经步入了输出环境

---

① "政府部门所采取的措施"[EB/OL]，日本北九州市综合信息网站，http://beijiuzhou.com/environment/environment_bulid03.html，最后访问时间：2013年8月8日.

② 夏爱民. 北九州——循环型经济的雏形[J]. 世界环境，2005(3).

③ 王蓬. 日本北九州市治理环境污染的经验[J]. 发展，2008(6).

④ 日本北九州市环境局环境国际协力室官方文件，北九州市的环境国际合作[EB/OL]. http://www.city.kitakyushu.lg.jp/files/000071578.pdf.

⑤ 王蓬. 日本北九州市治理环境污染的经验[J]. 发展，2008(6).

技术，展开国际环保合作的阶段。北九州市从灰色城市彻底转型成为绿色生态城市，其影响已辐射至整个东亚地区，引领着整个东亚地区环境保护进程。

2. 企业

企业作为社会经济活动的主体，对保护和改善生态环境担负着重要责任，政府与企业通力合作是北九州市公害防治模式的特点。在日本其他地区，因环境问题企业与市民之间矛盾激化的背景下，北九州市的企业和政府部门能通力合作，采取了严格的公害防治措施，取得了显著的效果，这正是因为北九州市对企业并不一味诉诸强制手段或司法诉讼，而是重视与企业协商和调解。在北九州市，特定的产业部门和少数大型企业、公司影响力非常大，在这样的产业构造下，比起政府单方面的控制和管理，官民协作的公害对策推行起来更为现实，再加上大型企业资金充裕，更容易实施治理，而且从大规模工厂开始采取治理措施的话，污染会得到大幅消减①。企业在北九州市公害防治上具有重要的地位，长期以来都扮演着重要的角色，企业与政府之间的通力合作正是北九州模式成功的重要原因之一。

在防治公害进程中，3R原则即减排(reduce)、再利用(reuse)、循环利用(recycle)是北九州地区企业坚持的重要原则。为了符合排放标准的要求，北九州地区的企业积极地改善生产工艺，安装了集尘、脱硫、脱硝以及排水处理等一系列的末端治理技术装置及设备等。在采用废水废气末端治理技术的同时，企业还引进了清洁生产技术（CP：传统的公害处理主要是从污染物的排放口进行防治处理，这被称为末端处理技术，而清洁生产技术则是从获取原料打到产品制造，报废以及再生利用等整个过程都建立在减轻环境负荷的思想基础之上，并包含了每一个环节的技术措施和系统管理方法的一种生产方式），通过对生产设备及工艺的彻底改造，以及废弃物、排热的循环利用，提高了原材料、燃料的利用效率，大大提高了生产效率，同时有效减少了污染物质的排放，还节约了资源及能源。目前，北九州市已建立了世界上最先进的环保体系。

北九州市企业与政府部门合作，主动采取绿色生产技术，有效应对公害问题，不但没有降低企业的经济收益，反而推动了企业的技术创新步伐，提高了企业的竞争力，进而推动了整个北九州市的经济创新，提升了经济的发展速度，维持和提高了北九州市的竞争力。

3. 高校与科研机构

在“北九州模式”中，政府起着主导作用，企业是研究、开发和生产的主

① 岸本千佳司[日]，彭雪. 日本北九州市的环境政策演变：从克服公害到创建环境首都[J]. 当代经济科学，2010(6).

体，而高校和科研机构则是科技人才、创新思想和技术成果的摇篮。高校和科研机构是北九州市应对公害问题，实现可持续发展的重要保障。

北九州市在推进官、产、学合作发展过程中，创造了极富北九州特色的合作模式：政府通过规划建设产学研合作的新空间载体（学术研究城），吸引企业和理工类的大学及研究院所集聚；出资设立专门机构——（财团法人）北九州产业学术推进机构（FAIS），运营学术研究城和协调、促进企业与大学、研究院所的合作；完善知识产权和金融支持制度，保障自主知识产权和研究成果转化的最优化。其基本合作框架为：由北九州产业学术推进机构为企业和大学、研究院所提供信息发布平台和交流的公共场所，以利于双方进行交流和协商，便于形成进行共同研究和开发的项目；一旦达成共识，企业和大学、研究院所进行分工协作，共同致力于新技术或新产品的研发；研发成功后，北九州产业学术推进机构派遣专家进行鉴定和论证，并对研发成果的市场转化提供支援；技术转移机构（TLO）对研发成果进行知识产权认定后，或是将研发成果转让给相关企业，或是吸引风险投资机构的资金，由研发机构将研发成果进行市场化①。

在北九州模式中，高校和科研机构能够与企业紧密合作，企业的资金以及市场的需求引导着高校和科研机构的技术革新和研发方向，而高校和科研机构则为企业提供科技服务平台，新技术和新产品一旦诞生便能够迅速的实现转化，投入到市场中。这样的互动的双向合作方式，为北九州市“产业环境化、环境产业化”的城市产业转型提供有力支撑②。北九州市也因此成为日本六个“学、研”向“产”技术转移最成功的地区之一。

4. 社会公众

北九州市得以从“灰色城市”成功转变成为“绿色城市”，离不开北九州市社会公众的不懈努力。从最初的母亲运动到后来的各种类型的民间环保团体的涌现，无不推动和见证了北九州市的城市转变历程。北九州市的生态城市建构之路是由无数北九州市民们广泛的参与和持之以恒的努力铺就而成的，在参与进程中，北九州市民们培养起了强烈的环保意识。

北九州市民是公害污染最直接的受害者，在环境污染最严重的时候，北九州市民的生命健康受到了严重的威胁。面对这些严重的公害问题，最先行动起来的是众多的母亲们，她们纷纷走上街头，发起多场草根运动，呼吁企业减少工业污染，政府提高城市的环境状况。北九州市的母亲运动引起了整个社会的

① 王纯彬，潘瑜. 探索产学研合作的“北九州模式”[J]. 浙江经济，2010(20).
② 石晓红，叶钟. 日本北九州城市产业转型的成功经验及启示[J]. 西南农业大学学报（社会科学版），2012(10).

广泛持续的关注，也激励了越来越多的市民参与行动，开始主动地监督企业和政府应对公害问题，积极地表达民众的利益与呼声。公民运动持续了近20年之久①，极大地推动了北九州市的环保进程。在广泛的参与过程中，北九州市民们自发形成了众多的民间环保组织，以更加专业和更有效率的方式介入、监督和推动北九州市的环境保护，促使政府与企业更加尊重和吸取市民的意见和利益诉求，更加重视保护市民的利益。在市民们的主动参与下，北九州在应对公害问题进程中，逐渐形成了著名的“官、产、学、民”结合的北九州模式。

今天的北九州市民们，早已将环保意识渗入到日常生活的点点滴滴之中，从垃圾分类到绿色消费，从极具特色的绿色生活环保大会到环保积分活动，无不体现着这座绿色城市的环保底蕴。环境保护，已经成为了北九州市社会公众生活的重要组成部分，这也正是北九州市能够实现可持续发展的关键。

“官、产、学、民”结合是“北九州模式”成功的支撑，也是北九州市能够克服公害，实现绿色城市转型的基础，更是北九州市实现可持续发展，建立低碳、循环型经济的生态城市的关键。北九州市环境行动的十大原则，即在社会层面，通过舆论监督和公众参与，加强环境执法，同时鼓励并支持对环境保护有突出贡献的个人，并且还要尊重地方民俗与民意；在综合层面，分享收集环保信息，向全世界传递环境城市的理念；在环境层面，通过对自然界更深刻的理解，鼓励人与所有生物共生共荣，在追求优美环境的同时，保护城市有价值的文化遗产，减少城市发展给环境带来的负担；在经济层面，激励、培育市场，鼓励开发创新环保技术，参与地方环境建设，并在社会经济活动中，鼓励可回收资源的再利用。

（二）发展循环经济，建设生态工业园区，建立资源循环型经济社会

北九州市从1997年开始，实施环境产业建设、环境新技术开发、减少垃圾、实现循环型社会为主要内容的生态城市建设计划，提出了“从某种产业产生的废弃物为别的产业所利用，地区整体的废弃物排放为零”的生态城市构想②。为了建设资源循环型社会，北九州市将“产业振兴政策”与“环境保护政策”进行统合，制定了北九州市独具特色的地方政策——生态工业园区工程③。生态工业园区工程正是以“所有废弃物都在其他产业领域作为原材料使用，废弃物最终为零（零排放）”为目标，以环保与再生利用产业振兴为核心，构建资源循环

① OECD. Green Growth in Kitakyushu [M]. OECD Green Growth Studies.OECD Publishing, 2013:p13.
② 夏爱民. 北九州——循环型经济的雏形[J]. 世界环境, 2005(3).
③ 日本北九州市环境局环境国际协力室官方文件，北九州市的环境国际合作[EB/OL]. http://www.city.kitakyushu.lg.jp/files/000071578.pdf.

型社会的一种项目，北九州市已经推行了该工程的具体项目[①]。

北九州生态工业园区位于市西北部的若松区响滩，该区域是填海造地形成，面积广阔。北九州生态工业园区以进行新开发技术实证试验的“实证研究区”、提倡产业化发展的“综合环境联合企业区”以及由中小企业组成的“响滩回收园区”为中心，计划将响滩东部地区建设成为一个综合性基地，促进研究开发的新技术向产业化迈进，带动全市整体发展[②]。除了这三个区之外，广义上的生态工业园区还包括位于附近的“北九州学术研究城”。

1. 综合环保联合企业区

综合环保联合企业区是开展环保产业企业化项目的区域，旨在通过将循环企业集中在一个区域进而创造能源和材料的循环利用体系[③]。综合环保联合企业区内集中了众多废弃物再处理工厂，不仅进行各自的循环利用生产，还充分利用工厂汇集的优势相互合作，互相将废弃物或未完全利用的能源重新利用，推进零排放环保产业，形成了高效的资源循环系统。还有“复合核心设施”（气化熔融炉）也在运营中，用来对企业工业废物做熔融处理，实现再资源化，同时熔融炉产生的热量用来发电供应园区内企业使用，实现零排放[④]。

2. 响滩循环利用区

响滩循环利用区紧邻综合环保联合企业区，旨在通过以对中小循环企业提供贷款而将其集中在该区域进而整体升级为环保产业。与综合环保联合企业区不同，响滩循环利用区里的中小企业主要面向与本地区相关的废弃物循环利用服务，主营汽车部件等的回收[⑤]。

3. 实证研究区

实证研究区旨在通过吸引和鼓励多种类、多领域的研究机构集聚在该区域，重点研究资源循环利用和垃圾处理技术，进而促进北九州地区对尖端环保技术的研究和发展[⑥]。该区分布着众多大学研究所和企业的实证研究设施，如日本福冈大学资源循环、环境控制系统研究所、九州工业大学生态工业园区验证研究中心、新日本制铁（株）北九州环境技术中心、北九州生态工业园区中心

① “北九州生态工业园区工程”[EB/OL]，日本北九州市综合信息网站，http://beijiuzhou.com/environment/environment_bulid01.html，最后访问时间：2013年8月12日。

② 董立延．日本北九州：生态城建设之路[J]．中国社会科学报，2010-06-17.

③ 3R Knowledge Hub(hosted by the Asian Development Bank, Asian Institute of Technology, UNEP Regional Resource Centre for Asia and the Pacific and United Nations Economic and Social Commission for Asia and the Pacific), Kitakyushu Eco-Town Project[EB/OL], http://www.rrrkh.ait.ac.th/3r%20good%20practices/25-Kitakyushu.pdf, p1.

④ 岸本千佳司[日]，彭雪．日本北九州市的环境政策演变：从克服公害到创建环境首都[J]．当代经济科学，2010(6).

⑤ 3R Knowledge Hub(hosted by the Asian Development Bank, Asian Institute of Technology, UNEP Regional Resource Centre for Asia and the Pacific and United Nations Economic and Social Commission for Asia and the Pacific), Kitakyushu Eco-Town Project[EB/OL], http://www.rrrkh.ait.ac.th/3r%20good%20practices/25-Kitakyushu.pdf, p4.

⑥ Institute for Global Environmental Strategies(IGES), Kitakyushu Eco-Town Project[EB/OL], http://pub.iges.or.jp/contents/APEIS/RISPO/inventory/db/pdf/0147.pdf, p4.

垃圾研究设施等[1]。通过大学，企业和政府的共同合作，对最先进的垃圾处理技术和资源循环再利用技术的实证研究，为企业提供技术支持，将实证研究区发展成为环境保护相关技术的研发基地。

4. 北九州学术研究城

北九州学术研究城也是广义上的生态工业园区的组成部分。北九州学术研究城里，各个公立、国立、私立大学，研究生院及各种研究机构汇集在一个校园内，相互合作，针对“环保”和“信息”这两大课题进行综合性的开发和研究，同时为后续发展储备人才[2]。依托北九州学术城的产业孵化作用，北九州市已经在资源循环使用、废弃物处理与资源化及环保设备研发领域处于领先地位；在燃料电池汽车，太阳能、风力发电，生物技术、信息及网络通信技术等领域也发展迅速，从而建立起以企业为主体的循环经济技术体系[3]。

在生态工业园区工程启动之初就构想了“北九州模式3部曲”，即将教育、基础研究（北九州学术研究城），技术开发、实证研究（实证研究区）和产业化（综合环境联合企业、响滩回收区等）综合为一体，现已成为北九州生态工业园区的最大特色，是日本其他地区的生态工业园区所不具备的[4]。

在推进资源循环型经济社会的建构进程中，北九州市依靠生态园区工程，还逐步采取了其他形式的措施。从2000年开始，北九州对汽车进行回收，每年都有18000辆机动车被回收利用；对家用电器的再循环利用，“家电回收法”的出台，规定了报废电视机、电冰箱、洗衣机、空调等家电必须付费，随意丢弃被视为违法，家电生产企业也有义务回收报废家电。现在北九州每年都有50万台彩电、冰箱、洗衣机以及空调被回收再利用；鼓励市民用荧光灯，对荧光灯进行回收利用；对建筑垃圾的回收，每年仅建筑垃圾的回收利用就达13万吨；医疗器械的回收利用，废旧木材和废弃塑料的综合利用。北九州为了使能源和资源的使用达到最优化，不论在工厂还是在社区，都已经开始使用垃圾焚烧装置当中的热量，然后为当地供热，或者为当地批发市场的冷冻机来供电力[5]。除此之外，北九州市还引进了200KW太阳能发电设施及最先进的节能设备建设环境共生型住宅，这样的住宅能够减少街区范围内30%左右的CO_2排放量[6]。

---

① 日本北九州市环境局环境国际协力室官方文件，北九州市的环境国际合作[EB/OL]. http://www.city.kitakyushu.lg.jp/files/000071578.pdf.

② 日本北九州市环境局环境国际协力室官方文件，北九州市的环境国际合作[EB/OL]. http://www.city.kitakyushu.lg.jp/files/000071578.pdf.

③ 肖鹏程. 日本北九州生态城发展循环经济的经验和启示[J]. 西南科技大学学报（哲学社会科学版），2012(1).

④ 岸本千佳司[日]，彭雪. 日本北九州市的环境政策演变：从克服公害到创建环境首都[J].当代经济科学，2010(6).

⑤ 夏爱民. 北九州——循环型经济的雏形[J].世界环境，2005(3).

⑥ 日本北九州市环境局环境国际协力室官方文件，北九州市的环境国际合作[EB/OL]. http://www.city.kitakyushu.lg.jp/files/000071578.pdf.

（三）发展新兴产业

北九州在建构生态城市的进程中，及时地利用区位优势重构产业，发展新兴替代产业。北九州在经济结构转型过程中，并没有简单地在原有产业基础上向前或向后延伸产业，而是对北九州地区的区位优势进行重构，突破固有的产业结构，培育新兴替代产业，实现产业结构的多元化和高度化[①]。

北九州通过吸引高新技术企业落户北九州，大力地发展包括燃料电池汽车、混合动力汽车等新一代汽车产业，太阳能、风力发电等新能源产业，资源循环使用与废弃物处理、环保机械设备的开发利用等新兴环保产业；其次还有医疗健康和生物技术、信息和网络通信技术等[②]。经过20余年的努力，北九州地区的经济结构成功转型。北九州地区的第一产业明显衰退，而第三产业发展迅速，制造业内部结构由钢铁、造船为代表的重工业型产业向以半导体、汽车相关产品为主的加工、组装型产业转换，并成为日本高科技产业、新兴工业的主要基地。九州地区的集成电路(IC)、汽车、陶瓷、环境、机器人、食品、生物科技等产业发展迅速，特别是集成电路、汽车产业已成为北九州工业的主导产业，北九州已成为日本和世界的重要半导体生产基地之一[③]。

（四）开展环境国际合作，输出“环境技术”

北九州市成功转型成“绿色城市”后，便充分利用中国等其他亚洲国家经济高速发展的契机，在广泛开展国际合作的基础上，进行“环境技术”输出[④]。北九州市的国际合作是借助与各民间团体，研究机构灵活的互动来推动的，这是其他城市所不具有的特点[⑤]。

1. 财团法人国际技术协力协会(KITA)与JICA九州国际中心

为了使北九州地区的环境产业技术更好地向国外输出，北九州市产业团体与市政府于1980年联合设立（财团法人）北九州国际技术协力协会(KITA)。KITA自成立后通过向发展中国家派遣专家，接纳研修员等方式把北九州市在克服公害过程中积累起来的技术成功推广出去，对发展中国家解决环境问题发挥了重要作用[⑥]。

KITA研修课程的最大特点是：200余家当地企业、大学和政府部门为研修

---

① 曾荣平，岳玉珠. 日本九州地区产业衰退与产业转型的启示[J]. 当代经济，2007(12上).
② 夏爱民. 北九州——循环型经济的雏形[J]. 世界环境，2005(3).
③ 曾荣平，岳玉珠. 日本九州地区产业衰退与产业转型的启示[J]. 当代经济，2007(12上).
④ 夏爱民. 北九州——循环型经济的雏形[J]. 世界环境，2005(3).
⑤ 日本北九州市环境局环境国际协力室官方文件，北九州市的环境国际合作[EB/OL]. http://www.city.kitakyushu.lg.jp/files/000071578.pdf.
⑥ 日本北九州市环境局环境国际协力室官方文件，北九州市的环境国际合作[EB/OL]. http://www.city.kitakyushu.lg.jp/files/000071578.pdf.

提供后援，开展实践性研究；在工厂或研究机关等，由经验丰富的专家进行现场指导，传授最先进、最实用的技术。KITA自成立以来，得到了各方面的高度评价，各国的各种机构纷纷委托KITA进行研修，指导工作①。到2009年3月，KITA累计接收了133个国家共计5 366名海外研修员（其中有来自亚洲43个国家3 646人），以国际技术协作的方式派遣了144名专家前往25个国家②。2006年起，为了建设“亚洲环保人才的培养基地”，北九州市正在实施每年接受500名研修员的计划③。

2. 城市间的环境国际合作

北九州市在推行环境技术输出时，还积极推进城市间的环境国际合作。如北九州市与中国大连市之间的环保合作。北九州市与大连市结成友好城市后，长期展开交流合作活动，针对大连的环境污染问题，北九州市为大连制定环境改善的总体规划。在双方的努力下，大连市逐步克服了大气污染和水质污浊等问题，2001年6月获评UNDP的“全球500佳”，成为中国首次获得该奖项的城市④。

北九州市在与大连的环境合作中，认识到了国际环境合作的有效性和重要意义，此后，北九州市还与包括中国在内的其他国家携手合作应对环境问题。为了进一步的推动城市间的环境合作，北九州市还实施了国际城市网络计划，主要分为三大类：

（1）亚洲环保合作城市网络：亚洲经济正处于发展阶段，为实现亚洲地区经济的可持续发展，共享各城市的环保经验以及新措施，1997年在北九州市召开了“亚洲环保合作城市会议”，与会期间，北九州市与东南亚4个国家的6个城市共同建立了环保城市合作网络，通过接纳研修员、派遣专家、举办讲座等活动，共同解决各种环境问题。

（2）东亚经济交流推进机构（环境分部）：2004年由环渤海的日本、中国、韩国三国的10个城市组成了东亚经济交流推进机构，旨在通过推进经济和人文的交流，构建环黄海经济圈。其中，环境分部为推动环黄海地区可持续发展，正积极开展环黄海地区的人才培养工作，产业界、学术界和政府携手举办各种讲座，先进的环保数据信息库也在建立中。

（3）北九州环保倡议合作网络：2000年9月由联合国亚太经社委员会(UNESCAP)举办的“环境与发展部长会议”在北九州市召开，会上通过了以北

---

① 日本北九州市环境局环境国际协力室官方文件，北九州市的环境国际合作[EB/OL]. http://www.city.kitakyushu.lg.jp/files/000071578.pdf.

② 岸本千佳司[日]，彭雪. 日本北九州市的环境政策演变：从克服公害到创建环境首都[J]. 当代经济科学，2010(6).

③ 日本北九州市环境局环境国际协力室官方文件，北九州市的环境国际合作[EB/OL]. http://www.city.kitakyushu.lg.jp/files/000071578.pdf.

④ 岸本千佳司[日]，彭雪. 日本北九州市的环境政策演变：从克服公害到创建环境首都[J]. 当代经济科学，2010(6).

九州市克服公害、实现城市环境再生的经验和措施作为典范，采纳了旨在改善环境的“北九州环境保护倡议——为了清洁的环境”的方案，并在此基础上，创办了北九州环保倡议合作网络。截至2006年，该网络共吸收了亚洲太平洋地区18个国家62个成员城市，通过不定期以举行讲座、组织考察团、实施试点项目等活动形式，积极促进城市环境的改善①。

三、北九州绿色城市建设的成效、尚未解决的课题及新战略构想

（一）北九州绿色城市建设的成效

经过北九州市民、企业与政府几十年的共同努力，北九州市绿色城市建设取得了巨大的成效。具体来讲：

1. 在大气污染防止方面。SO_2的排放量总体保持在0.006ppm，到2009年，其排放量下降到了0.002ppm，较1967年下降了95.24%；SPM的年均排放量下降程度也比较明显，从1967年的0.070ppm到2009年的0.023ppm，下降了近67.14%；NO_2的年均排放量从1967年的0.022ppm到2009年0.017ppm，下降了22.73%；Ox年均排放量经历了波动较大，在1967年至1991年，下降程度明显，但自90年代开始，排放量又逐渐增加。这是北九州市今后大气污染防控的重点。

2. 在水污染防治方面。在经过北九州市对水污染问题的治理之下，三大水域污染状况得到明显改善，治理成效显著，河流和海湾均已恢复自然功能。

3. 在废弃物回收利用方面，图1-1与图1-2反映了北九州市在废弃物排放以

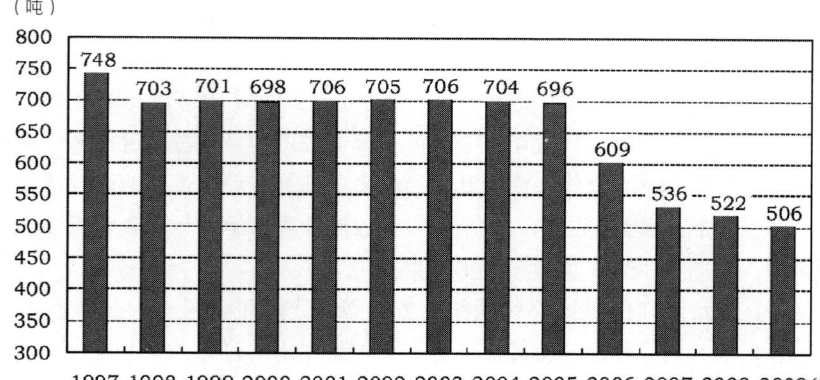

图1-1 北九州市民日均排放垃圾量（1997~2009年）

来源：United Nations Centre for Regional Development

① 日本北九州市环境局环境国际协力室官方文件，北九州市的环境国际合作[EB/OL]. http://www.city.kitakyushu.lg.jp/files/000071578.pdf.

及回收再利用方面取得的成效。

图1–1显示出北九州市从环境污染治理阶段转向创建舒适生活环境进程中，市民日均垃圾排放量显著减少，居民垃圾分类意识明显增强。具体来讲，从1997年的日均排放垃圾748吨到2009年的506吨，垃圾排放总量下降了32.35%，尤其从2004年开始，垃圾排放量下降最为明显。

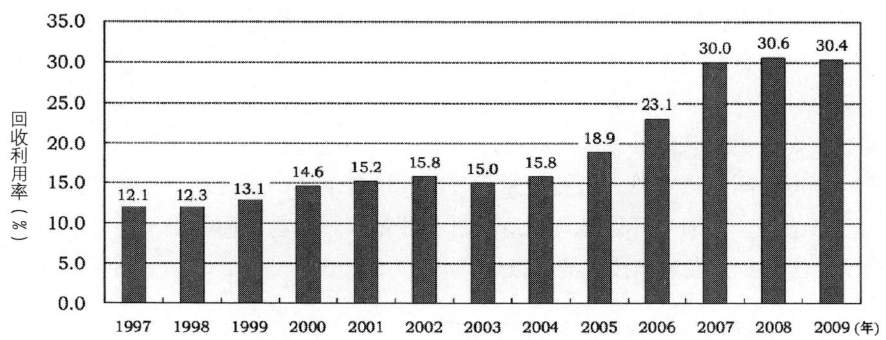

图1–2　北九州市民生活垃圾回收利用率（1997～2009年）

来源：United Nations Centre for Regional Development

图1–2显示，北九州市民生活垃圾回收利用率在1997～2009年之间增长显著，与1997年相比，2009年生活垃圾回收利用率增长了近18.3%，北九州市民垃圾分类与回收利用意识显著提升，实现了城市生活垃圾的变废为宝和再资源化的目标。

4. 在生态产品与环境技术出口方面，北九州也取得了显著的成效。

其中，北九州市生态产品的最主要出口方向是亚洲地区，与1989年相比，至2008年向亚洲生态成品出口增长了近261.89%，2009年出口额受金融危机影响，出现波动，但较1989年，依然增长了146.91%。由此，北九州市向世界各地尤其是向亚洲地区生态产品出口呈现十分明显的增长态势。

北九州市在应对公害问题，建设绿色城市方面取得了巨大的成就，先后于1982年荣获日本“绿色城市奖·内阁总理大臣奖”；1986年被日本环境厅评为“星空之城”；1990年联合国环境规划署颁发的“全球500佳”奖；1992年全球首脑会议上的“联合国地方自治体表彰”；2002年约翰内斯堡的世界首脑会议上的“可持续发展奖”；2008年，北九州市成为日本6个环境模范城市之一；

2011年北九州市被经济合作组织（OECD）评选为“绿色发展示范城市”；2012年北九州市入选为“绿色亚洲国际战略综合特区”和“北九州市环境未来都市”。

（二）尚未解决的问题

北九州的环境事业虽然成绩显著，但也留下了众多尚未解决的课题。比如建设有魅力居住环境方面虽然考虑了环境保全，但对人才，特别是年轻人的吸引力不大，在减缓人口减少趋势方面没有明显作用；其次，在环境技术关联产业为杠杆带动产业振兴方面，虽取得生态工业园区事业等局部性成果，但在远离行政支援的地区能分享的成果很小，尚未成为地区经济再活化的原动力；再次，环境国际交流方面，虽然领先于日本其他自治体，但是迄今为止“援助”的色彩浓厚，在通过环保产业创造商机、开拓国际市场方面做得不足，以至于影响了进一步开发环境技术的积极性①。

（三）新战略构想：建设世界环境首都

北九州市并不满足于今天取得的成就，在2004年提出了“世界环境首都”的发展战略，基本理念是“创造真正富足的城市，并将其留给后代继承”。北九州市为切实展开这一战略，广泛吸取了市民、NPO、企业、大学等不同群体的意见和建议，于2004年10月制定了“环境首都总体设计”，在“北九州市民环境行动10原则”的框架下，共收到约250条具体的课题、措施的意见和建议②，并为实现这一战略奠定了三大基本方针即：共生、共创；以环保开拓经济；提高城市发展的可持续性③。

当前，在“世界环境首都”战略的指导下，北九州市民、政府、企业、NGO等不同群体携起手来，依托环境产业等新兴产业，借助环黄海经济圈，正在为实现这一战略目标而努力展开行动。北九州市很有可能在不久的将来实现这一战略，成为世界环境首都。

四、对中国的启示

目前，我国正处于工业化加速发展阶段，各种资源与环境问题层出不穷，不少问题已经造成了十分严重的危害，环境问题已经成了经济发展的障碍。中国当前遇到的环境问题与北九州市的经历有诸多相似之处，如困扰不少城市的

---

① 岸本千佳司[日]，彭雪．日本北九州市的环境政策演变：从克服公害到创建环境首都[J]．当代经济科学，2010(6).

② 岸本千佳司[日]，彭雪．日本北九州市的环境政策演变：从克服公害到创建环境首都[J]．当代经济科学，2010(6).

③ 日本北九州市环境局环境国际协力室官方文件，北九州市的环境国际合作[EB/OL]．http://www.city.kitakyushu.lg.jp/files/000071578.pdf.

大气污染问题、水污染问题、产业转型升级问题、低碳循环经济体系的创建问题、国民环境意识培育问题、经济发展与环境保护之间的矛盾问题、国际环境合作问题以及未来创建舒适生活环境进程可能遇到的诸多问题与困难，日本北九州市的经历和应对之道给正在解决环境问题中的中国提供了极具价值的借鉴模式。

总体上而言，北九州环境治理与保护模式取得了显著的成效，其成功的主要因素有：

（一）“北九州模式”的关键性因素是政府在与企业、市民、NGO、高校与研究机构之间的互动合作与联合治理中起主导作用。北九州市政府在环境污染治理以及环境保护中起主导作用，它有效地促进了环保项目的实施，在整体规划中体现工业发展与环境保护之间的平衡，适时调整法律法规，并提倡实施信息的公开化等。具体而言：①政府在扮演主导者角色的同时，注重企业在环保中的主体地位，对企业给予大力财政激励和政策支持，促使企业主动地进行技术与产业升级，从高污染转向清洁生产，实现了企业效益与环保兼顾的目标，政府在其中的作用不容忽视；②环境污染治理与环境保护需要不断地投入和研发配套的技术，及时地升级产业，为实现这一目标，北九州市政府搭设平台，促进了高校、科研机构与企业之间的紧密联系和互动，做到了新技术切中市场需要，同时又能够迅速的投入应用，形成实际的经济效益，反过来又提升了高校科研机构的学术科研水平，为环境保护的后备人才培养，创设了极佳的环境和基础；③环境保护最终需要广大市民的同心协力参与，北九州市政府在治理环境污染之时，积极倾听民众诉求，主动创造条件和平台收集和采纳民众建议和意见，尊重和保护民众的知情权和参与权利，使民众在广泛参与环保行动的同时形成了深厚的环保意识，最终渗透进民众的日常生活点滴，形成了真正的环保型社会。

（二）“北九州模式”形成的初衷在于市民与众多NGO的推动，模式自身的稳健运行依赖社会公众的广泛而持续的参与。北九州市环境问题愈演愈烈之时，是北九州市民最先行动起来，向政府及涉事企业表达了不满与诉求，促使政府与企业关注环境问题，积极应对环境公害。在北九州市环境治理与保护行动中，北九州市民积极投入到了整个行动之中，并监督政府与企业的行为，确保自身的利益得以维护。在环境保护运动中，市民们逐渐形成了多种类的NGO团体，以组织的形式更加有效地推动了“北九州模式”的最终形成。

（三）“北九州模式”的主要践行者是北九州市的诸多企业，北九州在应对公害问题时，企业发挥了关键性的作用。企业将市场与环保紧密地结合起来，主动地创新环保技术，提升企业的环保水平，节省企业生产成本，提高企业的竞争力。北九州环境问题的成功治理与环境保护的成就，离不开作为最主要践行者的企业的参与。北九州市众多企业在政府相关政策的支持与税收激励下，进行企业的技术升级，从高污染型转向清洁生产，最终形成了环保型企业，这是“北九州模式”的支撑。

（四）“北九州模式”的大脑是北九州市高校和科研机构。高校和众多研究机构依托企业的资金投入和政府的政策支持，积极展开环保技术与理论的研究和实证，源源不断地位企业和政府输送环保人才，提供技术支撑。在与企业的长期合作进程中，高校和科研机构的学术水平也得以大大提升，也为高校和科研机构自身的发展奠定了雄厚的基础，并创设了市场指向型的应用平台。

（五）“北九州模式”能够长期高效地发挥作用的核心在于北九州在建构生态城市的进程中，及时地对北九州地区的区域优势进行重构，突破固有的产业结构，培育新兴替代产业，实现产业结构的多元化和高度化，成功实现产业转型。北九州市能够顺应发展潮流，积极进行区域产业升级，及时跟进技术发展，将新理念、新思想及时嵌进模式的基本框架之中，保持了“北九州模式”的活力。

（六）“北九州模式”影响力的重要依托在于北九州市积极展开的国际环保合作网络。“北九州模式”在取得了巨大成就之后，北九州市积极向海外输出环境技术，推进各国城市间的环境国际合作，使环保产业成为北九州市的品牌产业，为北九州创造了新的市场增长点，并带来显著的经济效益。北九州输出环境技术的方式主要通过亚洲环保合作城市网络、东亚经济交流推进机构（环境分部）与北九州环保倡议合作网络，立足东北亚，辐射至整个东亚地区，进而面向整个世界。

我国当前在应对环境问题时，可借助北九州市推行“世界首都”战略之机，与北九州展开合作，积极学习和引入“北九州模式”，同时注意避免其发展中存在的问题，结合我们自身的实际状况，创造出中国自身应对环境问题的发展模式，以低碳、循环经济来实现真正的可持续发展，构建环保型社会。

参考文献

[1]OECD. Green Growth in Kitakyushu [M], OECD Green Growth Studies. OECD Publishing, 2013.

[2]岸本千佳司[日]，彭雪.日本北九州市的环境政策演变：从克服公害到创建环境首都[J].当代经济科学，2010(6).

[3]日本北九州市环境局环境国际协力室官方文件，北九州市的环境国际合作[EB/OL]. http://www.city.kitakyushu.lg.jp/files/000071578.pdf.

[4]夏爱民.北九州——循环型经济的雏形[J].世界环境，2005(3).

[5]日本北九州市综合信息网站，企业所采取的措施[EB/OL], http://beijiuzhou.com/environment/environment_bulid02.html, 最后访问时间：2013年8月9日.

[6]Kenji Kitahashi, Kitakyushu's Challenge to Promote the Development of Green Industry[OL], http://www.unido.org/fileadmin/user_media/PCOR/Kitakyushu,%20Mr.%20Kitahashi%20111116final_Eng.PDF.

[7]王蓬.日本北九州市治理环境污染的经验[J].发展，2008(6).

专题二：丹麦哥本哈根生态城市建设之路

丹麦首都哥本哈根是丹麦政治、经济和文化中心、全国最大和最重要的城市，也是北欧最大的城市。它坐落在丹麦西兰岛（Island of Zealand）东部，部分位于阿玛格尔岛（Island of Amager）上（55° 43′ N 12° 34′ E），与瑞典相隔于连接波罗的海和大西洋的厄勒海峡（Oresund Strait）。哥本哈根在作为发展贸易的重要枢纽方面，拥有悠久的历史。据历史记载，自17、18世纪起，受惠于通往波罗的海的优越地理位置，哥本哈根吸引并集中了大量的海外贸易，成为了北欧的贸易中心[①]。除在贸易方面起到枢纽作用外，哥本哈根在生态城市建设方面取得了世界瞩目的成就。在2012年，鉴于哥本哈根在生态创新和绿色交通方面取得的显著成绩，其被欧盟授予“2014年欧洲绿色首都奖”。在2013年，哥本哈根再次被英国的《单眼镜片》杂志（Monocle）评为全球最宜居住城市，这是哥本哈根继2008年以来第二次在该杂志进行的全球宜居城市排名中名列榜首。学习和借鉴哥本哈根生态城市建设的经验，对我国建设生态文明城市具有重要启示意义。

一、背景

（一）哥本哈根工业化发展历程回顾

19世纪，在法、德等欧洲国家民主运动的影响下，丹麦也爆发了民主革命，其立宪会议在1948年颁布了宪法，废除君主专制政体，确立君主立宪制，并实行有财产限制的普选制。19世纪下半叶，社会转型带来的城市化和工业化加速将丹麦由传统的农业国转变为拥有快速发展的新兴城市的工业国，其在造船、电信和制造工业方面逐渐形成了一定规模。

这股工业化的潮流迅速给哥本哈根打上了特殊的印记。在工业化发展的影响下，哥本哈根的人口在1859年到1900年间从144 000人增长为358 000人，在二战结束时达到了750 000人[②]。在1950年末，哥本哈根成为了丹麦的生产工业中心，将近一半的劳动者在哥本哈根工作。然而，20世纪70年代的经济危机给哥本哈根的经济带来了不少问题。在20世纪末，哥本哈根中心的工作岗位从200 000个减少到5 000个以下，工厂纷纷倒闭，失业率由1%～2%飙升至15%[③]。

① Kidokoro, T, Harata, N, Su banu, L.P, Jensen, J, Seltzer, E.P. Sustainable City Regions: Space, Place and Governance [M]. Tokyo: Springer, 2008: p.204.

② Kidokoro, T, Harata, N, Su banu, L.P, Jensen, J, Seltzer, E.P. Sustainable City Regions: Space, Place and Governance [M]. Tokyo: Springer, 2008: p.204.

③ Kidokoro, T, Harata, N, Su banu, L.P, Jensen, J, Seltzer, E.P. Sustainable City Regions: Space, Place and Governance [M]. Tokyo: Springer, 2008: p.205.

从1960年到1990年，城市的居民人口由721 000人降为466 000人[①]。在20世纪90年代早期，哥本哈根在技术意义上已濒临破产。

居高不下的失业率、人口衰退、债务的增长以及一系列未解决的问题迫使政府采取一系列应对措施。意识到人口与就业的重要性之后，哥本哈根市政府在短短五年之内采取了一系列措施，并取得了显著的效果。城市重新开始大量吸收公共和私人投资，房地产市场逐渐回温，经济状况有所好转。由图2–1可知，哥本哈根、除哥本哈根之外的大城市地区乃至整个丹麦的失业率在经历70年代的经济危机后虽有波动，但总体上呈攀升趋势，并在20世纪90年代达到了这一阶段的最高水平，但在90年代中期后逐渐降低，甚至降到了1980年以来的最低水平，经济发展重新步入了正轨。

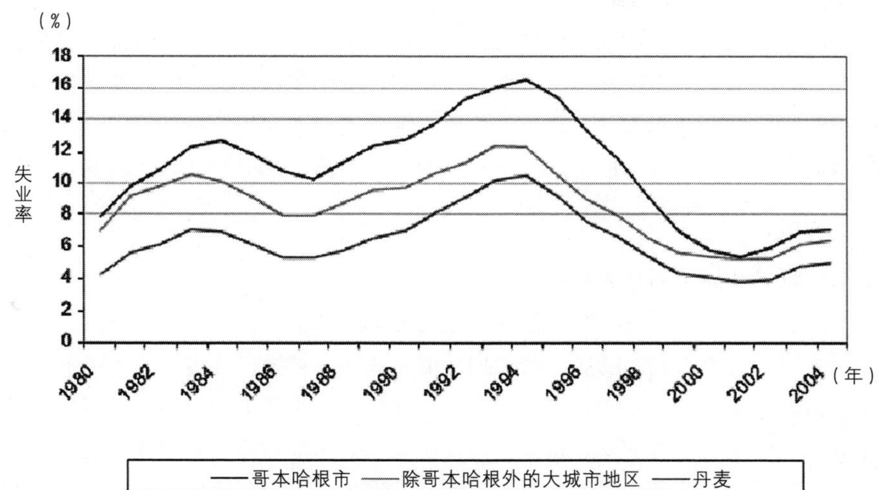

图2–1　1980～2004年哥本哈根、大城市地区（哥本哈根除外）以及丹麦的失业率

来源：哥本哈根市统计局

（二）自20世纪60年代起哥本哈根面临的资源与环境恶化

与世界上许多其他的城市一样，在经济发展的同时，哥本哈根面临着日益严峻的环境和资源问题。首先，机动化和郊区化的发展造成了城市的日益拥堵，同时还污染环境。在1970年至2010年间，每日进出城市的汽车从392 000辆次增至535 700辆次，而整个丹麦在1961年至2010年汽车数量从408 000辆增至2 000 000辆[②]。越来越多的汽车数量对空气质量和自然环境产生了巨大的压力。

---

① Kidokoro, T, Harata, N, Su banu, L.P, Jensen, J, Seltzer, E.P. Sustainable City Regions: Space, Place and Governance [M]. Tokyo:Springer, 2008: p.205.

② 绿色国度. 哥本哈根: 可持续发展城市解决方案[R/OL]. 2011:18(http://stateofgreen.com/files/download/5471).

其次，哥本哈根还面临着港口水污染问题。十多年前，哥本哈根海港污染严重，人们根本无法在里面游泳。这是因为在当时，有将近一百条泄洪水道向海港直接倾倒未经处理的工业废水，这使得海港的水质受到严重的污染，环境每况愈下。此外，哥本哈根面临的能源消耗问题也愈发严重。

面对这些亟待解决的环境问题，哥本哈根市政府和公民都愈发意识到环境资源的有限性和重要性，因此市政府针对这些问题制定并实施了一系列措施。通过几十年的努力，哥本哈根的面貌如今已焕然一新。

二、哥本哈根生态城市建设之路

哥本哈根生态城市建设之路起源于哥本哈根健康城市计划（Copenhagen Healthy City Project）。早在1988年，它加入了世界卫生组织发起的一项健康城市计划。概括而言，哥本哈根健康城市计划强调社区中不同的角色都有义务承担起促进哥本哈根市民健康的责任。此计划建构于所有市政府部门的工作中，要求跨部门的合作和参与，以最大化地实现健康城市计划的目标。经过几十年的发展和完善，哥本哈根生态城市建设的步伐走得愈发稳健，其在不同领域规划的不同解决措施也愈发成熟和明细。

（一）发展绿色交通

1. 铁路规划——“手指”规划（The Finger Plan）

为了缓解市中心的膨胀、改善拥堵的交通和保护城市环境，哥本哈根市政府于1948年出台了一项铁路规划。这一规划的构想受到了1944年阿贝克隆比提出的大伦敦规划（Greater London Plan）的启发。这一铁路规划中涵盖的线路从整体上看很像人的手指，因此这一规划也被称为“手指”规划。这一规划涵盖的线路从哥本哈根市中心起向各个方向延伸出五条干线，而新城镇将被建在这五条干线上。由此，哥本哈根市中心的交通状况得到了严格的限制。“手指”规划的实施是为了保护哥本哈根老城区的历史建筑，使五条不同干线之间的城市与自然和谐相处。这一计划的有效推行不仅能够达到保护老城区历史建筑的目的，还能减少人们对汽车的依赖，大量缓解道路上的汽车拥堵，方便市民出行，减少环境污染。

2. 自行车代步

骑自行车一直是丹麦的一项传统，而哥本哈根市政府也一直非常重视培养市民骑自行车出行的意识。哥本哈根市民从小学开始就被授予一些基本的自行车知识和技能。市民会学习如何在自行车上保持平衡，同时也学习一些基本的交通规则，如信号灯的含义、头盔的使用等。为此哥本哈根市政府还建立了特别的“自行车大使馆”(Cycling Embassy)，工作人员会在课堂上以及街道上教授孩子们自行车安全骑行的知识和技巧[①]。尽管哥本哈根市民的财富水平和生活水平均处于世界领先的地位，但是他们中的大部分人还是青睐于选择低成本但快速方便的自行车出行。据一项调查显示，在哥本哈根骑自行车上班的市民比例为36%，大大高于其他的欧洲国家（阿姆斯特丹22%，柏林7.4%，斯德哥尔摩7%，赫尔辛基6%）[②]。

在此基础上，哥本哈根市政府将自行车代步纳入到城市规划与设计中。哥本哈根的自行车基础设施得到了进一步的完善。首先，市政府致力于将自行车融入到整体的交通网络中。在这一网络中，哥本哈根市民不仅能够在自行车和公共交通工具（如火车、地铁和公交）之间轻松换乘，还可将自行车带上可以容纳它的火车车厢。其次，市政府还负责投资建设了自行车专用通道——自行车高速公路以及自行车独立车道。后者将自行车与汽车道及行人道隔开，大大节省了自行车出行的时间。此外，哥本哈根市政府还针对保护骑车人的安全出台了一系列措施。在过去的几年中，虽然交通事故的数量有所下降，但是其中一半的严重交通伤害（如脑震荡或骨折）都发生在骑车人身上[③]。因此，为了确保骑车者的安全，哥本哈根市政府致力于改善路口设计，这促使了“绿波计划”(Green waves)的诞生。“绿波计划”的内容具体包括：首先，根据自行车每小时20公里的行车速度，相应调整绿灯时间，从而在一些主干道实行自行车优先的制度；其次，设立显示自行车道信息的计数器。自行车道上的自行车计数器不断警示哥本哈根骑车人安全的重要性，同时为哥本哈根市政府提供自行车车道的实时数据[④]。总而言之，哥本哈根市政府的目标是创造一个遍布整个城市的自行车网络，减少骑车者的出行时间，并保障他们的安全。［哥本哈根希望通过这些举措以提高对骑车出行感觉安全的市民比例（目标：从2010年的67%提升到2015的80%，在2025年进一步达到90%）[⑤]。］

自行车代步措施带来了显著的社会效果。总体而言，通过实施这一举措，

① 绿色国度. 哥本哈根：可持续发展城市解决方案[R/OL]. 2011:15 (http://stateofgreen.com/files/download/5471).

② 绿色国度. 哥本哈根：可持续发展城市解决方案[R/OL]. 2011:15 (http://stateofgreen.com/files/download/5471).

③ City of Copenhagen, Technical and Environment Administration, Traffic department. ECO-METROPOLIS--OUR VISION FOR COPENHAGEN 2015 [R/OL]. 2007: p.9. (http://kk.sites.itera.dk/apps/kk_pub2/pdf/674_CFbnhMePZr.pdf)

④ State of Green. Copenhagen: Solutions for Sustainable cities[R/OL]. 2012:p.9. (http://stateofgreen.com/files/download/5472)

⑤ State of Green. Copenhagen: Solutions for Sustainable cities[R/OL]. 2012:p.9. (http://stateofgreen.com/files/download/5472)

哥本哈根变得更加环保和适宜居住了。具体来看，首先，经济方面，自行车不仅成本低、还大大缓解了交通拥堵，从而促进了哥本哈根经济生产力的增加；自行车出行也有助于哥本哈根市民身体健康的改善，从而节省了医疗成本；此外，市民在汽车和自行车中选择后者还减少了极其客观的外部成本（如由交通事故、基础设施损耗和交通拥堵带来的损失）。据估计，从1995年到2010年，从汽车转换至自行车后总共节约的外部成本已累积到43 025 607美元[①]。环境方面，自行车代步有助于减少噪音污染、空气污染与二氧化碳的排放量。而在社会方面，自行车代步便利并改善了市民的生活。据统计，88%选择骑车出行的市民是因为这是哥本哈根最方便和快捷的出行方式[②]。

3. 交通一体化

哥本哈根市政府大力投资建设便捷、省时的公交车、火车和地铁间的一体化交通系统，使市民可以通过使用“一票通”在不同的交通工具之间免费换乘，乘客还可以把自行车带上地铁。为了保障这一措施的顺利实施，哥本哈根市政府首先通过立法禁止公共交通经营商制定不同的票价。其次，大力借助高新科技的作用。乘客们可以通过发送短信来购票，这样不仅能减少旅途时间，还能降低运营成本。为了方便乘客，公交车站还设立了数字指示牌，这能够不间断地发布实时信息，告知市民汽车到站的具体时间。最后，为了方便骑自行车的乘客，市政府在地铁站和火车站都投资建设了大量的自行车专用停放设施[③]。

这些举措明显改善了拥堵的交通，便利了乘客和货物运输。据估计，哥本哈根每年因交通拥堵损失的时间价值7.6亿欧元[④]。随着这一措施实行的逐渐深化，相信在未来这一时间的浪费会大大减少，而哥本哈根也会成为人们工作和经商的最佳城市。而且，通过大力实施一体化交通，私家车的使用量逐渐降低，更多的市民选择公共交通出行，从而降低了二氧化碳的排放。

（二）改善水资源

1. 海港水污染治理

面对海港严重的污染问题，在哥本哈根市政府、研究员、学者、建筑师、规划师、工程师的合作下，解决港口水污染问题的措施应运而生。如今，港口

① State of Green. Copenhagen: Solutions for Sustainable cities[R/OL]. 2012:p.9. (http://stateofgreen.com/files/download/5472)

② City of Copenhagen, Technical and Environment Administration. Copenhagen City of Cyclist: Bicycle Account 2010 [R/OL]. 2011: p.9. (http://www.cycling-embassy.dk/wp-content/uploads/2011/05/Bicycle-account-2010-Copenhagen.pdf)

③ State of Green. Copenhagen: Solutions for Sustainable cities[R/OL]. 2012:p.10~11. (http://stateofgreen.com/files/download/5472)

④ State of Green. Copenhagen: Solutions for Sustainable cities[R/OL]. 2012:p.12. (http://stateofgreen.com/files/download/5472)

的水质已获得大幅提升，这使市政府能够在2002年开放公共海港浴场①。而海港水污染问题的改善，同时也为市中心的发展增添了不少活力。具体而言，治理措施有以下内容：第一，哥本哈根市政府投资建设了全面现代化的污水处理系统。这一系统通过多种污水处理方法去除污水中的营养物和盐类，并减少有害金属的排放。第二，为了确保污水处理系统功能的正常运作，进行雨水分流。市政府鼓励本地的雨水管理系统可以先将雨水和废水在当地储存起来，等排水能力恢复正常后再慢慢排入水道。第三，市政府实施了有效的城市规划：在新开发的建筑中设立专门积蓄暴雨积水的独立系统；在新城区建立新的三级污水（屋顶排水—道路废水—黑液废水）处理系统以防范水涝；增加浴场设施；将废水管理系统与城市设计完美融合。第四，为了市民的身体健康和安全，哥本哈根市政府投资研制了一个自动报警系统。这一系统能够通过计算和检测海港的细菌值，以确定游泳安全性的高低②。

这些措施的顺利实施大大改善了哥本哈根港口的水污染问题。其中，关键之处在于有效的暴雨水管理。在1996年到2009年期间，排入哥本哈根港的污水和雨水逐年下降。与1996年相比，在2002年排入的污水和雨水几乎减少了一半，而这一数字在2009年又得到了可观的下降。因此，海港区域逐渐走向复兴，区域内的商业和市场重获新生，最直接的经济效益是当地房地产价格的上升，海港区逐渐向住宅区转变。如今，哥本哈根市政府已作出更加微观的计划，改善当地通往海港的交通，相信在未来海港区域的发展将更加蓬勃兴旺。另外，海港水污染问题的改善还创造了大量的就业机会，其中旅游业的发展尤其迅速。数量更多、更多样化的动植物返回或出现在该地区。以前居民需要驾车数十公里才能到达海滩，现在他们仅通过步行或骑自行车就能到港湾浴场。此外，如今居民可以在市中心的海湾游泳、扬帆、钓鱼，而海滨浴场也使当地居民对他们居住的地区有了自豪感和归属感。海港的发展使一片严重破败的地区得到了大范围的再生，将其变成了城市里最受欢迎的夏季去处。而海港浴场也愈加成为哥本哈根市的标志性景点，提高了哥本哈根的国际地位和旅游吸引力③。

2. 管理城市水需求

以前，哥本哈根的水资源情况并不乐观。不断发展的工业和经济扩大了对水资源的需求，逐渐使这座城市面临着日益短缺的水资源问题。但通过实行一

① 绿色国度. 哥本哈根：可持续发展城市解决方案[R/OL]. 2011:7 (http://stateofgreen.com/files/download/5471).

② 绿色国度.哥本哈根：可持续发展城市解决方案[R/OL]. 2011:7 (http://stateofgreen.com/files/download/5471).

③ State of Green. Copenhagen: Solutions for Sustainable cities[R/OL]. 2012:p.16. (http://stateofgreen.com/files/download/5472)

系列创新的政策和技术，如今哥本哈根能够有效地保护地下水资源，减少饮用水供应系统中的损失，节约了饮用水的使用。

具体措施包括以下内容：第一，利用创新技术管理水资源，监督并防止泄漏。为了更有效地管理城市水资源，哥本哈根创建了一个详细测绘地下沉积物的数据库。第二，为了更好地调节水压和减少浪费，启用新的SMART管理系统。第三，依靠泄漏检测与水压调节技术，在城市基础设施中最大限度地减少水流失。如今哥本哈根的管道水流失率减少了近6%～7%，而在某些城市，这个数字高达40%～50%。第四，哥本哈根市政府采取了一系列财政鼓励措施推动市民加入到雨水分流的队伍中。依照规定，收集和再利用雨水的居民最高可以得到3 000欧元的奖励。第五，进行一系列的宣传活动，鼓励减少个人用水。哥本哈根市政府设定了将人均用水从每天110升减少到每天100升的目标。第五，实施一系列补救设施。在污染地区及受农药污染的地区，将受污染的地下水抽出并清洁，避免其大规模地渗入初级地下水资源[①]。

在这些举措的帮助下，哥本哈根市民获得了干净的自来水，他们可直接从水龙头获得优质卫生的饮用水。如今，地下水占哥本哈根自来水供应的比例为100%[②]。通过提高用水效率，生产成本得以减少，而且供水服务的能源消耗也降低了。哥本哈根市政府仍在继续推动着哥本哈根节水措施的全面贯彻。

（三）最大限度地节约能源

为了满足经济发展的能源需求，市政府采取了一系列有效措施，逐渐缓解了哥本哈根面临的能源紧缺问题。主要有以下几点：

首先，以再利用为核心回收处理垃圾。垃圾处理是城市可持续发展不可或缺的组成部分。哥本哈根每年都产生超过800 000吨的垃圾[③]。但幸运的是，其通过回收和再利用垃圾，大量减少了能源的消耗。哥本哈根节约能源措施的关键一步就是以再利用为核心全面有效地管理垃圾。市政府通过一系列的垃圾处理措施确保了垃圾回收的高水平，将大部分的垃圾转化为能源。如今，只有很小数量的垃圾被送往填埋地。据统计，2010年，哥本哈根820 000吨的垃圾中，只有1.9%被填埋，比1988年少了20倍[④]。大部分垃圾都被回收利用，并成为哥本哈根城市区域供暖的核心能源供应。形象地说，这一措施就是“变废为

---

① 绿色国度．哥本哈根：可持续发展城市解决方案[R/OL]. 2011:11 (http://stateofgreen.com/files/download/5471).

② State of Green. Copenhagen: Solutions for Sustainable cities[R/OL]. 2012:p.20. (http://stateofgreen.com/files/download/5472)

③ Green Growth Leaders. Copenhagen-Beyond Green: The Socioeconomic Benefits of Being a Green City[R/OL]. 2011:p.37. (http://greengrowthleaders.org/wp-content/uploads/2010/12/CPH-Beyond-Green.pdf)

④ State of Green. Copenhagen: Solutions for Sustainable cities[R/OL]. 2012:p.26. (http://stateofgreen.com/files/download/5472)

宝”——将垃圾转化为资源，将废弃物转变为生物制品、技术产品的原料。因此，哥本哈根市政府大力宣传和提倡对垃圾的分类收集。纸张、玻璃、电池、塑料、金属、电子产品、花园垃圾、大体垃圾及残余垃圾都需要被分别收集，这需要居民的积极配合。另外，设立专门的设施处理机构对可回收材料进行处理，将其转变为可回收资源。最后，加强相关立法。丹麦立法规定送去填埋的垃圾每吨需要缴税62.56欧元，而送去焚烧的废物每吨需要缴税6.69欧元。现在在丹麦将可焚烧的垃圾送去填埋是非法的①。如今，由于改善了垃圾处理体系，哥本哈根二氧化碳的排放量大大减少了。据一项调查显示，在哥本哈根，垃圾焚烧造成的二氧化碳为35吨，大大少于煤（94.6吨）、燃油（77.4吨）和天然气（56.7吨）产生的二氧化碳排放量②。

其次，完善城市供暖系统。如今，哥本哈根拥有全球最大的区域性供暖系统，98%的家庭供暖来自于区域供暖网③。哥本哈根市政府通过整合一系列可再生能源来取代供暖系统中的矿物燃料，进一步实现了减排目标。通过利用垃圾、生物质和其他燃料源产能，减少城市居民对矿物燃料的依赖。这一措施有赖于第一项措施的成功贯彻，因为它旨在确保从垃圾中获得能源。哥本哈根通过发展热电联产科技，来获取并再利用发电过程中被浪费的热能。如今，区域供暖的能源利用效率得到了大大的提高。以可再生能源为基础的区域供暖价格较之石油供热和天然气供热都要低。区域供暖系统的完善成功地减少了二氧化碳排放量。

第三，建造能源节约型绿色建筑。哥本哈根市政府主张在新建或翻修建筑物时要重视能源消耗问题。概而言之，这一主张要求将建筑项目和节能设计高度结合，有效利用资源，减少垃圾、污染对人类健康和自然环境的伤害；与此同时，创造高质量的室内环境，保护市民的健康并提高员工的工作效率。一是，在建造新建筑方面，从选址到设计和建设，环境保护和资源节约的重要性均不可忽视。这一工作的达成需要设计团队、建筑师、工程师、政府机构以及各阶段所有人员的通力合作。二是，在翻新老建筑方面，要在遵循老建筑美学设计的前提下提高它的能源效率。在哥本哈根，仅进行翻新项目就可使2025年的用电量和热力耗量比2010年分别减少10%和20%。三是，对绿色建筑进行认证计划。“DGNB Denmark”是丹麦可持续发展领域的一项认证计划。这一认证计划为规划、设计、建造、地产等领域提供必要的框架和条件。在“DGNB”的

---

① State of Green. Copenhagen: Solutions for Sustainable cities[R/OL]. 2012:p.27. (http://stateofgreen.com/files/download/5472)

② 绿色国度. 哥本哈根：可持续发展城市解决方案[R/OL]. 2011:22 (http://stateofgreen.com/files/download/5471).

③ State of Green. Copenhagen: Solutions for Sustainable cities[R/OL]. 2012:p.30. (http://stateofgreen.com/files/download/5472)

保障下，哥本哈根致力于提高绿色建筑的质量，让新建筑能够在最大限度上满足可持续发展的目标。这一措施提高了老建筑的房地产价值，对城市经济发挥了不容小觑的作用。而且，建造绿色建筑还降低了二氧化碳的排放量和能源消耗量。此外，在绿色建筑中生活和工作，增强市民的环境保护意识，有助于提高生活质量，对身体健康也有很大的好处①。

（四）制定一系列战略规划

战略规划是哥本哈根生态城市建设的保障。在生态城市建设之路上，哥本哈根市政府制定了一系列关键的、长远的战略规划，为哥本哈根绿色城市发展之路保驾护航。

1. 战略性城市规划

哥本哈根市政府战略性城市规划包含自行车代步计划、休闲区域和步行街的建设、环境优美、干净的港口，以及世界一流的一体化交通体系。这一战略性城市规划首先依靠政府出台的相关行动计划和规划立法以支撑，其次其争取到了大量合作伙伴以及利益相关者的支持。这一系列高瞻远瞩的城市规划措施为哥本哈根带来了大量的社会效益。第一，高速便捷的一体化交通系统、绿色高效的能源建筑和有效的土地使用管理促进了土地的进一步升值，使得相关领域的公司能够从中获益。第二，不断改善的城市环境加强了哥本哈根城市在居住、商业和旅游方面的吸引力，人们在哥本哈根的市中心居住、工作或旅游时不必担心交通的拥堵。第三，一体化交通体系和自行车代步计划减少了二氧化碳的排放，使空气变得更加清新。第四，拥有排水区域的哥本哈根变得更加宜人和适合居住。第五，在生气勃勃的城市区域中，汽车数量大幅减少，人与人之间的交流也变得更多，生活质量得到了提高。最后，水道质量的改善和纯净水的提供给哥本哈根带来了新的活力和特性②。

2. 哥本哈根2025年之前实现碳中和计划

哥本哈根根据《哥本哈根2025年气候规划》承担其在气候变化中的责任。哥本哈根致力于证明在促进城市增长、发展、提高生活质量与减少二氧化碳排放之间是不存在冲突的。据统计，哥本哈根从2005年到2011年，二氧化碳排放已经减少了20%以上。它的目标是在2025年成为全球首个碳中和的首都城市；同时，在2005年到2015年减少20%的碳排放量；在2005年到2025年减少45%的碳

---

① State of Green. Copenhagen: Solutions for Sustainable cities[R/OL]. 2012:p.38~39. (http://stateofgreen.com/files/download/5472)

② State of Green. Copenhagen: Solutions for Sustainable cities[R/OL]. 2012:p.42~43. (http://stateofgreen.com/files/download/5472)

排放量[①]。

《哥本哈根2025年气候规划》是一项整体计划，其在四个领域提出了一系列具体的二氧化碳减排目标，其中能源部门负责75%、交通部门负责10%、市政建筑负责10%和家庭、企业单位负责5%[②]。哥本哈根市政府认为，这四方面的工作必须相互协作，尽快实施，这样哥本哈根才有可能成为全球首个碳中和首都城市。

在实施过程中，这项计划已为哥本哈根创造了巨大的社会效益，例如空气质量的改善、噪音的减少和居民生活质量的提高。碳中和计划还将促使更多促进绿色增长的可持续发展计划的诞生，从而在不阻碍经济发展的情况下，改善自然环境并提高市民的生活质量。时至今日，二氧化碳排放量已经显著减少。2011年的二氧化碳排放量较之2005年减少了21%，这提前完成了哥本哈根原定于2015年前减少20%的既定目标。如今，哥本哈根每年的二氧化碳排量放是190万吨。2025年前，这一数字将会下降至120万吨[③]。为了在2025年实现碳中和计划，哥本哈根必须更多地减少能源消耗。

3. 哥本哈根的未来气候应对战略

据估计，在接下来的100年里，全球气候变化将对哥本哈根产生巨大影响。哥本哈根将面临越来越干燥但降水量巨大的夏天、更加潮湿的冬天以及逐渐上升的温度和海平面。而在这一期间，最大的变化将会在2050年之后发生。届时，哥本哈根夏天的最高温度预计会上升2～3摄氏度。2100年的降雨量将增加30%～40%。未来的100年里，哥本哈根周围的海平面将上升约1米[④]。为了保护哥本哈根，使其能应对气候变化，市政府已经出台了一套气候应对计划。相信通过市政府长期的投资和及时的规划，哥本哈根将拥有能够应对气候变化的能力。

虽然在技术和经济上所做的一切工作都不可能完全确保哥本哈根丝毫不受气候灾害的侵袭，但市政府意识到仍然可以采取一系列的防御措施，防范灾害事故，降低气候变化的破坏程度，增强哥本哈根城市抵抗气候灾害的能力。概括而言，有四项适应气候变化的措施：首先，大力研发暴雨排水的各类方法，并在整个城市内实施。其次，增加绿色区域、小公园、绿色屋顶以及植物墙，

---

① OECD, OECD Economic Surveys: Denmark 2012[R/OL]. OECD Publishing, 2012:P.89. (http://dx.doi.org/10.1787/eco_surveys-dnk-2012-en)

② OECD, OECD Economic Surveys: Denmark 2012[R/OL]. OECD Publishing, 2012:P.89. (http://dx.doi.org/10.1787/eco_surveys-dnk-2012-en)

③ State of Green. Copenhagen: Solutions for Sustainable cities[R/OL]. 2012:p.47. (http://stateofgreen.com/files/download/5472)

④ State of Green. Copenhagen: Solutions for Sustainable cities[R/OL]. 2012:p.49. (http://stateofgreen.com/files/download/5472)

以减缓降水流量，降低洪涝的风险。其中，绿色区域主要有以下功能：①它能够通过吸收和滞留雨水来减缓暴雨水流，达到分流雨水的作用；②它能够调节和平衡温度的变化；③它能够减少能源的消耗；④它能够增加生物的多样性；⑤它能够减少噪音的产生并缓解污染；⑥它能够增加休闲娱乐空间。第三，减少空调设施。哥本哈根市政府鼓励建造那些使用遮阳伞、改进后的通风和隔热设施，而非空调的建筑物。最后，针对洪水和海平面上升制定完善的安全措施[①]。如今，气候适应计划的实施已初见成效，其帮助哥本哈根减少了二氧化碳的排放量。自2009年始，二氧化碳的排放量每年都以两百万公吨的数量减少[②]。

三、哥本哈根生态城市建设成效评析：哥本哈根奥雷斯塔德地区——“精明增长”（Smart Growth）的典范

奥雷斯塔德地区位于哥本哈根的历史中心与阿玛格尔岛受保护的草地之间，是一块全新的城市区域，由一个发展企业（55%市营，45%国营）接管[③]。二十多年前，哥本哈根乃至整个丹麦都陷入了经济萧条中。这个国家急需一振，而奥雷斯塔德地区就成为了这一动力不可缺少的部分。发展这块城市区域计划是为了加速丹麦经济的转变——由以工业产业为基础转变为以知识密集型产业为基础。与此同时，政治家也逐渐认识到哥本哈根缺乏活力和吸引力，难以成为丹麦城市发展的主力军来与欧洲其他大都市竞争。因此，丹麦的政治家们达成了共识，经过战略性的选址，大力投资哥本哈根新社区的发展，助其成为拉动丹麦发展的中心。相关社区发展计划的总纲有两个主要目标：一是吸引大量公司在哥本哈根城区中设立办公室，而不是在城市周围或去到国外设立；二是吸引年轻人在哥本哈根的城区中居住，而不是在郊外居住。这一发展计划仰仗一家名为Orestadsselskabet的公司帮助，其投资设计了一系列有吸引力的城市风景旅游场地，如湖泊、水道、小型公园，并对场地附近的草地进行保护。地铁建设也成为投资的一部分，哥本哈根市民可以搭乘公共交通到达奥雷斯塔德地区，十分方便。新的哥本哈根地铁第一阶段的建设资金是通过在奥雷斯塔德地区卖地和贷款中获得的。随后，奥雷斯塔德地区成功吸引了许多国内、国外的投资者，在重振丹麦和哥本哈根经济中发挥了不可忽视的作用。如今，奥雷斯塔德地区与哥本哈根市中心之间的车程仅十分钟，其周围有着优美的自然

① State of Green. Copenhagen: Solutions for Sustainable cities[R/OL]. 2012:p.49. (http://stateofgreen.com/files/download/5472)

② City of Copenhagen, Copenhagen Cleantech Cluster. Copenhagen: A Green, Smart and Carbon Neutral City by 2025[R]. 2012: p.12.

③ URBED/TEN Group 2010, Learning from Copenhagen and Malmo[R/OL]. 2010: p.11. (http://urbed.coop/sites/default/files/Learning%20from%20Copenhagen%20and%20Malmo.pdf)

环境和干净的水域。奥雷斯塔德地区的周边遍布着文化教育机构、办公区和密集的私人住宅等。这一地区以高质量的建筑著名。奥雷斯塔德的几座建筑都彰显了当代建筑在形式和功能上的标准和水平。许多建筑都获得了大奖，部分甚至被公认为现代经典，鲜明的例子有IT大学、Bikuben学校公寓、DR音乐厅、Ramboll总公司、VM Bjerget、Bella Sky酒店和“8”字公寓①。尽管奥雷斯塔德地区公共生活的丰富性仍然有待提高，但哥本哈根市政府相信这一地区在未来二三十年里会得到更加充分的发展。在可见的未来，奥雷斯塔德地区将拥有310万平方米的室内面积、20 000位居民以及为哥本哈根市民提供60 000份工作岗位以及为20 000位学生提供教育②。哥本哈根从奥雷斯塔德地区的发展中收益颇丰。作为一个经济堡垒，奥雷斯塔德地区在发展经济时同样注重保护水资源及与自然环境和谐相处，其已成功将哥本哈根转变为一个享誉国际的可持续发展城市。

四、哥本哈根生态城市建设对中国的启示

这几十年来，哥本哈根生态城市建设的相关举措已逐渐深化和成熟，其在这一领域取得了客观的成就。学习哥本哈根生态城市建设的过程，对我国发展生态文明城市具有很大意义。简要来说，哥本哈根主要在以下几个方面为我们提供了可贵的经验：

1. 政府发挥积极的意愿及导向作用

在面临种种环境问题和全球气候变暖的影响下，哥本哈根市政府充分发挥了导向作用，发展相关的环保产业，推动国民经济向绿色经济转型。哥本哈根市政府从政策出发，在不同领域制定各项具体的措施，使生态保护的理念逐渐扩展到交通、建筑、能源等各个领域。尤其重要的一点，哥本哈根市政府充分表现了解决环境问题和应对气候变化的意愿和决心。从国家战略到政策计划，从资金保障到能力建设，无一不充分体现了其强烈的决心和行动力。同时，哥本哈根市政府制定了明确的减排目标。政府在这一领域具有相当的超前性和前瞻性，其以低碳和零碳排放为目标，制定城市发展计划和远景战略，为哥本哈根生态城市建设发挥指导作用。哥本哈根市政府还积极整合协调不同部门，制定全方位政策。此外市政府从促进交通一体化、提高能源利用效率、改善城市规划等多方面入手，在建设生态城市中充分发挥导向作用。

---

① State of Green. Copenhagen: Solutions for Sustainable cities[R/OL]. 2012:p.44. (http://stateofgreen.com/files/download/5472)

② Danish Ministry of the Environment. φrestad-the blue and green economic driver in Copenhagen[R/OL]. 2009:p.1. (http://eng.ecoinnovation.dk/media/mst/8051431/CASE_oerestad_artikel.pdf)

2. 充分结合自身国情

生态城市的建设是一个长期的循序渐进的过程，需要根据各国具体城市的发展状况制定相应的建设目标和指导原则。不同的国家有不同的发展情况，应在充分结合自身条件的基础上制定可行的生态文明城市建设的战略措施。如上所述，哥本哈根根据自身的国情和传统，制定了一系列战略规划。其中，哥本哈根市政府大力推行的自行车代步计划就充分结合了哥本哈根的自行车传统。

3. 政策的实施以强大的科技为后盾

生态城市建设要求城市发展必须与城市生态平衡相协调，要求自然、社会、经济的和谐相处，因此必须以强大的科技为后盾。在生态城市建设中，哥本哈根非常重视生态适应技术的研制和推广。除了上述的污水处理系统、区域供暖系统之外，其大力推广的风能产业和区域制冷体系也是其重视并借力科技的最佳证明。

4. 提高民众意识及扩大民众参与

众所周知，生态城市的建设是一项巨大的系统工程，离不开公众的参与。哥本哈根的市民环保意识十分强烈。他们积极提倡并实践低碳生活，响应政府的号召，进行自行车代步，这不仅提升了自身的健康，也帮助改善了环境和空气；他们从事细致的垃圾分类，确保垃圾回收再利用的有效实施。这些表现虽然简单且琐碎，但在整个哥本哈根生态城市建设中，民众的参与作用是不可忽视的。居民长期的共同参与促进了哥本哈根城市环境的改善。与此同时，哥本哈根市政府也采取了一系列措施，拓宽市民参与生态城市建设的渠道，使建设生态文明城市的理念深入民心，公民形成了人人有责、共同努力的环境保护观念，这大大保障和促进了哥本哈根生态城市的建设和发展。

参考文献

[1]Kidokoro, T, Harata, N, Su banu, L.P, Jensen, J, Seltzer, E.P, Sustainable City Regions: Space, Place and Governance, Springer, 2008.

[2]绿色国度.哥本哈根：可持续发展城市解决方案[R/OL].2011.

[3]City of Copenhagen, ECO-METROPOLIS——OUR VISION FOR COPENHAGEN 2015. City of Copenhagen, Technical and Environment Administration, Traffic department, 2007.

[4]State of Green, Copenhagen: Solutions for Sustainable cities, 2012.

[5]City of Copenhagen, The Technical and Environmental Administration, Copenhagen City of Cyclists: Bicycle Account 2010, 2011.

[6]Green Growth Leaders, Copenhagen–Beyond Green: The Socioeconomic Benefits of Being a Green City.

[7]OECD (2012), OECD Economic Surveys: Denmark 2012, OECD Publishing. http://dx.doi.org/10.1787/eco_surveys–dnk–2012–en.

[8]City of Copenhagen, Copenhagen Cleantech Cluster, Copenhagen: A Green, Smart and Carbon Neutral City by 2025.

[9]TEN Group 2010, Learning from Copenhagen and Malmo, 2010.

专题三：洛杉矶的生态城市建设之路

1971年，联合国教科文组织（UNUSCO）在“人与生物圈”（MAB）计划中最早提出了“生态城市”的概念。它不仅仅是单纯地强调对城市环境的保护，而是重新将社会因素、经济因素、技术以及文化等方面的因素全面和谐地融入进去，是一种人与自然整体和谐的生态系统。关于生态城市的概念，至今还没有公认的确切的定义，现阶段国内广泛认可的定义是：生态城市是按生态学原理建立起来的一类社会、经济、自然协调发展，物质、能量、信息高效利用，生态良性循环的人类聚居地①。随着时代的发展变迁，生态城市的概念不是一成不变的，它是一个动态的和谐发展的过程。

美国加州洛杉矶从原来的生态环境恶化的“美国烟雾城”变身为现在的“生态城市”，城市环境更加清洁、舒适、景观更加优美，同时很好地将历史文化遗产、自然区域特色巧妙地融入生态城市中，其蜕变的历程值得我们借鉴学习。

一、背景：美国烟雾城

洛杉矶位于美国西岸加利福尼亚州西南部，濒临浩瀚的太平洋东侧的圣佩德罗湾和圣莫尼卡湾沿岸，背靠莽莽的圣加布里埃尔山，面积1 290.6平方千米，是美国的第二大城，仅次于纽约。其水域面积75.7平方千米，占总面积的5.8%，是美国最大的海港。洛杉矶属于地中海型气候，气候温和，大体上终年干燥少雨，只是在冬季降雨稍多。1781年西班牙远征队在这里建镇，并把这里称为“天使女王圣母玛利亚的城镇”（Village of Our Lady, the Queen of the Angels of Porci ú ncula），后简称“天使之城”。19世纪末20世纪初，随着石油的发现，洛杉矶开始崛起，迅速发展成美国西部最大的城市；第二次世界大战后，现代工业的崛起，商业、金融业和旅游业繁荣，移民激增，城区不断向四周扩展，洛杉矶成为美国的特大城市；20世纪20年代，电影业和航空工业都聚集在洛杉矶，促进了该市进一步的发展。

1936年洛杉矶开始开发石油。第二次世界大战之后，洛杉矶成为美国西部工业发展程度较高的城市，人口激增，市内高速公路纵横交错，据悉早在20世纪40年代初洛杉矶就已经拥有250万辆汽车，每天消耗的汽油有1 600万升，而这些汽油造成的汽车漏油、汽车尾气、不完全燃烧等问题，每一种都无时无刻不在向城市的上空排放大量的石油烃废气、一氧化碳等污染物。

洛杉矶的5月至10月的夏季和秋季，阳光非常强烈，而这些排放物在强烈

---

① 李洪远. 环境生态学[M]. 北京：化学工业出版社，2012:237~238.

的阳光作用下，就会发生光化学反应，生成淡蓝色的光化学烟雾。洛杉矶常年高温少雨，日照强烈，加之西部濒临太平洋，东、南、北三面分别又被群山环绕，位于西海岸气候盆地之中，更加不利于污染物的扩散，因此，光化学烟雾事件非常频繁，而且由于加利福尼亚潮流等因素的影响，洛杉矶的化学烟雾持续的滞留在城市的上空，持久不会扩散。化学烟雾严重污染了环境，自此洛杉矶失去了它美丽的环境，有了“美国的烟雾城”的称号[①]。

Chip Jacobs是一个土生土长的洛杉矶人，从童年至成年的几十年中他见证了洛杉矶的人们在雾霾中挣扎、抗争、最终胜利的全过程。2008年，通过数年的资料搜集和采访，他出版了《雾霾之城——洛杉矶雾霾史》一书，记录了那一段灰暗的洛杉矶[②]。“1943年7月26日清晨，当美国洛杉矶的居民从睡梦中醒来，眼前的景象让他们以为受到了日本人化学武器的攻击：空气中弥漫着浅蓝色的浓雾，走在路上的人们闻到了刺鼻的气味，很多人把汽车停在路旁擦拭不断流泪的眼睛。政府很快出来辟谣，这不是日本人的毒气，而是大气中生成了某种不明的有毒物质。”——《雾霾之城——洛杉矶雾霾史》。

洛杉矶光化学污染事件是世界“八大公害事件”之一，光化学烟雾对人体、动物、植物都会产生不同程度的伤害。“人和动物受到光化学烟雾的伤害后，眼睛和呼吸道黏膜就会受到强烈的刺激，引起眼睛红肿、视觉敏感度、视力降低以及喉炎、感觉头痛、呼吸困难，严重的还可诱发淋巴细胞染色体畸变，损害酶的活性和溶血反应，长期吸入氧化剂会影响体内细胞的新陈代谢，加速衰老。”[③]数据显示仅1943年的光化学烟雾事件就造成了400多人死亡，1952年65岁以上的老人因为光化学烟雾死亡的达300多人，而同样的在1955年烟雾事件中短短两天时间里就有400多个65岁以上老人死亡，对人体危害可见一斑。“光化学烟雾能使植物叶片受害变黄以至枯死。据资料统计，仅加利福尼亚州1959年由于光化学污染引起的农作物减产损失已达800万美元。”[④]

城市水环境是构成一个城市环境的基本要素之一，它是人们生存所必不可少的一部分，城市的水环境包括河流、湖泊、水库、海洋的地表水以及地下水等。河流是城市的摇篮，大多数城市都建立在河流附近，河流为城市提供了便捷的交通，良好的水源甚至“免费的”排水系统。除了光化学污染，洛杉矶在城市化道路上所面临的城市水污染、固体废物污染同样不可忽视。

洛杉矶于自1848年加入美国，1920年以后，已然成为加州最大的城市，

① 洛杉矶烟雾事件[J]. 世界环境，2010(3).
② 周恒星. 洛杉矶雾霾之战[J]. 中国企业家，2013(5).
③ 戴华茂. 光化学烟雾研究综述[J]. 广东化工，2009(7).
④ 薛秀慧. 浅谈光化学烟雾的危害及防治对策[J]. 四川环境，2000(4).

并在1980年进一步超越芝加哥市成为美国的第二大城市。20世纪初期以来，洛杉矶的人口急剧增长，人口数量的激增引起了洛杉矶城区面积的扩增及其构造的改变，城市化区域大大改变了河流的条件。洛杉矶原本有条和城市同名的洛杉矶河，历史上，正是因为洛杉矶河的水道，人们才开始于1781年在这里安营扎寨。然而，由于修建高速公路，洛杉矶河被无数的高速公路引桥掩盖住了。洛杉矶河曾是当地居民的水源，后来逐渐被沦为污水排放地、垃圾排放地、砾石场等。美国加利福尼亚州位于美国西南部，降水量分布极不均匀，为了解决当地水资源分配不均的问题，当地政府修建了萨克拉门托—圣华金三角洲调水工程，虽然该工程很好地解决了当地水资源不均的情况，但是，调水工程也引发了一些生态环境问题，由于大量引用萨克拉门托河和圣华金河的淡水，海水反而更容易入侵三角洲，使得海湾水质恶化，海湾生物的生存受到了威胁。此外，曾经由于缺乏综合治理而使脑炎病猖獗。①

此外，洛杉矶的雨水渠中往往遍布油、塑料袋、电池等固体垃圾。雨季来临时，这些垃圾就会被带入河流和海洋，从而造成了河流污染以及海洋污染。

尽管从20世纪40年代起，洛杉矶的环境就面临着各种挑战，但是在洛杉矶市政府、人民、企业的共同努力下，其环境质量逐步提升。以其空气质量为例：1977年，洛杉矶一级污染警报天数为121天，1989年已经下降到54天，而到了1999年，这个数字已经降为0了，蓝天白云重新出现在洛杉矶的上空。洛杉矶从治理大气污染（光化学污染）出发，重视环境问题，采取了一系列举措，一步步把“雾霾之城”建造为“生态城市”。其蜕变以及在过程中所采取的措施和方法，值得我们去研究探讨。

二、从“雾霾之城”到“生态之城”

（一）大气污染治理

洛杉矶因为其独特的地理位置、气候条件、经济环境，大气污染一直是其最为主要与突出的环境问题。虽然2013年美国空气质量调查报告指出，洛杉矶依旧是美国空气污染较为严重的城市之一，但是，洛杉矶已然摘掉了“雾霾之城”的帽子。这是一个漫长而艰辛的过程，洛杉矶在这个过程中所作出的努力，值得我们去研究。

1. 雾霾污染源的调查

《洛杉矶时报》最先雇佣了空气污染专家就雾霾成分进行调查，结果显示

① 刘静玲等. 环境科学案例研究教师手册[M]. 北京：北京师范大学出版社，2008:98.

空气中大部分的污染物来自于汽车尾气中没有燃烧完全的汽油，只有少部分来源于废气及焚烧炉，然而这一结论因为损害了汽车制造商的利益，很快遭到了反驳。随后，加州理工学院的科学家通过实验，确定了雾霾的罪魁祸首是汽车尾气。1953年的一份调查报告显示，虽然石油工业每天排放出500吨碳氢化合物，但是小汽车、卡车和公共汽车每天排放出来的碳氢化合物已经达到1 300吨，是前者的两倍还多。

1955年9月的洛杉矶的光化学烟雾污染事件，使得政府意识到雾霾的严重性并组织人手负责空气治理，提出了五条建议：通过改进输送石油产品的传统做法来减少烃化物的释放、制定汽车排气标准、鼓励使用不烧柴油而烧液化石油气汽车和卡车、放缓重污染行业的增长、禁止敞开焚烧垃圾。然而，没有法律的保障，这些措施并没有起到很好的治理空气作用。到了1957年，机动车辆排放的废气占洛杉矶城市每天废气总排放量的80%。这一情况直到1970年《清洁空气法案》的出台才改变，在此之前，洛杉矶的监管者们对全国性的汽车和石油巨头往往有心无力。

2. 法律体系的形成

洛杉矶烟雾问题十分严重，洛杉矶市管理部门早在1943年就立即着手成立了一个烟雾委员会，专门研究洛杉矶地区的烟雾问题，并且取得一些成效。在该委员会的建议下，洛杉矶市于1945年2月颁布了禁止排放浓雾的法令，并成立了空气污染控制办公室，1947年洛杉矶市批准了一项法律草案，允许该市成立同意的空气污染控制部门。①

美国联邦和加州政府也在洛杉矶大气治理过程中发挥了重要作用。从1955年开始的《空气污染控制法》、1963年《清洁空气法》、1965年《机动车空气污染管理法》、1967年《空气质量控制法》、1970年《清洁空气法》以及之后的1977年修正案、1990年的修正案，美国空气治理的法律逐步完善并自成体系，在洛杉矶的空气质量改善和大气污染治理过程中起到法律规范作用。事实上，美国《清洁空气法》在当时世界上也是备受瞩目的，它的系统性、规范性对洛杉矶的环境保护、环境改善有着直接的影响。数据显示："从1965年到1968年，洛杉矶机动车排放的碳氢化合物由每天的1 950吨下降到1 720吨，洛杉矶人的眼睛过敏症状也减少了。一氧化碳的排放从1965年的56ppm（56/100万）下降到1968年的6ppm（6/100万）。二氧化碳在1965年到1968年之间下降了12%。"②

① 冬雪. 洛杉矶治理雾霾的艰难历程[J]. 百科知识, 2013(9).
② 冬雪. 洛杉矶治理雾霾的艰难历程[J]. 百科知识, 2013(9).

1992年，汽车制造商知道了在汽油中加入铅能够提高其辛烷值并产生更大的动力，就开始在汽油中加入铅，可是加入铅的汽油燃烧后会产生严重的大气铅污染。[①]在加州《污染防治法》严格于联邦，在得到联邦环保署批准后，加州自行制定了更加严格的车辆尾气排放标准，加铅汽油逐步被淘汰，大大减少了大气铅污染。随着技术以及汽车里程数的增加，《污染防治法》也是变动的，并且趋于严格化。以重卡车为例，2006年的标准与1990年的标准相比，颗粒物减少了85%，氮氧化物减少了65%，而2010年的标准则规定新出厂的重型卡车必须将排放的空气污染物在2006年的基础上再减少90%。

由于《清洁空气法》的颁布及进一步完善，以及美国对于污染物排放的高标准，自1970年以来，随着人口、经济、能源消耗、汽车里程的增加，污染物总排放量（六种常见污染物）反而明显的减少了。甚至是经济大萧条之后的经济复苏，污染物总排放仍然减少了。

3. 先进技术的采用和交通管理

20世纪60年代末，催化式排气净化器（Catalytic Converter）的发明从技术上解决了汽油燃烧不完全的问题。于是监管者规定所有的汽车必须装上这种净化器。到了1975年，所有的汽车实现全部安装净化器，该发明与行动被认为是治理洛杉矶雾霾的关键。此后，洛杉矶不断地开发新的技术手段去控制并减少机动车的排污，要求在洛杉矶市出售的汽车必须是清洁的。1994年，洛杉矶要求将出售的汽车全部安装一个系统——行使诊断系统，该系统功能独特，可以即时监测汽车废气状态，一旦汽车废气超标，该系统就会及时检测到并提醒让汽车接受维修，与此同时，为了减少汽车汽油蒸汽逸出而污染空气，洛杉矶要求机动车的燃料泵上必须装配橡皮套。

此外，洛杉矶职能交通系统的开发应用对交通系统的管理水平的提高有很大的帮助，这大大减少了交通堵车和机动车的污染。洛杉矶重视快速公交网络的建设，通过采用公共汽车信号灯优先技术、划定公共汽车专用道、优化线路设计等措施，将快速公交出行时间缩短了约20%。洛杉矶政府还专门开设了一个办公室，为提供车辆和想要搭乘别人车辆的一起乘车的人们提供热线，政府将有专门的交通局的人员为其负责登记，以此来减少私家车的出行，减少汽车尾气的排放。

在降低燃油汽车排污的同时，洛杉矶也努力发展新能源汽车。2000年，洛杉矶实施了“清洁燃料政策”，对于市民购买清洁能源提供了更多的便利。

---

① 林灿铃等.《国际环境法理论与实践》[M]. 北京：知识产权出版，2008:245.

78%的城市垃圾车以及77%街道清理车采用的是清洁能源。政府还通过低息贷款和补贴的方式鼓励人们尝试使用清洁燃料汽车。

2012年年底，洛杉矶拥有4853辆新能源汽车（AFV），使用的能源包括压缩天然气（CNG）、液化天然气（LNG）、液化石油气（LPG）、电力和多种混合燃料。同时，拥有1 400辆轻型混合动力（汽油/电力）和一些重型混合动力车辆。轻型混合动力车辆主要用于总务部（GSD）、交通部（LADOT）、动物园、水电局、港口等。轻型混合动力车主要用于客运，交通运输车。而重型混合动力车主要用于街道清洁车、碾压车、垃圾回收车等。新能源汽车作为“洛杉矶清洁城市项目”中的一部分，其数量以每年15%递增。为了呼应和支持新能源汽车，洛杉矶在各地建立了压缩天然气、液化石油气、电能供应站。

2002年12月，洛杉矶成为本田FCX系列的首个客户，FCX系列本田是世界上首个用于商业用途的燃料电池动力汽车。2006年2月，洛杉矶国际机场接收了5辆氢燃料电池动力奔驰汽车，用于一般交通运输；这些技术代表着新能源汽车上的一个很大进步。相对于传统石油、天然气等碳化物燃料汽车，氢燃料电池动力汽车是最有前途的，最“干净”的替代品，因为水蒸气是唯一的排气，完全无污染。

为了进一步减少汽车有害尾气排放，洛杉矶鼓励市民采用绿色环保的自行车出行。

表3-1　步行、骑自行车、开汽车的对比分析

	时速（里/小时）	每小时消耗能量（卡路里）	平均价钱（美元）	2008年平均温室气体释放（ppm）	空间占有面积（m^3）
步行	3	353	0	0	1
骑车	10	484	308	0	10
开骑车	30	170	11263	399.39CO_2 0.54CH_4 7.62N_2O	96.4

可以发现，开车唯一的好处就是速度比骑自行车要快三倍，而步行唯一的缺点是速度太慢。综合考虑整体性能，骑车是最为环保、最为经济的交通方式，而且消耗的卡路里最高，可以同时达到锻炼的目的。

1993年，加州市政府接受了议会1095号议案，建立了“自行车交通基金”（BAT)。1997年10月，加州政府接受了1020号议案，将基金的资金从100万美元提高到700万美元。洛杉矶市议会于1996年实施了“自行车计划”（Bicycle Plan），响应了加州BAT。同时，加州也实施了“汽车载自行车”计划（Bikes on Buses），市民只需要付少许的费用，就可以在公交车的专有装载栏中放置自行车，在下了公交车后，骑车前往目的地。

洛杉矶从自行车基础设施出发，把每一条街道都打造成自行车安全车道。经常组织自行车比赛，使得自行车常态化。在学校教授自行车安全常识，鼓励学生带动父母骑自行车上班上学。美国环保署对全国环境空气质量进行24小时监测，并在官网上时时公布监测结果，向民众提供是否威胁民众身心健康的空气质量状况，为公民能通过网络及时了解自己所在地的空气状况提供条件，有利于民众的自行车出行和调动其改善大气治理的积极性。

2000年，骑自行车上班的人数为9029人，占洛杉矶总人数的0.61%。到了2008年，骑自行车上班人数占总人数的0.9%，增加了48%。

同时，政府采取了“自行车巡逻”计划，成功地建立了自行车巡逻队，把机动车巡逻任务转移到自行车巡逻上，包括社区治安、停车执法、公园管理员巡逻、安全巡逻等。1997～1998年，环境事务部(EAD)为洛杉矶警局购买自行车；2001年大约有346辆自行车被部署于公园、动物园、机场等场所；2004年底，共有450辆自行车被部署巡逻；而到了2008年，活跃的巡逻自行车总数超过了600辆。这些举措直接改善了空气质量，降低了机动车行驶里程。同时，自行车巡逻可以降低城市维护成本，提高社会关系和员工士气，可以访问更多拥挤地区，还有助于锻炼公务人员的身体素质。

4. 大气治理成效

经过多年的努力，洛杉矶的空气质量得到了明显的改善。如图3-1所示，洛杉矶一年统计PM2.5高于美国标准的天数总体呈下降趋势，2010～2012年基本稳定于一个较低的水平；一年统计PM10高于美国标准的天数，其总体也呈下降趋势（断线为数据缺失）。如图3-2所示，洛杉矶大气中颗粒污染逐年下降，并逐年接近于标准。

（二）水污染治理及水保护

尽管美国是世界上饮用水最健康的国家之一，但是，它的饮用水仍然不可避免地会受到污染，据统计，美国公共水供应中大约有1000种污染物，这极大地危害了人们的健康。因此，美国政府在保护水环境中所体现出来的立法精

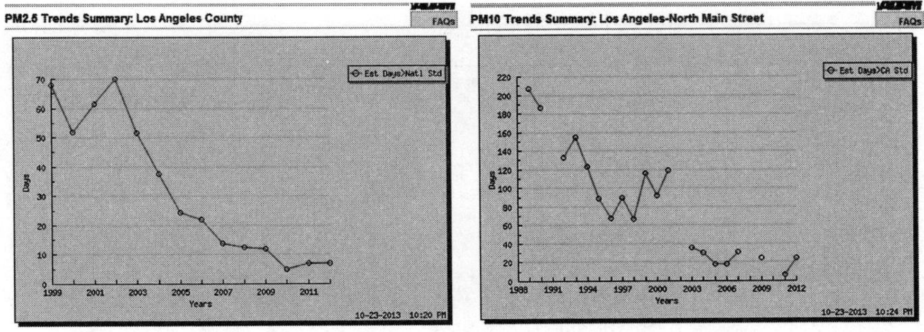

图3-1 洛杉矶PM2.5和PM10高于美国标准的天数

来源：http://www.arb.ca.gov/adam/trends/graphs/

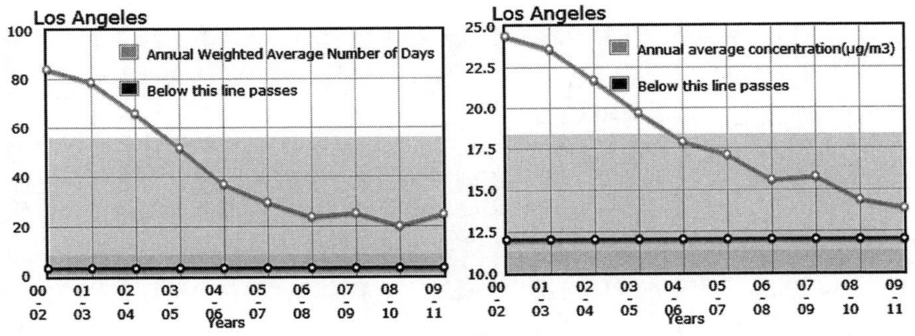

图3-2 洛杉矶2000~2011年大气中颗粒污染变化趋势

注：左边：加权平均天数；右边：年平均浓度

来源：http://www.stateoftheair.org/2013/states/california/los-angeles-06037.html

神、治理措施等都对洛杉矶水体质量的改善有重要意义。

美国饮用水中的主要污染物如表3-2所示①。

洛杉矶拥有美国最长的海岸线，人口规模在美国城市人口中排第二位，其在控制水资源污染，节约用水，水资源循环利用等方面做出了一系列的努力。

1. 完备的法律体系

1899年的《垃圾法案》是美国第一部用于控制水体污染的法律，它的主要目的是控制向河流、海洋等水体倾倒废物的行为。1948年的《水污染控制法案》、1956年的《水污染控制法修正案》、1965年的《水质法案》逐步确定了

① Eeldon D.Enger, Bradly F. Smith.Environmental Science a Study of Interrelationships[M]. 北京：科学出版社，2004.

表3-2 美国饮用水中的主要污染物

污染物	来源	健康影响
持续性氯化有机物	工业溶剂；过去用作杀虫剂	对生殖产生影响；引起癌症
三卤甲烷	当水用氯化物消毒时发生化学反应而产生	引起肝脏和肾脏损害；导致癌症
硝酸盐	化肥；生出养殖产生的污水	抑制血液吸收氧气；尤其对儿童造成危害
铅	公共供水系统、家庭以及建筑中所使用的旧管道和焊料	神经系统损害；儿童学习障碍；畸形；致癌
病原菌，原生动物，病毒	化粪池和污水管道泄漏；鸟粪和哺乳动物供水污染；消毒不充分	畸形肠胃炎以及其他重要的健康问题

各级政府在水环境保护中的责任，建立了由联邦拨款，各级政府各自负责的管理体系。1972年，进一步修改形成了《联邦水污染控制法案》，建立了新的水质目标和清洁期限，设置了有效的管制和实施机制。联邦法律和地方管制始终是洛杉矶水体保护、治理的大框架。

2. 政府“水保护”的投资

美国环境保护署2009年在加利福尼亚州进行过一个清洁水和饮用水再投资的基金项目。美国加州西南部港市长滩总共从这个项目中获得5 813 786美元，其中539 634美元用于洛杉矶河涡分离系统，从而能够在洛杉矶河更充分地分离出垃圾、碎片和沉积物。403 200美元用于建立洛杉矶河垃圾网，使垃圾和碎片在进入洛杉矶河之前就能够被过滤掉。551 845美元用于洛杉矶河垃圾分离装置。

而在2012年，美国环境保护局又重新对Malibu Creek、 Lagoon和Ventura River提出了两个污染减排计划。洛杉矶拥有一个大的溪流、湖泊和海湾网，而这些都是洛杉矶人钓鱼和娱乐的重要场所。这两个排污计划就是要提升该地区的水质量和水生物栖息地的水质量。根据美国的《清洁水法》要求，各州要对受污染的水域制定排污计划，重视对这几条河流湖泊的水底的保护。水体底部是生态系统非常重要的一部分，他们为该地区的鸟类和其他动物的生活提供了必要的食物。在文图拉河，环保局发现抽水导致了过度的营养和低氧，水体的高质量对在文图拉河分水岭发现虹鳟鳟鱼的保护和支持是至关重要的。

20世纪设计的街道和人行道只是单纯地把雨水快速直接地流向大海，然而这样会造成海洋、沙滩和河流的污染，洛杉矶政府实施了“绿色基础设施”项目。该项目的目的在于通过新设计的人行道和其他街道区域，捕捉流经的径流，清洁和储存雨水。径流捕捉点分布在整个流域，而不是形成雨水渠。对于雨水中可能存在的污染物，可以作为土壤中微生物的食物，从而转换为土壤养料。同时，储存的雨水可以用于补给地下水，帮助水供应，还可以用于绿化环境。该措施有效地降低了城市径流污染，提高了水资源的重复循环利用。

3. 公众的参与

美国在治理水污染的过程中非常重视公众参与的作用，可以说美国形成了一套“以命令控制为主、以经济刺激为辅、以公众参与为补充”的水污染防治的调控机制。[①]在联邦和各州基本政策之下，允许自主实施的方式进行水治理，使洛杉矶能够根据自身的具体情况进行活动。

洛杉矶采用市场调节机制，用价格调控来鼓励节水。夏季和冬季之间的水费是逐渐增加的，从10%增加至25%，商业水价高于居民水价。若用户用水超过平均值的二倍，则以限定成本法则收费，即相当于开发新水源的费用。

同时，加强绿化用水管理。建立了一个灌溉管理信息系统，指导城区内草地灌溉；提供节水信息和服务，如散发小册子、举办研讨会、进行现场服务以及表彰节水中的模范等；免费出借水表，安在不同的位置来监测实际用水情况；鼓励学校节水计划，对于那些节水、节气、节电方面做得特别好的学校给予一定的奖励，从所节约费用中提取25%来改善学校的设施。

（三）生态系统的保护

城市植被是城市覆盖着的生活植物，包括城市中花园、公园、街道、广场等场地上的森林、花草、作物等。而城市野生动物也是城市生态系统中重要的一部分。洛杉矶在生态城市的建设过程中，对森林资源、绿色植被建设以及对濒临灭绝的物种的保护成果较为显著。

1. 历史遗迹的保护

洛杉矶市是一座历史悠久的城市，早在欧洲人到来之前，一些印第安人就已经聚居在了洛杉矶地区，他们以打猎为生，所以洛杉矶拥有许多的考古遗迹，这些历史遗迹对一个城市的发展也有重要意义，而联邦政府和加州以及洛杉矶都表示要好好保护这些遗迹。1979年《联邦考古资料保护法案》的通过、加州《环境质量法》的规定都明确表示了对洛杉矶地区历史遗迹的保护。而

① 王金南，邹首民，洪亚雄. 中国环境政策第3卷[M]. 北京：中国环境科学出版社，2007:455.

"洛杉矶市的环境保护方针要求城市发展计划的申请者必须尊重和保护考古学家勘察文物和其他的地表活动，这些活动与城市发展计划相关并或多或少地具有重大考古学意义。"[①]洛杉矶也拥有许多古生物遗迹，这些古生物遗迹如同历史遗迹一样，得到了洛杉矶市的合理保护。

2. 濒危物种的保护

濒危物种在一个城市的发展中受到重要的关注和保护，在洛杉矶地区至少有两百多种动植物被列入国家濒危、特殊物种等名单。加州《本土植物保护法》中明文规定，除了法律规定的特殊情况外，禁止任何捕杀、进口、贩卖濒危植物物种的活动。洛杉矶市在自身的生态城市的建设过程中对濒危物种的保护可谓细致、周全。例如洛杉矶和圣迭戈动物园已经联合隼基金会和美国鱼类和野生动物服务中心，共同实施秃鹰繁殖计划，为了保护Belding的草原麻雀，对其栖息的沼泽进行恢复，保护当地特殊植被橡树等。[②]

3. 森林植被的保护

洛杉矶市附近仅存的大片针叶树和阔叶树位于城市边界以外的洛杉矶国际森林公园和圣苏珊娜山脉的北坡，近几十年来洛杉矶市已经和森林服务中心在很多方面进行了合作，如在森林内及附近的低密度私有土地进行分区；通过对森林服务中心各项行动的支持来获得森林周边及外围附近的私有土地。

1908年洛杉矶建立了洛杉矶国家森林公园。它是加州第一个国家森林公园，森林保留地的建立更好地保护了洛杉矶和圣加百利山谷盆地间的分水岭，为动植物提供了大片栖息地，保护了本土植物和野生生物，同时有利于农业的发展，并且为当地超过120万的居民提供了户外休闲场所，洛杉矶国家森林公园作为主要分水岭，开敞空间及本地区娱乐资源，逐步发展了森林临近的公园用地，从而更好地发挥了森林作为物种栖息地的保护作用和其他功能。

（四）城市固体废弃物分类处理

城市化的不断推进发展，城市对资源能源的需求日益增长是十分明显的，大气、土壤、地下水、城市植被等都特别容易受到污染破坏，而洛杉矶在实现城市固体废弃物资源化、减量化、无害化方面，也取得了一定的成果，参考表3–3[③]。

1. 预防污染的环保理念

洛杉矶的很多企业不仅仅在生产的过程中注重产品的低污染，并且都认

---

① 鞠美庭等. 生态城市建设的理论与实践[M]. 北京：化学工业出版社，2007:183~184.

② 鞠美庭等. 生态城市建设的理论与实践[M]. 北京：化学工业出版社，2007:183~184.

③ 逄辰生. 美国九大城市固体废弃物处理情况调查[J]. 节能与环保，2002(9).

表3-3 美国九大城市废弃物回收及有机物收集数量

	纽约	洛杉矶	芝加哥	休斯敦	费城
路边回收量(吨)	671 350	180 801	90 498	54 371	44 435
有机物收集量(吨)	9 040	175 627	167 389	37 054	6 183
废弃物回收总量(吨)	684 130	256 430	358 227	93 066	53 071
有机物收集比(%)	13	49.3	46.7	39.8	11.7
私营部门回收量(吨)	89 600		844 089		161 855
建筑部门回收量(吨)	1 543 800	1 197 831	407 385		
	菲尼克斯	圣安东尼奥	圣迭戈	达拉斯	
路边回收量(吨)	106 900	25 450	31 277	7 632	
有机物收集量(吨)	15 685	23 559	84 412		
废弃物回收总量(吨)	142 383	49 453	115 689	8 674	
有机物收集比(%)	11.0	47.6	73.0		
私营部门回收量(吨)					
建筑部门回收量(吨)					

同应该在源头上尽可能地减少废弃物的产生。从设计开始，到后来的制造、销售、使用包装等各个环节都应该进行仔细研究，预防浪费，将浪费最小化，将未来可能产生的废弃物最小化。这样一种预防污染，在源头上减少废弃物产生的环保理念远远优于先污染后治理的理念，并且在治理污染和分类回收废弃物方面可以尽可能地减少一切不必要的人力物力和财力。

2. Put it to good use社区

在美国加州有很多回收废弃用品的环保社区，它们致力于当地的环保工作，而在洛杉矶就有一个这样的社区——Put it to good use，它是当地政府促进居民减少废弃物产生的一种社区团体。该社区倡导“预循环”（Precycling）和环保购物（eco-shopping），在租赁网点、维修店、门店等地方提供重新利用使用过的产品的服务，为洛杉矶地区的废弃物处理提供了一个公共有益的平台，并且能够调动洛杉矶市民，使人们意识到自己的小小举动就可以为身边的环保工作作出贡献，更能够调动起人们的环保积极性。表3-4显示，洛杉矶废旧物再循环使用率为65%，高居美国榜首。

3. 公司环保意识

在美国有许多非营利性质的公司，它们自觉收集、捐赠使用过的衣服、小

表3-4 美国旧物再循环再使用排名前十

排名	城市	循环率(%)	人口
1	洛杉矶	65	3 834 340
2	圣琼斯	60	939 899
3	纽约	55	8 274 527
4	圣地亚哥	54.9	1 266 731
5	芝加哥	52.4	2 836 658
6	达拉斯	44.6	1 240 499
7	费城	42.0	1 449 634
8	菲尼克斯	23.0	1 155 259
9	休斯顿	16.7	2 208 180
10	圣安东里奥	4.0	1 328 984

家电等家具，许多都可以重新整修和再利用。加州大学洛杉矶分校曾研究过，量化从旧货店和销售车库的废弃物的办法，数据显示1990年在加州洛杉矶就有11 600吨废弃物从旧货店中被分离出来，以及57 700吨废弃物从大约164 900吨的销售车库中被分离出来，这些都有效地减少了洛杉矶城市废弃物的堆积。①

4. 成立垃圾清扫运输公司

按照有关法规规定，通过中标获得具名和商业用户的垃圾收集、运输经营权。具名按每户每月缴纳，商业和企业单位按建筑面积缴纳。垃圾清扫运输公司收取垃圾后，将废纸、塑料、玻璃、金属等可以利用的物质分拣后销售，余下的不可利用的垃圾运至垃圾填埋场作卫生填埋处理。

（五）市民环保思想和环保NGO

1. 市民环保意识强烈

美国公民拥有很强的环保意识，公民能够自觉地意识到环保工作与自己的健康息息相关，因此在美国环保工作的进行一般都能够得到民众的积极配合。

美国公民的环保行动也受到法律保护，比如公民诉讼（Citizen Suits）制度就是一项美国特有的环保公益诉讼制度。它赋予公民通过诉讼的方式惩治污染空气的行为，保护大气环境质量。设立该制度的最初目的是：促进法律执行，保证联邦和各州的行政机关积极履行其职责，并且补充其资源的不足。②而公

① Feld, Harold.Saving the citizen suit: the effect of Lujan v. Defenders of Wildlife and the role of citizen suits in environmental enforcement[J].Columbia Journal of Environmental Law.1994(No.1).

② Feld, Harold.Saving the citizen suit: the effect of Lujan v. Defenders of Wildlife and the role of citizen suits in environmental enforcement[J].Columbia Journal of Environmental Law.1994(No.1).

民诉讼的被告有两类：第一，任何人，包括私人的和官方的主体。第二，享有管理权而不作为的执法管理机构。①所以在美国的环境保护会有很大规模的参与者，包括政府、专家、公众、还有NGO（非政府组织）。“美国的环境保护运动是自下而上开展的，针对已经出现的问题，经由民间组织向法院起诉，向议会呼吁、游说，最终通过立法实现对污染和生态破坏的治理、补偿、监督和控制。”②因此，市民和环保NGO在洛杉矶的生态城市建设中也发挥着重要的作用。

2. 美国环保NGO的支持

在美国，环保工作的进行和生态城市的建设离不开许多非政府组织和民间基金会的力量。早在20世纪60年代，福特基金会就已经在短短的三年间向国内17所大学提供了七百万美元的资金来发展生态研究项目。而1968年又资助了450万美元作为环境问题研究的经费发放给十所大学，其中包括美国加州（圣巴巴拉）大学，加州大学也获得资助为法学院的学生提供培训用以学习研究控制污染的法律知识和科学知识等，③而这些都为加州洛杉矶生态城市建设提供必不可少的资金和技术力量。Sierra贸易委员会（SBC）是一家旨在保护美国加州内华达山脉地区的社会、环境等问题的非营利组织，它在针对加州地区物种栖息地保护区的规划方面、提供栖息地保护资金方面、安装新节能节电装备方面、减少大气中二氧化碳含量等方面都作出了有效贡献。此外，洛杉矶曾实施过种植一百万棵树的植树造林计划（the Million Trees Los Angeles，MTLA program）其中非政府组织发挥了提供资金等重要作用。

（六）环境治理成效

洛杉矶在过去工业化、城市化发展过程中曾遭遇过的严重的环境污染使全世界人民心有余悸，虽然洛杉矶如今在美国仍然被列为空气污染严重的地区，但是洛杉矶在几十年的治理过程和生态城市建设过程中取得了有目共睹的成就。如今的洛杉矶，从市中心可以清晰地看到“好莱坞”标志，郊区的孩子可以看到满天繁星，洛杉矶的花园绿色相互映照，碧水蓝天的洛杉矶更是成为人们前往度假的圣地。

三、对中国生态城市建设的启示

中国在经济迅速发展的今天，开始经历发达国家工业化经济发展时期所

---

① 徐祥民. 环境与资源保护法学[M]. 北京：科学出版社，2008:214.
② 刘静玲等. 环境科学案例研究教师手册[M]. 北京：北京师范大学出版社，2008:266.
③ 李玉香. 美国民间环保力量研究——福特基金会与环保[D]. 上海大学硕士学位论文，2010.

经受的环境污染、大气污染、水污染、土壤污染、生物多样性减少等问题。而中国随着经济的进一步发展，开始更加注重可持续发展的理念，注重对环境的保护，注重经济环境的协调发展。因此，洛杉矶的生态城市建设可以为中国上海、北京等城市的生态城市建设提供一定的启示意义。特别是北京、沈阳等地区最近频繁出现雾霾天气，这些也可以从洛杉矶处理光化学烟雾事件中得到一些启示。

1. 政府的有力引导

洛杉矶在生态城市建设过程中，政府一直都是全面参与其中。无论是在法律政策的制定还是总体规划的设计以及对污染的治理上，都离不开政府的大力领导和支持。

2. 法律法规的制定

洛杉矶生态城市建设过程总是伴随着相关法律法规的制定。从法律的角度，约束民众的行为，以达到预定的目的，值得中国借鉴。所以，政府和地方可以参考国家和地方的需求，制定合乎需求的法律法规，把生态城市建设提到法律层次。

3. 技术的大力支持

生态城市的建设要求城市发展必须是经济、社会、自然等多种因素的和谐发展，这必然离不开先进的技术做后盾。洛杉矶在汽车尾气的限制，新能源的开发使用，水资源的过滤净化，污水再利用等方面都离不开先进技术的支持。而生态城市建设过程中，怎样让人与自然和谐共处、怎样节能减排、怎样实现低碳，都需要雄厚的技术后盾。

4. 资金的充足供应

无论是政府出资还是民间团体、非政府组织提供的资金都成为洛杉矶生态城市建设的保障资金，有了更充足的资金，生态建设的研发项目、技术开发等都可以得到进一步的发展。

然而，单独的政府投资是难以持续发展的。在生态城市的建设过程中，寻求经济与社会的共存，是很有必要的。对于盈利性生态产业，可以由公司承担，市民参与，政府监督；对于非盈利性，政府应该积极号召市民参与，应适当地给予投资及补助。

5. 民众的积极参与

洛杉矶的生态城市建设离不开民众的积极参与，这样的建设是一项巨大的工程，民众作为城市建设城市发展的重要主体，积极参与在很大程度上直接促进了生态城市的建设。提高市民的环保意识、鼓励市民组成环保团体、增强市民环保常识，对建设生态城市具有积极意义。

2013年洛杉矶市长来京访问，中国政府可以进一步的就当前中国许多城市严重的大气污染进行交流，加强合作，在洛杉矶成功的转变案例中找到可以借鉴学习的地方，综合治理中国大气污染，最终让青山绿水和蓝天白云回归中国。

参考文献

[1]李洪远.环境生态学[M].北京：化学工业出版社，2012.

[2]周恒星.洛杉矶雾霾之战[J].中国企业家，2013(5).

[3]刘静玲等.环境科学案例研究教师手册[M].北京：北京师范大学出版社，2008.

[4]冬雪.洛杉矶治理雾霾的艰难历程[J].百科知识，2013(9).

[5]Eeldon D.Enger,Bradly F. Smith.Environmental Science a Study of Interrelationships[M].科学出版社，2004.

[6]王金南，邹首民，洪亚雄.中国环境政策第3卷[M].北京：中国环境科学出版社，2007.

[7]鞠美庭等.生态城市建设的理论与实践[M].北京：化学工业出版社，2007.

[8]逄辰生.美国九大城市固体废弃物处理情况调查[J].节能与环保，2002(9).

[9]李玉香.美国民间环保力量研究——福特基金会与环保[D].上海大学硕士学位论文，2010.

专题四：伦敦“雾都”的大气治理

1952年的伦敦是一个笼罩在烟雾之中的雾都，当年发生的著名的伦敦烟雾事件给人们留下了惨痛的教训。持续不散的雾气，极低的能见度，四天四千多人的死亡，支气管炎、肺结核、冠心病等相关疾病的急剧增加，生物多样性的减少等问题都是当年伦敦城市大气污染所致。所以说人们很难想象，现如今以生态城市建设有名的英国伦敦，在历史上很长一段时间却是以“雾都”称号为世界所知。

当时痛定思痛下的伦敦政府为了治理大气污染采取了一系列包括严格的立法执法、合理的城市规划、汽车尾气治理、绿地的大规模建设以及生态多样性的保护等的综合措施，从而成功地将伦敦从“雾都之城”转变为现如今的生态之城。伦敦在治理雾霾的过程中，充分发挥科技作用，将先进技术应用到环境监测和预防污染当中，十分重视绿地建设和生态环境的保护，效果显著，广为人知。

而现今的北京正深受PM2.5的困扰，要求北京、石家庄等城市抓紧治理雾霾现象的呼声愈来愈高，而本文对伦敦采取的治理措施进行了梳理分析，处于工业快速发展阶段的北京、天津、石家庄等城市，其经济发展和环境污染之间的关系应该从伦敦烟雾事件中吸取教训，更应该从英国如何摘掉“雾都”称号的过程中得到些重要启示，防患于未然。

一、背景介绍

（一）伦敦独特的地理环境

伦敦“雾都”称号的由来其实与伦敦自身所在的特殊的地理位置和气候有关，伦敦位于温带海洋性气候带，大气湿度较大，较一般地区容易产生雾气，尤其是到了秋冬季节，受附近气流即北大西洋温暖水流与陆地寒冷水流汇合的影响，从海上吹过来的温暖气流和岛屿上较冷气团的相遇，特别容易形成浓浓的雾气。

（二）工业革命的重大影响

“煤烟曾折磨大不列颠……100多年之久，以烟煤为燃料的城市，包括伦敦、曼彻斯特、格拉斯哥等，在未能找到可替代的燃料之前，无不饱受过数十年严重的大气污染之苦。”[①]众所周知，英国在19世纪就进入了经济发展的极盛

---

① D. Stradling, & P. Thorsheim, The Smoke of Great Cities, British and American Efforts to Control Air Pollition,1860~1914,Environmental History,1999,4(1).p.8. 转引自梅雪芹. 环境史学与环境问题[M]. 北京:人民出版社, 2004:102.

时期，经济发展繁荣，工业加速发展，人口增长迅速，有数据显示伦敦人口在1801年到1901年短短一百年间由95.9万人激增到454万人。不管是工业的极大发展、工厂的烟囱林立，还是人口的集中居住，都加剧了伦敦雾的形成。因为，煤炭是工业发展的主要原料，也是伦敦居民生活和工厂生产的重要燃料，而伦敦居民又多使用传统的壁炉取暖方式，各种燃煤的使用、烟尘的排放都不可避免地会使得伦敦上空的烟雾增加。

（三）烟雾事件带来的高涨呼声

由于20世纪50年代伦敦的大气污染并没有受到足够的重视，政府也没有采取有效的治理措施，伦敦一年里的“雾日”平均多达50天。而1952年的12月的5～8日则发生了当时震惊世界的“伦敦烟雾事件”。当时的伦敦由于连续几日都受到高气压的控制，地面基本处于无风的状态，由此而产生了大雾。但是因为当时伦敦上空的逆温层，使得里面的冷空气不能够很好的逸散，致使家庭以及工厂烟囱所排放出来的烟尘久久不能够消散，在这样的无风季节，雾气和烟尘混合形成滚滚的烟雾，非常辛辣呛人，而且难以消散，城市上空也笼罩在烟雾之中，使得大气的可见度非常的低，当时的门卫、警察等都要用手电筒照明才能引导路线。

这种弥漫全城的烟雾危害非常的大，会侵蚀所有一切有生命的物体。据事后统计，在烟雾期间，4天中死亡的人数较常年同期约多4 000人，45岁以上的死亡最多，约为平时的3倍，而1岁以下的儿童死亡率大约也是平时的2倍，同一周内因支气管炎、冠心病、肺结核和心脏衰弱死亡的也分别为事件发生前一周的9.3倍、2.4倍、5.5倍和2.8倍。[①]污浊的空气不仅仅危害人类的健康，也对长期处于污染之下的建筑物有巨大的腐蚀作用，土壤也会受到影响，变得更加贫瘠，水质恶化，鸟类迁徙，动植物生命受到威胁等。

二、伦敦采取的综合有效措施

有数据显示，伦敦在18世纪就已经发生过25次毒雾事件，而到了19世纪，仅在前40年间伦敦毒雾事件就不下14次了，而一直到1952年的这场烟雾事件给英国人民带来惨痛的教训之后，政府才痛定思痛决定采取有效措施治理大气污染。

（一）建立健全治理大气污染的相关法律

伦敦严重的大气污染产生了强烈的舆论反应，而其严重后果也引起了英

① 张庸. 英国伦敦烟雾事件[J]. 环境导报，2003(21).

国政府的高度重视。英国政府在大气治理过程中通过制定、修改相应的法律法规，为伦敦的大气污染的治理奠定了必要的法律基础和保障。从1952年伦敦烟雾事件造成伦敦市民大量伤亡之后，政府开始出台一系列相应政策，应对大气污染。1956年政府迅速作出反应，出台了世界上第一部现代意义的空气污染防治法案《大气清洁法》。1962年伦敦又一次的发生类似烟雾事件，上千人的非正常死亡再一次引起了政府的关注，1968年随之出台了针对空气污染防治的法案，明确规定处罚措施。经过一系列努力，伦敦70年代开始雾日已经开始减少为每年十几天，自此，政府又相应对交通污染和限制汽车尾气的排放等出台了一系列措施。

1.《大气清洁法》

针对事发严重的烟雾事件，英国政府意识到治理大气的重要性和紧迫性，并于1956年颁布了《大气清洁法》，而1956年的这部《大气清洁法》是一部将伦敦烟雾事件的教训具体化了的法律，它不仅规定具体，而且执行方法十分简便。[①]而随着《大气清洁法》的实施，英国政府也严格按照法律要求，对从烟囱中排放的黑烟规定了标准，禁止超过相应浓度标准的黑烟的排放；在有些地区制定禁止排放任何烟雾的禁烟区；具体问题具体对待，根据实际情况采取相应的防止煤烟措施；规定烟囱的高度，加强大气污染物的疏散；改造城市居民传统上一直使用的炉灶，尽管伦敦市民稍有不习惯，但是为了伦敦市的大气治理，也完全按照法律的要求，减少煤炭的用量，减少废气的排放。

2. 法律的进一步补充

1962年伦敦新一次类似烟雾事件的发生使得人们看到单单的清洁法案不是完美的，并不能一劳永逸的使伦敦城市大气真正的清洁。于是，伦敦政府于1968年和1974年又颁布了“清洁空气法案”和“空气污染控制法案”，分别规定了工业企业建造高大的烟囱以及工业燃料的含硫上限等，这些对大气治理有了更为严格的要求，进一步减少了烧煤产生的烟尘和二氧化硫。

1995年英国又通过《环境法》，该法案在1997年3月正式出台。政府根据法案要求制定的治理污染的国家战略以及包括英国、欧盟和世界卫生组织的标准，规定采取一定的措施，完成在2005年前的污染控制目标。

3. 新标准的严格规范

2001年《空气质量战略草案》，2004年《伦敦市空气质量战略》、2008年《气候变化法案》则成为新世纪英国治理大气的新的指导法律法规，进一步对

① 赵承杰. 英国对大气污染的法律调整[J]. 国外环境科学技术，1989(1).

碳排放作出了规定，倡导“低碳经济”等，进一步改善了伦敦的大气质量。

这些法律措施都要求政府能够随着大气污染的变化状况和实际情况不断进行相应的完善和修改，也要求交通管理部门、地方政府以及相应部门给予积极的配合和努力，一起致力于伦敦上空一氧化碳、二氧化硫、氮氧化物等污染物的排放量不断减少，改善伦敦的大气状况。伦敦政府不仅有较为完备的法律系统，在执法力度上也非常有力。在英国，污染环境的违法者会受到非常高的违法成本惩罚，甚至要承担相应的法律责任，环保部门也完全要接受公众的监督，随时可能受到民众的起诉，而这些有力的法律措施，都对伦敦的大气治理起到了很大的作用。

（二）合理规划交通系统，倡导新能源的使用

据统计，工业化时期英国每10年的煤炭产量分别是1816年1 600万吨，1826年2 100万吨，1836年3 000万吨，1846年4 400万吨，1856年6 500万吨。[①]随着产量的增长，煤炭消费量急剧上升：1800年消费量只有1 000万吨，1856年增长到6 000万吨，1869年达到16 700万吨，1900年则高达18 900万吨。[②]当上述数据形象的展现在图表中时，我们就能十分明了地发现，英国对煤炭使用量之大，由此可以想象所产生的污染之厉害。所以只有尽快改变英国工业、生活的能源结构，才能更好地治理大气污染。

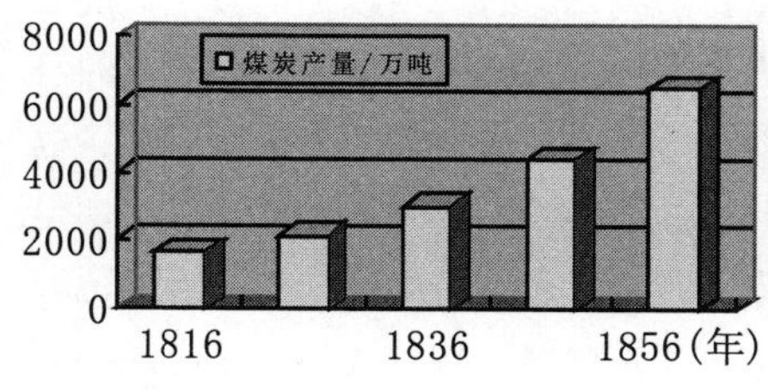

图4-1 英国1816～1856年煤炭产量

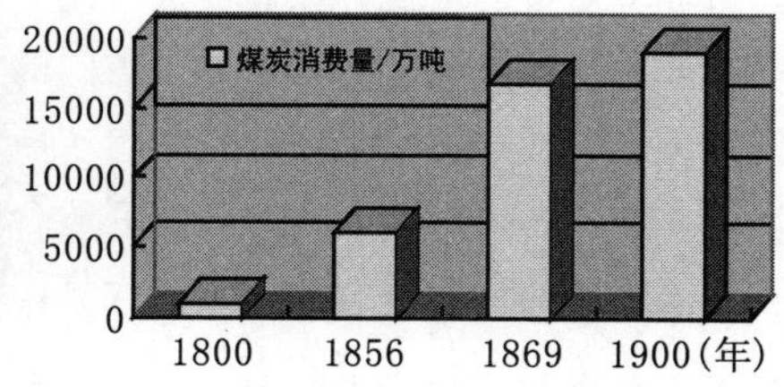

图4-2 英国1800～1900年煤炭消费量

1. 改变能源结构，倡导新能源的使用

英国工业革命时期的大气污染很多是受限于当时的技术因素，而且英国在当时工业革命的发展过程中更多的可能是关注经济效益的增长和财富的积累，而很少充分地考虑到由此发展对环境造成的污染。当时英国工业发展主要依靠煤炭的使用，而当时煤的质量不高，设备落后，燃烧不充分，燃烧效率低下，

① 克拉潘. 现代英国经济史・上卷[M]. 北京：商务印书馆，1997:531～532.
② B.W.Clapp. An Environmental History of Britian Since the Industrial Revolution [M]. New York,1994.16.

相应的排污净化设备缺乏或简陋。毫无疑问，工业化时期的英国，技术方面的制约，必然会极大地限制人们治污的能力。因此，20世纪50年代，伦敦政府就开始对污染大气的主要污染物——燃煤进行研究分析，努力改变能源结构，开发新能源，政府特别鼓励市民增加清洁能源的使用比例，甚至采用补贴的方式改造居民的燃具，鼓励居民使用天然气和电力等，要求市区和近郊区的工业企业所排放的废气要利用各种物理和化学方法加以净化，达标后方可排出。由于伦敦很大一部分空气污染物是对一些高大写字楼供暖所致，为了进一步的改善空气质量，政府鼓励建立节能写字楼，提高能源利用率，减少废气的排放。

英国政府也曾计划到2020年，可再生能源在能源供应中占15%的份额，40%的电力来自绿色能源，而温室气体的排放要降低20%，石油需求降低7%。大力鼓励太阳能、风能等新能源的利用，倡导低碳生活。[①]

2. 加大科研力量的投入

英国不少研究机构以及高等学府在相当广泛的基础上参与了环境监测和防止污染的研究工作。[②]英国各大高校和许多环保组织进行合作，对伦敦地区的环境保护做贡献。伦敦国王学院、伦敦圣托马斯医院和伦敦盖伊医院曾联合举办研讨会，探讨伦敦市民如何从自身做起来改善空气质量，降低空气污染对个人的影响。这些贴近居民心理的细致入微的环保举措，极大地调动了伦敦市民的环保兴致，并让市民对自身居住的城市的环境质量有了进一步的了解，提高居民对环境质量的重视，从而促进市民尽量参与到身边每一项改善伦敦大气的活动中。此外，英国很多大学也为英国的大气污染的防治和治理提供了有效的研究和数据，从1960年起，包括华伦·斯普林实验室在内的1200多个监测站，根据各个地方污染的实际情况，研究适合此地的控制污染措施，并对空气中烟尘和二氧化硫的含量进行评估，对大气污染的改善提出有力的理论支持。英国政府很早就意识到，城市的大气污染问题不仅仅是燃料结构造成的，而应该同时考虑人口、工业发展、交通状况等多个因素，因此需要综合治理，并且必须同时大力发展服务业和高科技产业。

3. 提高检测技术的应用

英国政府在大气质量监测方面的技术也较为先进，对其应用也比较到位。英国政府早在1961年开始，就在全国范围内建立了大气监测网，包括1200个监测点和450个团体，设有专门的咨询机构，充分利用监控技术，将伦敦和爱丁堡等作为重点监测区，每月测量降尘量一次，对超标的地区给予警告。而政府也

---

① 王亚宏．世界各国治雾霾盘点：伦敦从雾都到生态之城[J]．石油石化节能与减排，2013(1)．

② 梅雪芹．工业革命以来英国城市大气污染及防治措施研究[J]．北京师范大学学报(人文社会科学版)，2001(2)．

时时在网络上发布每日的空气质量，英国民众可以通过网络查询到具体情况，并及时反馈民众意见。

（三）对汽车尾气的严格治理

1. 汽车尾气的排放影响

随着经济的进一步发展，伦敦人民的生活水平有了进一步的提高，2000年伦敦有的市镇家庭拥有机动车的比例甚至已经高达80%左右（表4-1）。而人民拥有汽车的比例越来越高，给伦敦市民带来了更多便利的同时也对伦敦地区的环境造成了很大的影响，尤其是汽车尾气的排放对伦敦的大气造成特别明显的污染。

表4-1[①] 2000年伦敦家庭拥有机动车统计表

市镇		总家庭数（户）	拥有机动车的家庭数（户）	拥有机动车的家庭数百分比（%）	拥有一辆以上机动车的家庭数（户）	拥有一辆以上机动车的家庭百分比（%）
内伦敦	旺兹沃思	115 653	68 587	59	17 147	15
	哈林盖	92 170	49 350	54	11 345	12
外伦敦	巴尼特	126 944	93 019	73	35 980	28
	贝克斯利	89 451	68 234	76	26 276	29
	克瑞顿	138 999	97 538	70	34 252	25
	希灵登	96 643	75 671	78	32 555	34

2. 综合的治理措施

环境监测的结果表明，机动车排放的尾气占空气污染物一半以上的时候，工业废气很显然已经被机动车的尾气所代替，成为伦敦大气的主要污染源。因此，为了伦敦地区的大气保护，政府采取了一系列措施。

（1）首先英国政府规定，1993年的1月开始，所有英国出售的汽车都必须装备有催化器，以便减少氮氧化物对大气造成的污染；这项举措是非常有效的，从销售源头开始制止汽车尾气对大气的污染。

（2）严格对机动车辆的管理，对机动车的监测更加严格，对尾气中的一氧化碳、氮氧化物、碳氢化合物等进行严格监测，并对不符合尾气排放标准的汽车进行罚款或禁止上路。

① 肖烈桂，高峻，徐海贤. 大伦敦地区的环境保护[J]. 城市问题，2004(4).

（3）伦敦政府在减少汽车尾气的污染举措中较有特色的一项是建立“空气质量管理区”，而伦敦的“空气质量管理区”指的则是按照当时状况不能达到2000年英国颁布的空气质量标准的区域。通过“空气质量管理区”的建立，英国政府就可以对伦敦大部分的市镇地区的空气质量管理有更加直观和明了的即时状况了解，从而为及时地采取更加有针对性的治理措施提供依据和保障。

（4）伦敦政府还鼓励市民尽量乘坐公共汽车外行，减少私家车的使用。在2003年伦敦市制定了“堵塞费”，对那些在特定时间进入市区特定范围内的私家车征收费用，而这些费用又完全用于改善交通系统，这一举措，得到了政府和市民的坚决执行，大力发展了公共交通；伦敦政府在减少私家车使用的同时大力倡导新能源汽车的使用，伦敦市在2012年出台了《交通2025》，这一方案对私家车的限制更加严厉，进一步地要求限制私车，解决交通堵塞，改善空气质量。此外，伦敦政府也采取为在2016年前购买电动汽车的买主提供高额返利和免征汽车碳排放税等福利的措施，鼓励市民尽可能地使用清洁能源，努力为城市的大气环保作出自己的贡献。①

（四）坚决落实绿地建设

城市绿地是一个城市环境保护中非常重要的一部分，它可以改善空气质量，减少噪音污染，改善城市环境，利于生态平衡。伦敦城市绿色空间包括各级城市公园、城市绿带、绿色通道、绿色网络及废弃地生态改造等，②而伦敦市在治理大气的过程当中也是十分注重绿地建设这个重要环节，并且最终也在绿地方面的建设取得卓有成效的结果。

1. 城市生态的规划

1983年，大伦敦议会（Great London Council，简称GLC）发表了大伦敦发展规划（Great London Development Plan, 简称GLDP）的修改草案，增加了生态这一章，包括城市生态建设的政策。③伦敦市对包括森林、草地、河流、湿地、运河等的保护，使得伦敦城市的生态环境有了明显的改善，同时对自然保护区、野生动物加以保护，注重发挥生态区的社会价值，提高居民的生活质量。而伦敦规划咨询委员会（LPAC）也曾在大伦敦战略规划中将绿带、大都市区开放场所（MOL）、泰晤士河、休闲游憩场所、各种廊道、广场、公园和历史考古等均视为开放空间。④伦敦政府和市民一直都认为绿地对维护伦敦城市生活质量发挥着重要的作用，因而要求在伦敦城市发展的过程中，注意增加伦敦地区可开放

① 顾小城. 伦敦是如何治“雾”的[J]. 防灾博览, 2013(1).
② 余慧, 张娅兰, 李志琴. 伦敦生态城市建设经验及对我国的启示[J]. 科技创新导报, 2010(9).
③ 包静晖, 王祥荣. 伦敦的生态及自然保护[J]. 国外城市规划, 2000(3).
④ 鞠美庭等. 生态城市建设的理论与实践[M]. 北京: 化学工业出版社, 2007:52.

的绿地面积。

2. 加大绿地建设的力度和广度

伦敦政府非常重视绿地建设在大气治理过程中以及城市建设中的作用，重视自然环境对城市居民的意义。政府将伦敦城市的绿地管理体系分为三级，分别是市级、区级和非法定组织。①伦敦市致力于伦敦市区的绿化，1984年之际，大伦敦议会就要求地方政府一定要对具有自然保护价值的场地进行保护，同时要在城市的外围大力建设环形的绿化带，注重生态因素。在各方努力之下在20世纪80年代，伦敦的绿化面积就已经成功达到了4 434平方千米，并且在外伦敦，农田也成为景观的一部分，较大规模的绿地面积，大片的公园、自然保护区，许多野生动物和大面积的乔、灌木，使得生物多样性得到了有效保护。

3. 城市花园的推广

伦敦政府十分重视城市花园的建设。伦敦最大的皇家庭院海德公园仍然完好地保留在了伦敦市中心，这在如今城市市中心土地资源相当紧张的现状下是十分难得的。20世纪70年代开始，以英国为首的一些西方国家开始探讨生态原理问题，试图从生态原理的新角度出发，改善城市的生态环境。1977年英国在之前用于停放货车的场地上建立了William Curtis生态公园，它位于伦敦塔桥附近，有效地改善了当地的生态环境，使得物种得到保护，环境得到改善，市民也因此更加深入地接触大自然和更加深刻地体会到生态城市的益处所在。1986年又建立了Stave Hill自然公园，进一步改善了伦敦的环境。90年代之后，英国许多学者就开始重新认识城市绿化，倡导花草树木自然成长的自然公园（nature park）并注重环保理念的教育和推广，比如在自然花园中许多知识说明牌是游人们在园中接受了生态保护教育后自己做的。在政府和市民的共同努力下，伦敦现如今基本已经成为一个绿色花园城市。城区1/3面积都被花园、公共绿地和森林覆盖，拥有100个社区花园、14个城市农场、80千米长的运河和50多个长满各种花草的自然保护区。②

（五）严格合理的城市规划和民众参与

1. 严格合理的城市规划

一个好的城市发展需要周密的城市规划，而英国又是世界上最早颁布可持续发展规划的国家，所以说伦敦环境的有效改善离不开其合理的科学规划和有效管理。英国的城市规划自成体系，区级规划、郡级规划、区域性规划、直到

---

① 张浩，王祥荣等. 上海与伦敦城市绿地的生态功能及管理对策比较研究[J]. 城市环境与城市生态，2000(2).
② 顾小城. 伦敦是如何治“雾”的[J]. 防灾博览，2013(1).

国家级规划。大到企业扩建，小到居民住宅，其修建都必须得到规划许可，申请许可时也必须有相当严格的环境影响评价，不能对当地环境造成严重危害。①在这样一个严格的城市规划之下，伦敦地区的城建工作稳定有序，且对环境危害小。伦敦政府在进行城市规划的时候给予生态城市建设同样的重视和关注。1944年由Patrick Abercromible和其他人一起发表的《大伦敦区域规划》中就曾指出，城市建设一定要建设和保护绿地，限制开发绿地指定区域，要形成区域性的绿地系统。

2. 政府到位的工作

伦敦政府在治理环境方面的工作一直是毫不掩饰的，各种监测数据都如实及时地对外开放，这有利于市民参与到伦敦的环境保护当中。为了让伦敦市民能够及时对所在城市的空气质量有如实的了解，2010年3月12日，伦敦结合现代技术，将一种“伦敦空气”的手机软件安装在多种手机操作系统当中，该软件可以每小时向用户免费推送由大伦敦市区100多个观察站监测到的伦敦空气质量，且能够时时更新。这让很多市民能够对自身生活的城市的大气状况有深入了解，能够督促人们过更加环保的生活，民众的反馈无疑将有力地推动伦敦大气治理工作的进一步深入发展。

3. 民众的积极参与

（1）由于之前的毒雾事件给伦敦的民众带来了惨痛的教训，伦敦市民普遍具有较高的环保意识。首先是政府在申请规划许可的时候，报告公开，程序透明，以及公众咨询阶段的存在使得民众的参与十分便捷和必须，对于有可能严重危害环境的规划，公众拥有质疑权甚至是否决权，民众的积极参与可以将许多有可能导致严重污染的工程直接扼杀在规划的前期而避免后期为治理环境而投入不必要的人力、物力、财力。

（2）在治理空气方面，伦敦公民可以依据《自由信息法》向伦敦政府环保机构索取相关数据，而政府在这方面必须毫不隐瞒，各种监测信息无条件的对外开放，且政府不得拒绝公民索取数据信息的要求。民众可以监督政府的治理工作，无论是主流媒体还是民间环保组织都在一定程度上引导着环保工作朝着有效有利的方向发展。

（3）在市民与政府的大力合作之下，伦敦市环境得到了很大的改善，而良好的生活环境又极大地提高了伦敦人民的生活质量，因此使用新能源、节能低碳这些新环保做法也容易的得到民众的支持和认可。2007年11月，英国政府

---

① 英国伦敦：从“雾都”到绿城[J]. 中国报道，2009(5).

宣布对所有房屋节能程度选行“绿色评级”，大力推广太阳能的使用，得到了众多市民的认可；著名的伦敦南部的“贝丁顿零碳社区”是英国最大的低碳社区，成为众多低碳建筑的设计模范。

三、成效和新威胁

（一）成效

伦敦政府采取的一系列卓有成效的综合措施，有效地改善了伦敦地区的大气污染，提高了空气质量，改善了生活环境。尽管在后来的时间里，反复出现过污染事件，但伦敦还通过有力措施，最终摘掉了“雾都”的称号。在1992年12月2日，联合国环境规划署和世界卫生组织在一份联合调查报告中宣布，全球20个大城市中，英国首都伦敦现已成为世界上空气最清洁的都市之一。①相较于1958年，1976年冬天伦敦的能见度就已经增加了3倍，冬季市区的日照时间也明显增加了许多，雾日明显减少。在绿地建设方面，目前伦敦市已经拥有大面积的绿地，形成8～30厘米的环城绿带宽度，虽然伦敦人口稠密，城市水平发展高，但是人均绿化面积仍然高达24平方米；伦敦的自然生态系统也得到了很好的保存，经过多年的治理，之前消失的小鸟重回伦敦上空，绿色长廊随处可见，生物多样性得到很好的体现，比如在伦敦中心的皇家公园有超过40种鸟类繁衍。

（二）新威胁

虽然伦敦成功地摘掉了“雾都”的称号，恢复以往的蓝天白云，但是，根据欧盟委员会最近几年的报告，伦敦城市的空气质量指标还是没有达到欧盟设定的要求；伦敦空气质量报告2010年也曾显示，每年仍会有许多伦敦居民因为大气的问题而致病甚至是死亡。就在2013年3月中旬，伦敦又一次遭遇了PM2.5值达40多的事件，这也让人诧异不已。欧盟一直有规定，对于成员国的空气不达标超过35天的成员，就要支付高额罚款；此外虽然伦敦政府大力倡导环境保护和生态建设，但是正如上述提到过的一样，存在的突出问题是英国设立了较高的减排目标，但是现行的政策难以提供足够的支持来达到这个目标，正如有些伦敦当地媒体报道的一样，2017年的减排目标很难实现，而伦敦的空气质量现如今也仍然面临许多新威胁，因此，伦敦日后治理大气的道路，依旧长且艰巨。

① 张守任. 英国的大气污染控制[J]. 重庆环境科学，1993(6).

四、对中国治理大气的启示

（一）北京雾霾

根据2004年《中国绿色国民经济核算研究报告》数据，因为大气污染而造成死亡的人数达35.8万人，大约有64万呼吸和循环系统病人住院，同时新发慢性支气管炎患者有25.6万人，由此造成的经济损失高达1527.4万元。中国大气污染如此严重，治理工作必须提上日程。而2013年1月13日，北京气象台发布首个霾最高级橙色预警，街上行人无不戴着PM2.5特制的口罩，整个城市笼罩在一片灰蒙蒙之下。近年来，北京、石家庄等城市空气污染较为严重。而当年的伦敦人们走在路上低头都看不到自己的双脚，大气污染严重到了这种程度，而伦敦也仅是用了半个世纪的时间就基本摘掉了“雾都”的称号。从伦敦的走出雾霾之路当中，我们可以得到很多启示，同时我国目前正处于一个快速发展的阶段，如何正确处理好经济发展与环境保护之间的关系，可以从伦敦的发展过程得到一些思考。

（二）启示

1. 加强立法，严格执法

伦敦治理大气污染的一个强有力的保障就是其较为完备的法律体系，英国在大气治理方面不断完善自身的法律，并且能够随着形式的发展变化不断地适时变更相应内容。完善的法律体系以及严格的执法措施，使得伦敦在摆脱雾都称号的道路上，取得越来越多的显著成效。因此，北京在治理大气污染的时候应该借鉴学习伦敦的做法，不断地顺应局势，相应的出台必要的法律条文，严格约束减少私车的使用，减少废气的排放，加大惩罚力度。

2. 预防为主，综合治理

20世纪80年代以来，英国逐渐地打破了“先污染后治理”以及就某个环境问题立法的老传统，贯彻了预防为主、综合防治的政策。[①]伦敦很多工程在实施之前都要经过规划许可，要经过全面深入的考虑，民众认为严重影响环境的工程是不能投入实施的，因此可以防患于未然，将许多可能产生的污染遏制在源头。所以，北京完全可以采用此听证的方法，在许多建设项目投入实施之前，经过自下而上的全面审核。如果民众和相关环保部门认为会对环境和自身居住地产生严重污染，则不予实施，这样就能减少日后治理污染造成的不必要麻烦，有效降低成本，尽可能地将污染降到最低。

---

① 梅雪芹. 工业革命以来英国城市大气污染及防治措施研究[J]. 北京师范大学学报(人文社会科学版), 2001(2).

3. 政府引导，全民参与

伦敦在治理大气污染的过程中一个显著的现象就是，政府在这个过程中发挥着重要的作用，而伦敦市民也积极配合，政府民众通力合作共同治理环境。伦敦鲍里斯·约翰逊市长坚持每天骑自行车上下班，政府发放分类回收的垃圾回收袋，民众自觉地进行垃圾分类。此外，私车的限制，绿色交通的倡导也都得到了市民有力地回应。北京政府应该做回领导者，管理者和全面的参与者，与北京市民一起齐心协力共同改善生活环境，提高生活质量。

4. 措施全面，实施到位

大气治理、绿地建设、生态花园建设、生物多样性的保护、废弃物处理、垃圾回收等措施，都是伦敦市在摆脱雾都称号过程中所采取的一系列措施，生态系统各个要素之间相互影响，因此，北京在治理雾霾的同时，应该加强绿化建设，加强对垃圾的分类回收，处理好城市和乡镇的工业垃圾和生活垃圾，注重对城市野生动物的保护，努力将北京的生态环境协调好，还北京一个碧水蓝天。

5. 生态城市，环保理念

时至今日，伦敦已经成为世界上著名的花园城市，早已经成功告别当初整日雾气沉沉，灰暗浮沉的日子，各色绿色长廊贯穿伦敦内外，各种生态花园更是为伦敦生态添色不少。伦敦地区上上下下的大城市花园、区域花园、地方花园都得到合理配置，分级管理合理高效，民众、非政府组织、政府都拥有较高的环保理念，在合作方面也较为和谐，自成一体。北京在治理大气污染方面，必须要提高民众的环保意识和生态意识，努力做到官民通力合作，共同改善生活环境，致力于将北京打造成一个新型生态城市。

事实上，早在2006年4月9日伦敦市长肯·利文斯通访华，就与中国领导人就环保问题进行了交谈并针对北京当时的灰蒙蒙天气给予汽车政策方面的建议，比如控制进入城市中心的机动车辆；2013年10月伦敦市长鲍里斯·约翰逊（Boris Johnson）也如期访华。鉴于中国多个城市雾霾多发，大气污染严重的现象，北京政府应该就空气污染、大气治理、绿地建设、低碳生活等多个方面积极地与伦敦进行深入有效的沟通合作。经过全国上下政府和人民的共同努力，我们有理由相信，在不久的将来，北京、石家庄、天津等城市一定会还之以曾经的碧水蓝天之貌。

参考文献

[1]张庸.英国伦敦烟雾事件[J].环境导报，2003(21).

[2]肖烈桂，高峻，徐海贤.大伦敦地区的环境保护[J].城市问题，2004(4).

[3]鞠美庭等.生态城市建设的理论与实践[M].北京：化学工业出版社，2007.

[4]包静晖，王祥荣.伦敦的生态及自然保护[J].国外城市规划，2000(3).

[5]B.W.Clapp. An Environmental History of Britian Since the Industrial Revolution [M]. New York,1994.16.

[6]张浩，王祥荣.上海与伦敦城市绿地的生态功能及管理对策比较研究[J].城市环境与城市生态，2000(2).

[7]顾小城.伦敦是如何治“雾”的[J].防灾博览，2013(1).

[8]英国伦敦：从“雾都”到绿城[J].中国报道，2009(5).

第二编

生态工业、农业与旅游

专题五：卡伦堡（Kalundborg）生态工业园
——自发演化而成的原型典范

关于生态工业园区建设的探讨和实践始于20世纪八九十年代的西方发达国家，其雏形是工业共生体。丹麦卡伦堡工业共生体以发电厂、炼油厂、制药厂、石膏板生产厂为主体企业自发演化而成，经过50多年的发展，成为目前全球生态工业园建立最早也是运行最为成功的代表。该生态园以企业为核心，通过贸易方式利用企业生产过程中产生的废弃物与副产品，形成了经济发展与环境保护的良性循环。近几年由于政府的重视，我国生态工业园的数量不断增多，各地拥有“生态工业园”头衔的工业园纷纷出现，但实际上有很多生态工业园只不过是名义上的，其经营方式仍然很粗放，甚至有些生态工业园中的企业仍然在没有节制地排放废弃物，一些工业园区由于环保设备未达标，变成了“污染集中排放地”。将卡伦堡从工业共生体产生到发展再到成为世界典范的整个过程做一深入研究，对于我们如何更为科学的建立基于可持续发展的生态工业园是十分必要的。

一、丹麦卡伦堡生态工业园简介

卡伦堡（Kalundborg）位于丹麦最大的岛屿——西兰岛上，距离丹麦首都哥本哈根约100千米，是一个人口仅为2万人的小镇，濒临北海和波罗的海之间的大贝尔特海峡。卡伦堡生态工业园位于卡伦堡小镇西南方向，距离小镇约3千米，分散在直径约4千米的圆形地域，面积约12平方千米。该工业园被认为是世界上最早建立也是目前最成功的生态工业园，它作为一种生产发展、资源利用和环境保护形成良性循环的工业园区建设模式，被誉为发展区域循环经济的“圣地”。

（一）产生背景

卡伦堡本是丹麦一个毫不知名的普通小镇，其面貌改变缘于第二次世界大战后欧洲工业的复兴。由于扼北海和波罗的海的大贝尔特海峡要冲，拥有优质的天然不冻港，20世纪50年代大批工业企业进入这个地区。这些企业的大量涌入，使该地区用水量急剧增加，再加上卡伦堡年降水量本就稀少，属于丹麦重度缺水的地区，这些都加剧了该地区的资源性缺水。同时，以废水为主的废弃物对环境的负面影响也日益凸现。丹麦政府向来注重环境保护，出台了一系列针对废弃物排放的法律约束和税收政策。因此，为了应对这种局面，在20世纪60年代初，这里的火力发电厂和炼油厂已经开始了工业生态方面的探索。后来，一些企业陆续加入，逐渐形成一个经济发展和环境保护相协调的共生体系（symbiosis）。卡伦堡生态工业园目前由9个实体组成，分别是：①

1. 诺和诺德（Novo Nordisk）制药厂：该厂是世界最大的胰岛素生产商，主要生产药用胰岛素、盘尼西林和工业用生化酶等产品，原料来源于农产品，经过微生物发酵加工最终生产出药物，在卡伦堡大约有2 600名雇员。

2. 诺维信集团（Novozymes）：全球最大的工业酶制剂和工业微生物制剂生产商，总部位于丹麦首都哥本哈根。诺维信集团是2000年从诺和诺德公司分立出来的，在卡伦堡拥有500名雇员。

3. 吉普洛克（Gyproc）石膏墙板厂：主要为建筑行业提供建材，每年平均生产1400万平方千米的石膏墙板，在卡伦堡拥有165名雇员。

4. 东能源（Dong Energy）公司的阿斯内斯（Asnaes）火力发电厂：丹麦最大的燃煤火力发电厂，装机容量100万kW。以煤为燃料，为西兰岛高压电网供电，同时为卡伦堡提供热力，是卡伦堡生态链最主要也是历史最悠久的核心企业，在卡伦堡拥有120名雇员。

5. RGS 90 A/S：丹麦专业从事建筑和建筑部门所有种类废物循环再造的环境公司，接收各类商业回收或再利用的废物（危险废物除外），以及对污染土壤进行技术修复，在卡伦堡拥有15名雇员。

6. 挪威国家石油公司斯塔托伊尔（Statoil）炼油厂：丹麦最大的炼油企业，建于20世纪60年代，主要生产汽油和其他石油产品，产量约为每年550万吨汽油。该公司也是目前世界上唯一一家把脱硫的副产品生产为液体肥料的工厂，在卡伦堡拥有350名雇员。

7. Kara/Novoren废物处理公司：垃圾处理厂每年回收1.3万吨纸板，0.7万吨碎石，1.5万吨街道园林垃圾，0.4万吨金属垃圾和0.18万吨玻璃垃圾。

8. Kalundborg Forsyning A/S：负责卡伦堡的城市用水和区域供热，以及废水处理。

9. 卡伦堡市政府（Kalundborg Municipality）：为市区居民提供水和热能供应。

（二）发展历程

卡伦堡工业共生体不是一种发明，也不是什么机构组织，而是在过去的50

---

① 参见卡伦堡官方网站：http://www.symbiosiscenter.dk/(2013年7月20日).

多年间，当地企业在追求共同利益和遵守生态道德共识下自发建立并发展的。

1. 1961～1985年：工业共生体的初步建立

卡伦堡工业共生体始于1961年，当时挪威国家石油公司需要为其在卡伦堡附近的炼油厂提供大量工业用水，于是铺设了第一条管道联通炼油厂与附近的Tisso湖。通过对Tisso湖的地表水进行处理后送到工厂使用，来替代抽地下水。

之后，以炼油厂、发电厂和制药厂为中心的工业共生网络逐步建立，先后形成了7条工业生态链。1972年，挪威国家石油公司与吉普洛克石膏墙板厂签订协议，炼油厂所产生的废气丁烷气被吉普洛克石膏墙板厂用来作为燃料煅烧石膏板。1973年，卡伦堡市的废水被阿斯内斯火力发电厂利用作为冷却水。1975年开始，诺沃诺迪斯克制药厂每年将其生产中剩余的淤泥无偿提供给约1 000家农场，这也是丹麦政府禁止将这些物料倾倒入海后所取得的最有效和最经济的办法。1979年，阿斯内斯火力发电厂开始供应飞灰给卡伦堡工业园区外的一家名为Aaborg Portland的水泥公司。1980年，阿斯内斯火力发电厂将使用过的热的盐冷却水用于鱼产品的养殖。1981年，阿斯内斯火力发电厂将其生产剩余能量以蒸汽的形式为卡伦堡市居民供热。1982年，阿斯内斯火力发电厂将剩余蒸汽提供给诺和诺德制药厂和炼油厂进行热能利用。

从这7条工业生态链的形成关系可以看出，这一时期工业共生网络初步建立，参与的企业较少，核心为炼油厂、发电厂和制药厂，涉及石膏厂、卡伦堡市政和农场等。工业生态链的形式是以大企业单方面主导输出为主，其他参与者只是被动地接受大企业输出的工业副产品或废物。

2. 1985～1995年：工业共生体的成长

1985年至1995年，卡伦堡工业共生系统又先后形成了9条工业生态链。1987年，卡伦堡市的地表水被输送到诺和诺德制药厂和诺维信酶制剂厂。同年，斯塔托伊尔炼油厂将生物处理废水用管道输送给阿斯内斯火力发电厂用作沸腾炉原料进水。1989年，诺和诺德制药厂和诺维信酶制剂厂为养猪场提供酵母泥，用以生产猪饲料。1990年，斯塔托伊尔炼油厂开始将废弃的硫酸提供给一家化肥工厂进行硫肥生产。1991年，斯塔托伊尔炼油厂将生产中的生物处理废水送到阿斯内斯火力发电厂处供使用。1992年，斯塔托伊尔炼油厂开始为阿斯内斯火力发电厂提供脱硫废气，作为燃气使用。1993年，阿斯内斯火力发电厂又将其烟气脱硫工艺所产生的剩余物质硫酸钙（石膏）提供给了吉普洛克石膏墙板厂。1995年，诺和诺德制药厂和诺维信酶制剂厂开始利用卡伦堡市的污水处理系统将废水处理后进行再利用。同年，阿斯内斯火力发电厂建造再利用池，收集水流，供内部使用并减小对Tisso湖的依赖。

从这新增的9条工业生态链的形成关系看，这一时期的工业共生体已经具备了内部多向循环的特点，日臻完善。核心企业开始利用高新环保工艺技术为系统内工业生态链提供新的工业“食物”。同时主导型大企业由以前的单方面输出转变为输出与回收并存，接受其他企业提供的回流式工业“食物”链（如斯塔托伊尔炼油厂提供给阿斯内斯电站的锅炉用水、生物处理废水及燃气）。

3. 1995年至今：工业共生体的成熟

1995年至今，卡伦堡工业共生系统的生态链更加复杂，新增了11条。1998年，RGS90使用污水处理过程中所产生的污泥作为受污染土壤的生物修复营养剂。1999年，阿斯内斯火力发电厂通过提供飞灰换取镍钒。2002年，阿斯内斯火力发电厂将去离子水提供给炼油厂。2004年，卡伦堡市开始将净化过的水提供给诺和诺德制药厂和诺维信酶制剂厂使用。2006年，诺和诺德制药厂和诺维信酶制剂厂将生产中剩余的废酒精渣送到卡伦堡市的污水处理处进行再利用。2007年，阿斯内斯火力发电厂将使用过的海水提供给斯塔托伊尔炼油厂。2009年，阿斯内斯火力发电厂又将剩余的蒸汽提供给东能源的另一家子公司Inbicon进行纤维素乙醇的技术开发。同年，诺和诺德制药厂和诺维信酶制剂厂将生产中的冷凝水输送到卡伦堡市，而卡伦堡园区内的农场开始为Inbicon提供秸秆。2010年，Inbicon将生产中不用的乙醇和木质素提供给斯塔托伊尔炼油厂。2011年，阿斯内斯火力发电厂开始在生产中使用新的气体发生器，以减少污染。

从这些新增的工业生态链可以看出，这一时期工业共生体已经基本成熟。工业共生体内企业数目增长率趋势降低，但仍有新的成员加入，工业系统趋于稳定。系统内企业的环保技术能力提高，并且引入了新的资源利用型企业，进一步丰富了工业生态链接关系，也提供了新的工业代谢“食物”。由于系统内成员的布局更为合理科学，共生体的生产能力与资源利用效率也不断增强。①

二、卡伦堡工业生态系统分析

卡伦堡生态工业园建立的指导思想是：一个企业的副产品或废弃物将成为其他企业的重要资源，其结果是可以减少资源消耗和对环境的负面影响。按照这种指导思想，园区内实现了以斯塔托伊尔炼油厂、阿斯内斯火力发电厂和诺和诺德制药厂为核心参与者，以水循环、物质循环和能量循环为主要内容，以

① 徐大伟. 工业共生体的企业链接关系的分析比较——以丹麦卡伦堡工业共生体为例[J]. 工业技术经济，2005(1).

节约资源、保护环境和经济持续发展为最终目标的良性工业生态循环系统。

（一）水循环

卡伦堡工业共生体产生的一个重要原因就是缺水，因此对水的综合利用成为园区内企业需要解决的一个重大问题。

首先是用地表水取代地下水。前文说过，卡伦堡属于丹麦重度缺水的地区，年降水量约为600毫米，人均水资源量不到500立方米，地下水更是十分昂贵。因此，当挪威国家石油公司入驻这个地区的时候便考虑铺设管道，利用Tisso湖的湖水来取代地下水。后来，通过市政府的协调，阿斯内斯火力发电厂也加入了利用地表水的队伍，其用水从完全依靠地下水变为部分使用Tisso湖水、部分使用炼油厂处理过的生产废水。诺维信酶制剂厂也是用水大户，而且需要使用达到饮用水质量标准的水源。为此，卡伦堡市政府通过水处理项目，用符合饮用标准的Tisso湖水供应给该企业，使其每年减少了100万立方米的地下水用量。[①]同时卡伦堡市区居民生活用水也有部分来自Tisso湖。

其次是水的循环利用。例如，卡伦堡市的废水被阿斯内斯火力发电厂利用作为冷却水，阿斯内斯火力发电厂又将使用过的热的盐冷却水用于鱼产品的养殖，同时将其他冷却水提供给斯塔托伊尔炼油厂，而炼油厂则将生物处理废水用管道输送给阿斯内斯火力发电厂用作沸腾炉原料进水。又如卡伦堡市的生活废水处理后被输送到诺和诺德制药厂和诺维信酶制剂厂作为冷凝水，而诺和诺德制药厂和诺维信酶制剂厂又将生产中的冷凝水回送到卡伦堡市进行再利用。通过水的循环利用，整个工业园区每年至少减少25%的需水量。

再次是废水的处理。来自诺和诺德制药厂和诺维信制酶厂的废水是真正共生关系的一部分：这两个厂将所有的废水处理到普通居民废水的水平。处理过的废水被输送到卡伦堡市政府的处理厂进行最终处理。由于制药厂和酶制剂厂的废水温度较高，因此处理起来非常便利。阿斯内斯发电厂的废水同时也排入卡伦堡市政污水处理厂。还有卡伦堡市的生活废水，都被统一输送到卡伦堡污水处理厂，再被引到循环处理水库中，以减少Tisso湖湖水消耗。

（二）物质循环

1. 石膏

阿斯内斯火力发电厂的脱硫车间是用来从烟道气中脱去SO_2的，脱硫又是一项在除去SO_2的同时产生副产品石膏的化学过程，产量可达到每年20万吨。这

① 吴季松. 百国考察廿省实践生态修复[M]. 北京：北京航空航天大学出版社, 2009:336~347.

些石膏的销售对象是吉普洛克石膏墙板厂，用于生产建筑外墙用石膏板。由于发电厂在生产过程中产生了副产品石膏。从而大大降低了卡伦堡市对天然石膏的进口。同时，发电厂的石膏比天然石膏更加均匀和纯净，很适合石膏板的生产。此外，卡伦堡市政回收站的石膏填充物也被送往吉普洛克石膏墙板厂，从而减少了固体废弃物的数量。①

2. 飞灰

阿斯内斯火力发电厂将飞灰从烟尘中移除，从而每年能生产3万吨的灰烬。这些灰烬在英国的一个工厂中进行循环，从中回收镍和钒。而灰烬又可在水泥工业中进行循环利用，最大的飞灰客户是丹麦奥尔堡的波特兰公司，这使发电厂的废弃物基本实现了零排放。

3. 肥料、诺沃肥

诺维信公司生产的酶产品是建立在土豆面粉、玉米淀粉等原材料发酵的基础之上的。这种发酵过程会使单位面积内产生大约15万立方米的固体生物量——诺沃肥。同时，9万立方米液态生物量的诺沃肥也随之生产出来。经过生物和消毒处理后，诺沃肥被用于西兰岛大约600个农场中，同时还有氮、磷、石灰等副产品，从而减少农场对商业肥料的需求量。除了诺沃肥外，斯塔托伊尔炼油厂的脱硫车间减少了炼油气中的硫含量，从而使SO_2的排放量显著降低。它的副产品是硫代硫酸铵，被用于大约2万吨的固体肥料的生产，以满足丹麦每年的消费量。

4. 饲料

诺维信厂在生产胰岛素的同时，其副产品酵母浆残留物也用于喂猪。胰岛素的生产是建立在一个以糖和盐为主要成分的发酵过程之上，通过添加酵母转化成胰岛素。加热后，酵母作为残留物，被转化成一种很好的饲料：酵母浆。而在酵母中加入糖水和乳酸菌，更能吸引猪。这些酵母浆替代了传统混合饲料中大约20%的大豆蛋白。每年超过80万头猪食用了这种饱含酵母浆的饲料。

5. 淤泥

淤泥是卡伦堡市政污水处理厂淤积的主要残留产品。它被用于RGS90作为受污染土壤的生物修复剂。这样，一个生产过程的废弃物就成为了另一个生产过程中的有用资源。

---

① 张萌. 工业共生网络形成机理及稳定性研究[D]. 哈尔滨工业大学博士学位论文, 2008.

（三）能量循环

1. 蒸汽和热力

卡伦堡市大约有6500户家庭从阿斯内斯火力发电厂获得区域供热，这代替了大约3500个烧油渣的炉子，从而减少了大量的烟尘排放。除了为卡伦堡市居民提供区域供热，还为斯塔托伊尔炼油厂、诺和诺德公司等提供蒸汽。[①]斯塔托伊尔炼油厂从阿斯内斯发电厂获得生产用蒸汽和水。这些蒸汽占到了炼油厂使用蒸汽总量的15%。炼油厂用这些蒸汽来加热油罐，输油管道等等。诺和诺德厂则用来自发电厂的蒸汽进行设备的加热和杀菌。这种热量和能量的结合使燃料的利用相比较于分散的发电和产热模式改进了30%。

2. 燃气

过剩气体的燃烧是一个炼油厂安全系统的一部分。斯塔托伊尔炼油厂将产生的火焰气通过管道供石膏墙板厂用于石膏板生产的干燥，减少了火焰气的排放，同时将脱硫气供给火力发电厂进行燃烧。

3. 可燃废弃物

Kara/Novoren废物处理公司从各个共生的企业中收集废弃物，主要用于燃料发电。这些电被转卖给电力公司。另外，公司每年提供大约5.6万吨的易燃废弃物以满足大约6500户私人家庭的电力需求和地区供暖形式的能源消费。

三、卡伦堡生态工业园的共生效益分析

经过数年的实践，卡伦堡生态工业园区入驻企业之间的合作已经相当成熟和默契，园区所取得的最大收益基本来自工业伴生品的综合利用和废弃物的回收利用。工业生态系统的循环发展已经产生了明显的经济效益、环境效益和社会效益。

（一）经济效益

自20世纪70年代以来，对于节约水资源和处理废弃物的需求越来越大，卡伦堡园区初步形成开展了围绕生态循环与经济发展的合作项目，其中包括7个水循环项目、6个提高能源转换效率的项目、6个废弃物循环利用项目、17个内部循环共生项目及4个外部循环共生项目。这些项目总投资额约为7 000万美元，而由此产生的经济效益每年约为1 000万美元，投资平均折旧时间短于5年。[②]此外，卡伦堡每年的资源节约和废物利用也为园区带来了巨大的经济效益。

---

① John Ehrenfeld & Nicholas Gertler. Industrial Ecology in Practice: The Evolution of Interdependence at Kalundborg[J]. journal of Industrial Ecology, 1997: 67~79.

② 方一平，周后珍. 生态产业园区：可持续发展的社区实践[M]. 北京：科学出版社，2008.

（二）环境效益

表5-1 卡伦堡共生体每年的环境与经济效益[①]

节约的资源	减少污染排放	副产物/废物的重新利用
水330万立方米	CO_2 17.5万吨	飞灰 7万吨
油4.5万吨	SO_2 1.02万吨	硫4500吨
煤3万吨		石膏20万吨
		污泥中的氮80万吨
		磷 600吨

如表5-1所示，首先是减少了资源的消耗，包括水、煤、油等。到目前为止，卡伦堡生态工业园区实现了地下水210万立方米/年，地表水120万立方米/年，总计330万立方米/年的节水能力，占地区水资源量的1/5，占其原用水量的约1/3，也就是说用原来2/3的水耗支持了现在还在增长的经济态势，有力地维护了该地区水资源的可持续发展。能源方面，通过使用炼油厂所提供的天然气，每年大概节约4.5万吨石油、3万吨煤炭。

其次是减少了对环境的不利影响，每年约有17.5万吨CO_2和1.02万吨SO_2被用于再生产，这减少了有害气体的排放。同时，通过循环利用，减少了废水、废物的排放，降低了对大气、水和土地资源的污染等。[②]

最后，也是最主要的，是实现了废弃物的循环利用，使得一个公司的废弃物成为其他公司的重要资源。每年大约有7万吨飞灰和矿渣、2800吨硫、80万吨氮和600吨的磷、100万立方米的淤泥和3万吨秸秆等在卡伦堡的工业生态链中得到利用。此外，节约生石膏20万吨/年，环境效益十分突出。同时，Kara/Novoren废物处理公司每年回收并处理1.3万吨纸板，0.7万吨碎石，1.5万吨街道园林垃圾，0.4万吨金属垃圾和0.18万吨玻璃垃圾，几乎全部固体废弃物都得到了有效处理。

（三）社会效益

首先是增加了该地区的就业机会。因为循环经济模式的应用延长了就业的链条：由生产销售环节向后延续到研发、存废、处理及循环再利用环节。产业链的变化促使人力资本从传统的单一产业流向与之共生的多类产业。卡伦堡生态工业园由于众多家企业共生互存，就业岗位将近4000个，占卡伦堡人口的

① 崔兆杰，张凯. 循环经济理论与方法[M]. 北京：科学出版社，2008:198~202.

② Noel Brings Jacobsen. Industrial Symbiosis in Kalundborg, Denmark: A Quantitative Assessment of Economic and Environmental Aspects[J]. Journal of Industrial Ecology, 2006:239~255.

1/5。卡伦堡工业共生体不仅给当地居民就业提供了保障，并且增加了他们接受培训的机会。从长远来看，如果按照预设模式运转，卡伦堡园区的开发可以大大提升当地的产业经济，促进地方建设升级。

其次是卡伦堡生态工业园的示范效应。卡伦堡通过循环经济的实践，使得工业污染降低了，水污染减少了，浪费减少了，而经济利润却不断提高。它不仅是世界生态工业园建设的肇始，自20世纪60年代就已萌芽，已经稳定运行了50多年，同时也是生态工业园建设的典范。像美国英国这样的发达国家开始制定政策，鼓励企业与其他公司交流合作实现废物循环利用，卡伦堡模式开始在其他国家得到复制。每年都有来自世界各地的大量访客参观卡伦堡，中国团组最多的时候平均一星期就有两批。

最后是卡伦堡生态工业园的研究价值。卡伦堡作为运行时间最长也最成功的生态工业园，其运行机制、园区规划、成本分析、效益分析、政策框架等一直是人们研究的重点，受到各国政府机关、企业和学界的关注。仅以“中国知网”（CNKI）为例，关键字搜索“卡伦堡生态工业园”，结果就有2050条。卡伦堡同时还与一些著名大学和大型图书馆进行了合作，如耶鲁大学、悉尼大学等。

四、卡伦堡生态工业园的启示

卡伦堡模式的成功运行，是在当地极度缺水的客观条件下，在丹麦政府一系列环保政策的压力下，在工业共生体产生巨大经济效益的驱动下，入驻企业自发、自愿尝试的生态工业园实践。近几年由于政府的重视，我国生态工业园的数量不断增多。卡伦堡的例子虽然有着特定的条件和历史背景，但仍然能够为我们建立基于生态系统可持续发展的工业园提供一定的宝贵经验。

（一）环保政策法规的引导、约束和强制执行是生态工业园建设的法律保障

在发展循环经济方面，丹麦较早地建立了一整套完善的法律体系，这成为卡伦堡生态工业园形成和发展的法律保障。以《环境保护法》为中心，建立了《水资源法》《工业空气污染控制指南》《废弃物处理法》和《海洋环境法》等一系列法规。可以说，卡伦堡生态工业园的出现和发展是环保法律法规实施的一个必然结果。如前文所说，最初工业园内各企业自发组织形成共生体的一个重要原因就是丹麦政府在工业废弃物排放方面的严格管制。例如，制药厂废水处理的残渣是禁止填海的，因此，制药厂才有加工生产有机肥并向当地农民

出售的动力。电厂热能的分级使用也是如此，通过热能的分级使用，不仅减少了对周围环境的热污染，还产生了明显的经济效益。[①]除了严格的监督之外，企业排放废弃物还必须按照废弃物数量缴纳一定的排放税，而且排放税分等级提高。同时，为了避免某些企业出于经济利益考虑隐瞒危险废弃物给社会造成巨大危害，丹麦政府还设立了申报制度。对于危险废弃物免征排放税，但企业必须主动申报，由政府组织专门机构进行处理。与此同时，对于在生产流程中采用环保设备减少污染排放的企业还给予经济激励。

在我国，工业园的宏观管理和规划主要由发改委和环保部（原国家环保总局）负责。自1999年启动生态工业示范园区建设以来，相关的配套政策和法令也在不断完善。国家环保部于2003年12月颁布了《生态工业示范园区规划指南（试行）》和《国家生态工业示范园区申报、命名和管理规定（试行）》。此后，关于我国行业类、综合类以及静脉产业类三类工业园区的建设标准也相继出台。在废弃物再利用上，我国还颁布了相关的优惠政策。但是，由于监管不严、政出多门，一些好的法规政策不能有效落实。今后，政府应当尽快制定生态工业园建立和管理的实施细则，使之更具有可操作性，同时担负起严格执法和利益协调的责任，保证政策的可行性、一致性和连续性。

（二）企业经济效益和长期发展是生态工业园运行的根本动力

经济利益是决定卡伦堡工业园内各企业合作共生的根本驱动力。例如，石膏厂使用火电厂的除尘副产品工业石膏，是为了节省原材料成本。而火电厂利用飞灰换取镍和钒，能够节省一大笔开支。诺和诺德制药厂与酶制剂厂生产过程中的废弃物酵母浆被作为饲料促进养殖业的发展，也是一种经济成本的节约。利用经济利益手段，园区内形成了可持续发展产业链，这是产业生态化的最有效的激励手段。

在我国，生态产业园还是一种初步的尝试。长期以来，我国实行的都是“谁污染谁治理”的政策，类似于“污染者付费”政策，但实施的效果并不好。这是因为各企业处理和净化废弃物需要购入先进的环保和过滤设备，代价太高，所以千方百计的隐瞒污染。而一旦出了事情地方政府怕承担责任也并不上报。另外我国企业一旦使用其他企业的废弃物，如工业废渣、粉煤灰等，原来的废物产生者不仅不付费，而且还要向使用者收费，使综合利用企业无利可图，严重挫伤了资源综合利用企业的积极性。因此，需要进行认真地调查研

① 王崇峰．基于生态城市的可持续发展产业集聚问题研究[D]．青岛大学博士学位论文，2008．

究，利用经济手段形成有效的激励政策，推动生态产业园的可持续发展。

（三）生态产业链的增补是工业园可持续发展的关键因素

从卡伦堡的共生模型来看，成就其今日的生态链总共花去了五十多年的时间，而且仍然有继续增补的空间。补链可以分为产业链补链、副产品交换补链、废物处理补链和基础设施补链四种形式。例如，卡伦堡工业园区内最初只有工业企业，后来增加了养殖场、农场，这可以视为产业链补链。石膏厂使用火电厂的除尘副产品工业石膏，而火电厂则利用炼油厂的燃气进行火力发电，这是副产品交换补链。各生产企业的废水被送到卡伦堡市的污水处理厂进行过滤，Kara/Novoren废物处理公司每年则回收处理大量的工业废弃物和垃圾，这是废物处理补链。其实在我国也一样，无论是生态化改造还是循环化改造，都少不了一个补链的过程。完善稳健的生态产业链，可以降低生产和消费过程的资源、能源消耗及污染物的产生和排放。

（四）政府推动和公众参与是生态工业园立足的社会基础

模拟自然界生态系统建立的生态工业园区，其建立与发展并不是一蹴而就的。生态工业园区的完善与发展离不开当地政府与公众长期的支持与关心。从整个园区的管理运行来看，卡伦堡市政府的角色着重于社区建设和公用事业管理（供水供热、饮用水和废水处理等），因而它是作为一个成员而不是主管人参加工业互利协作网络。政府在工业园区建设中的另一个作用就是严格执法，没有政府的严格执法，各企业的生产和排污就不能得到有效制约，生态产业园也只会流于形式。除了政府，公众对于可持续发展理念的高度认同、接受和实行也是卡伦堡园区内企业走上循环经济道路的重要保障。

参考文献

[1]徐大伟.工业共生体的企业链接关系的分析比较——以丹麦卡伦堡工业共生体为例[J].工业技术经济，2005(1).

[2]吴季松.百国考察廿省实践生态修复[M].北京：北京航空航天大学出版社，2009.

[3]张萌.工业共生网络形成机理及稳定性研究[D].哈尔滨工业大学博士学位论文，2008.

[4]方一平，周后珍.生态产业园区：可持续发展的社区实践[M].北京：科学出版社，2008.

[5]崔兆杰，张凯.循环经济理论与方法[M].北京: 科学出版社，2008.

[6]王崇峰.基于生态城市的可持续发展产业集聚问题研究[D].青岛大学博士学位论文，2008.

[7]Noel Brings Jacobsen. Industrial Symbiosis in Kalundborg, Denmark: A Quantitative Assessment of Economic and Environmental Aspects[J]. Journal of Industrial Ecology, 2006:239~255.

[8] John Ehrenfeld & Nicholas Gertler. Industrial Ecology in Practice: The Evolution of Interdependence at Kalundborg[J]. journal of Industrial Ecology, 1997: 67~79.

专题六：以色列的生态农业

以色列于1948年宣布独立，在如此短的时间，如此狭小的地域，以色列的发展令人叹为观止。其中发达的现代农业是以色列众多发展成就的一个典范，它之所以引人关注是因为以色列的农业是在自然环境极为不利的情况下发展起来的。以色列农业不仅形成了稳定高产的局面，而且没有对生态环境产生不利的影响。以色列农业的成功不是偶然的，而是多种因素共同作用的结果，既有先进科技、科学理念的作用，也有以色列特殊的文化和政治背景的因素。

一、以色列的自然环境特点

任何一国的农业发展都不能脱离其所处的自然环境，成功的农业往往都是科学利用当地有利的自然条件，合理改造不利的条件，但是任何利用和改造都不能违背自然规律。以色列农业也是在它特殊的自然条件下发展起来的。

（一）气候条件

气候是农业发展的外部因素，具有较为稳定的特征。气候是指一个地区多年的天气平均状况，主要是从气温和降水两个方面来衡量。它一般不会因为人类活动而发生剧烈变化，因此具有一定的稳定性。以色列一半以上的地区属于干旱半干旱的沙漠气候，平均年降水量仅200毫米左右，降水主要集中在冬季，全年无雨期持续7个月之久。降雨主要集中在以色列北部地区，年降水量700～800毫米，中部地区400～600毫米。南部地区降雨稀少，最南的埃拉特地区每年只有8天的降雨过程，总降雨量只有25毫米①。以色列是典型的地中海气候，全年热量充足且时空分异明显，全国月均气温均在10℃以上，沿海地区在20℃左右，山地也达14℃，约旦河谷地区更为22.5℃，最冷月（一月）均温11～13℃，最热月（八月）均温在30℃以上，适合农作物生长。以色列的光能资源特别丰富：年日照时数可达3200～3300小时，约占白昼时间的75%，属于世界上日照时数最长的地区之一，加上地中海式气候冬季暖和多雨，可以使农业活动全年进行，复种指数达200%～300%，在一定程度上可以弥补土地资源的短缺；此外，充足的热量和光照，不但可以缩短像葡萄、柑橘和瓜类等农作物的生长时间，而且可以使它们具有很高的糖分和特殊的口味②，成为以色列独特的出口农产品。

---

① 朱洪峰，韩慧君. 以色列农业在中国——走近北京中以农业示范农场[M]. 南京：江苏科学技术出版社，2000.

② 杨兴礼，陈俊华，岳云华. 论以色列农业的可持续发展态势[J]. 人文地理，2000(3).

（二）水资源状况

以色列的干旱半干旱的气候条件决定了它的水资源量并不丰富且分布不均。以色列地处地中海的东海岸，多年平均水资源量为13亿立方米，最大为27亿立方米，最小为6亿立方米，人均每年可用水资源量为250立方米，不到全球平均水平的1/30[①]。以色列可利用的水资源量为22亿立方米，其中2/3为地下水，1/3为地表水，地表水主要有太巴列湖（加利利湖），流域面积2730平方千米，扣除上游利用，年净入湖水量5.1亿立方米[②]。以色列境内地表径流极为匮乏，只有唯一的与黎巴嫩、叙利亚、约旦共有的河流约旦河能保持常年有水，年径流量约为5.2亿立方米。以色列还有两处地下水层，一个位于西部沿海平原，大致从北部的卡梅尔地区延伸至南部的加沙。以色列每年从该地下含水层抽水25亿立方米，占全国用水的19%。另一个位于中部山区，北起卡梅尔地区，南至内盖夫沙漠北端的比尔谢巴。该含水层每年抽水35亿立方米，占全国用水的26%。以色列全国共有2 800口用于开采地下水的水井，在沿海平原区还有150口专门用于地下水回灌的水井[③]。此外，以色列的地下水以深岩含水层为主，含盐度极高，开发利用需要很大的成本。

（三）地表自然环境

根据1947年联合国关于巴勒斯坦分治决议，以色列获得的国土面积为1.49万平方千米，经过4次中东战争，以色列实际控制的国土面积为2.7万平方千米。以色列的地形地貌复杂，整体呈南北狭长型，根据地形以色列大致可分为四个区域：①地中海沿岸平原，这里由北到南从海岸线平均伸向内地约40千米，约占国土面积的5%，土地肥沃，集中了全国大部分的工农业和大城市，是以色列人口最稠密的地区。②中部丘陵山区，这里由北到南分布着加利利、撒玛利亚和犹地亚三个山区，其中加利利山和撒玛利亚山之间的街茨雷埃勒谷地是以色列最富饶的农牧业区，占全国土地面积的25%[④]。③约旦河谷地带。④内盖夫沙漠，该沙漠面积约占以色列领土的一半，地质构成主要为石灰岩和白垩岩，地势平缓。

以色列的可耕地面积约为4 730平方千米，仅占全国土地面积的20%。且耕作土壤的自然质量也不理想，多为风积、冲积性砂质土，土层平均厚度只有25～30厘米[⑤]。由于水资源匮乏，一半以上的土地需要人工灌溉。

---

① 陈献耘，沈建国. 巴以冲突——为水而战[J]. 改革与开放，2011(15).
② 魏昌林. 以色列北水南调工程[J]. 世界农业，2001(10).
③ 陈双庆. 以色列的水资源战略[J]. 国际资料信息，2004(4).
④ 雷钰，黄民兴. 列国志・以色列[M]. 北京：社会科学文献出版社，2011.
⑤ 韩瑞林. 简述以色列持续农业的发展[J]. 黑龙江农业科学，2003(2).

（四）其他自然状况

以色列北部是地中海式气候，南部为干旱的荒漠气候，中部则为过渡地带，动植物种类较为丰富。以色列有25%的国土面积被确定为自然保护区，其中80%位于干旱区。以色列有数百种动物，以色列对野生动物及其生活环境进行严格的保护，并且收集保护很多《圣经》中提到的尚未灭绝或濒临灭绝的动植物[①]。以色列人强烈的自然保护意识，为发展生态农业创造了良好的氛围。

综上所述，以色列自然环境对农业并没有多少先天的优势，耕地面积狭小，气候干旱，水资源缺乏且分布不均，土地贫瘠。无论是数量规模还是质量都没有突出的地方，这使得以色列必须更多依靠科技力量来弥补自然条件的不足，这也是我们认识以色列生态农业的前提。

二、以色列农业发展的战略重要性

农业是为一个国家的人口提供必不可少的生存资料，为工业生产提供必要的原料的产业，对于任何一个国家都极为重要，对于以色列这样生存环境极为特殊的国家更是如此。由于以色列先天自然条件恶劣，土地贫瘠，水源缺乏，且处在特殊的国际环境中，如果它不能依靠自己的科技发展自己的农业，那么它的生存就面临问题。由上述内容可知，发展农业所需的自然条件，以色列几乎都欠缺。土地面积狭小，水资源匮乏、土壤贫瘠，周边环境严酷，因此以色列面临的不仅是农业发展问题，更是国家生存问题。在这样恶劣的自然条件下，以色列如果走粗放型的农业发展道路，以自然环境为代价，换取农业短暂的发展，那么本已恶劣的自然环境将面临灾难性的毁灭。农业发展关系到国家的生存，即使按照常规的发展模式，以色列的自然条件也难以满足国家对农产品的需求。这迫使以色列竭力要做到农业的高质、高产，并且能够可持续发展。以色列人口总量很少，人力资源也非常宝贵，因此不能把大量的人口用于从事农业生产。生态农业要求农业发展与自然环境相适应，不破坏自然环境，不浪费自然资源。而做到这些就需要加大科技投入，达到既稳定、高质、高产可持续，又不破坏原有生态系统，甚至改善自然环境的目的。因此，发展生态农业成为以色列唯一的选择。

---

① 雷钰，黄民兴．列国志·以色列[M]．北京：社会科学文献出版社，2011．

三、以色列生态农业的体制因素

（一）以色列农业产业结构

1. 以色列农业在国民经济中的地位

以色列经济为混合型，国有经济、私有经济与合作制经济共存，农业中，以基布兹和莫沙夫为主的合作经济占有很大的成分。三种经济成分既相互竞争，又互补合作，使以色列在如此短的时间和如此小的空间里，取得经济的快速稳定增长[①]。

1973～1985年是以色列经济结构转型期，是以色列经济从以农业为主转变为以工业为主的重要阶段。农业人口从最初占全国劳动力的18%下降到20世纪80年代的6%，同期农业产值在国民生产总值中的比例也从11%下降到6%强，从一个必须进口50%以上食品的国家变成一个能生产国内所需食品90%并且农产品可供出口的国家[②]。到今天，以色列农业在国民经济中的比例更小，只有5%，农业出口也只占总出口额的5%。

因此可以看出，农业并不是以色列主要产业，其农业产值和农业人口均在国内占很小的比重。这使得以色列经济更具活力，大量的人口从事现代化工业、科技等工作，为农业生态化发展提供强大的科技和资金支持。

2. 以色列农业结构

以色列的自然条件恶劣，土地面积狭小，它不可能生产所有的农产品，并且样样都取得优势，特别是占地面积大、耗水量多的粮食作物。它只能发展适合本国实际情况的农业，在农业品种和生产方式上“有所为，有所不为”，突出优质、高产、高效和集约化经营[③]。

以色列农业产值结构以非粮食为主，出口结构中农业技术与设备比例较大。以色列在粮食方面是纯进口国，100%的水稻、70%的小麦、大麦和油料要依靠进口。以色列农业结构中，花卉、蔬菜、水果、棉花、畜产品、禽类产品、水产等非粮食作物产值占88.7%，以色列农业生产的重点始终放在高附加值的农产品上[④]。这样就形成了以色列独具特色的农业产业结构。

以色列根据国内不同区域的自然环境的差异，对农业采取了区域化生产，中部以色列河谷地区和北部戈兰高地雨量充沛，气候温暖，主要的大田作物，如棉花、土豆和果树等主要在这一地区种植，南部干旱地区则主要发展温室农

① 雷钰，黄民兴．列国志・以色列[M]．北京：社会科学文献出版社，2011．
② 赵云侠．试论以色列主观条件对经济发展的作用[J]．世界历史，1989(4)．
③ 申茂向．以色列能给中国农业带来什么[M]．北京：中国农业大学出版社，2000．
④ 申茂向．以色列能给中国农业带来什么[M]．北京：中国农业大学出版社，2000．

业，生产花卉、蔬菜等[①]。

以色列农业大体上可分为种植业和养殖业。种植业方面，主要分为田间作物和园艺作物。20世纪70年代以后，以色列政府对农业结构进行了大幅度调整，实行以园艺业生产为主的出口导向型农业结构，减少粮食作物面积，集中力量发展经济效益高的水果，蔬菜和花卉生产，到1995年以色列种植业总产值为20.446亿美元，占农业总产值的58.4%。其中占种植业总用地35.5%的园艺业创造的产值高达16.344亿美元，占种植业总产值的79.94%，而占种植业总用地64.5%的田间作物（包括粮食作物和经济作物）产值却仅为3.115亿美元，占种植业总产值的15.24%[②]。在种植业中，蔬菜占农产品总产量的16%，主要有番茄、黄瓜、辣椒，瓜类，在干旱地区种植有胡萝卜、马铃薯、绿叶菜等。水果在以色列农产品中占重要地位，占全部农产品的15.1%水果出口每年大约5.5万吨，主要是柑橘类，还有香蕉、芒果、葡萄、鳄梨等。另外以色列还有大约2 000公顷土地用于种植花卉。以色列的养殖业也独具特色，以鸡、奶牛、肉牛、淡水鱼类为主。

以色列的农业结构凸显了其发展生态农业的特征：以水果、蔬菜、花卉等园艺作物为主，耗水量的大田作物比重很小。园艺作物品种多，生长期短，耗水量也比较小，有更多的应用农业科技的空间，在使用相同的土地、水资源时，能够节约更多的资源，也有利于生态环境的保护。

（二）以色列农业体系介绍

1. 农业合作组织

以色列的农业是伴随着建国一起发展来的，建国初严峻的形势使得以色列不可能像其他国家的农业一样有一个相对宽松环境，它从一开始就面临着战火，因此在以色列国建立之初，很多人采用集体合作的方式进行生产劳作，这对以色列农业的发展方式有着重要影响。其中基布兹与莫沙夫是最有影响的两种农业合作组织。

基布兹是希伯来语Kibbutz的音译，意为“聚合”、“集体”的意思，是一种建立在平等和公有原则之上的以色列独具特色和主要的社会经济组织之一，是20世纪初巴勒斯坦犹太开拓者发展而来。基布兹为以色列包括农业在内的国家建设作出了特殊贡献。21世纪初，基布兹总数260多个，人口约占以色列总人数的1.8%，而农业产值和出口的农产品却达到全国总量的40%[③]。早期的犹太

① 申茂向. 以色列能给中国农业带来什么[M]. 北京：中国农业大学出版社，2000.
② 陈俊华，杨兴礼，岳云华. 以色列种植业结构的演变及原因探析[J]. 干旱地区农业研究，2000(1).
③ 雷钰，黄民兴. 列国志·以色列[M]. 北京：社会科学文献出版社，2011.

开拓者面对自然环境恶劣，种族冲突激烈等生存危机，被迫通过集体组织的方式共同劳动以及自卫。这样的组织由于适应当时的形势，安全以及生活资料有了良好的保障，于是被人们纷纷效仿，在发展中形成了一些独具特色的原则，如：一切财产归集体，共同劳动，平均分配，来去自由等。犹太工人总工会的建立和活动进一步推动了基布兹运动。20世纪20年代召开的基布兹代表大会，总结了实践经验，正式确立了基本兹的四项基本原则：第一，所有生产资料、劳动产品和个人收入均归集体所有；第二，实行个人生活必需品的供给制和按需分配，基布兹内没有货币、商品和市场；第三，权利平等，民主管理，个人加入和退出自由；第四，各尽所能，禁止雇工剥削①。这样的运作方式，使得基布兹内部成员形成有效率的合作，最大限度发挥成员创造力，以色列农业许多令人瞩目的农业科技，都是基布兹成员发明和推广使用的，影响世界的滴灌技术就是基布兹社员在20世纪60年代发明的②。

莫沙夫是以色列另外一种农业组织，它是以土地国有、家庭经营、合作互助、集体销售为基本特征的农业合作组织，同时也是以色列农业定居点的一种形式。莫沙夫是典型的多功能合作社，具有生产、存贷款、物资供应、储存、加工、消费和技术服务等功能。它既是行政村又是合作社，家庭经营，民主管理③。莫沙夫的生产是由小型家庭农场进行，行政上只有两名脱产雇员，自治化程度很高。以色列的农民在自己的农场里以专业化生产为主，但是必须与国家指导计划和市场的需求关系相符合，从自身实际出发选择所需的种植和养殖计划。政府一般不直接干预农业合作社的经营，只是在政策、法律、经济和技术等方面为合作社的发展提供支持④。这样，以色列农民在政府的支持下经营与市场相联系的农业，没有后顾之忧，积极性大为提高。莫沙夫经营全国33%的耕地，生产全国近一半的粮食，其产品占农业总出口的50%⑤。

2. 政府的主要政策措施

以色列政府对农业生产没有直接的干预，国家安全和国际市场的竞争是以色列农业发展的主要推动力。建国初期，以色列的农业也是计划经济，是为了适应国防需要和满足基本生活要求。20世纪70年代以色列政府根据国际市场行情和本国的现实状况，及时调整农业发展方向，重点发展能够创造高收益的农产品。为了能够进入欧洲市场，以色列政府还取消了农业补贴政策，使之进入

---

① 高放. 以色列“基布兹”的奇迹[J]. 社会科学研究，1995(3).
② 曹茸. 基布兹——农业科技创新之源，农民日报，2012-06-06.
③ 张凤. 以色列的莫沙夫[J]. 农村经营管理，2011(1).
④ 张凤，万红先. 以色列合作经济组织——莫沙夫的发展及启示[J]. 红河学院学报，2011(4).
⑤ 雷钰，黄民兴. 列国志・以色列[M]. 北京：社会科学文献出版社，2011.

自由竞争阶段，这样政府的干预更少了，直到现在完全以市场为导向、利润为中心，不能转化的成果不立项，没有效益的产品不生产[①]。以色列政府所做的工作更趋向于服务，主要有加大资金投入，资金主要来自富有的犹太移民和美国的援助。充足的资金投入，使得以色列能够建立完善的基础设施，如公路、引水工程等，弥补自然条件的不足，同时还极大促进了农业科技的引进和吸收。以色列政府还建立了高效实用的农业科研开发和推广体系；重视农业教育，培养众多从事农业各领域的高素质人才。生态农业发展离不开科技的投入，以色列政府的做法无疑是有利于促进科技含量高，环境污染少的生态农业的发展。

四、以色列发展生态农业的主要措施

（一）水资源的科学利用

农业发展离不开水，对水资源的利用可以看出农业的发展程度以及对生态环境的影响。以色列是一个水资源极度短缺的国家，但是通过对水资源科学合理的利用，不仅没有出现浪费，而且使每一滴水都发挥了作用，对农业的高效发展起到了至关重要的作用。以色列对水资源的科学利用主要体现在以下方面：

1. 科学合理调配水资源

这是解决以色列水资源分布不均的重要措施。以色列北部降水较多，并且有太巴列湖（加利利湖），约旦河等地表水资源，而南部地区大部分是沙漠，降水稀少。以色列的北水南调工程，亦称以色列国家输水工程，是以色列中南部用水命脉和生命线。北水南调工程源头是太巴列湖，高水位时太巴列湖可蓄水43亿立方米。高低水位之间容积为6.7亿立方米的水量作为湖泊运行控制，扣除损耗及流入约旦河的水，以色列北水南调工程年均从太巴列湖抽取4亿到5亿立方米的水。北水南调工程向南直达内盖夫沙漠，高峰时日供水450万立方米。以色列北水南调工程改善了水资源分布不均的状况，缓解了制约南部地区农业发展的压力，改善了严酷的生态环境条件，扩大了生存空间，把广大的南部地区变成绿洲。以色列能够让内盖夫沙漠这样的不毛之地生长出一片片绿洲，利用南部充足的光和热生产出高质量的水果蔬菜等农产品，北水南调工程功不可没[②]。

2. 开发其他水资源

以色列缺少水资源，因此它采取措施将一切能利用的水资源都利用起来。除了太巴列湖，约旦河等一般的地表水资源，以色列还开发地下水，收集降水

① 申茂向. 以色列能给中国农业带来什么[M]. 北京：中国农业大学出版社，2000.
② 魏昌林. 以色列北水南调工程[J]. 世界农业，2001(10).

以及采取海水淡化措施，增加可利用的水量。

前文提到的以色列两大地下含水层中，每年抽取35亿立方米。由于过度开采导致地面沉降和海水入侵等问题，以色列政府已经严格控制地下水的开采，并采取地下水回灌措施进行补救。

以色列北部降雨较多，但是气候炎热，蒸发强烈，因此以色列充分利用北部地区的丘陵地形，沿山势及岩洞中渗出小流的方向挖引水沟和小型蓄水池，并在附近种植果树，达到高效利用的效果。

以色列的水利委员会专家经过论证认为，由于地下咸水有限，进行海水淡化才是解决淡水资源紧缺的根本，并且海水淡化还有利于改善沿海地区土层的咸化。随着技术的成熟和成本的降低，海水淡化逐渐成为以色列重要的水源之一。据水利委员会发布的水资源供需预测：到2020年，以色列海水淡化量将比1998年增加20倍，达到年产淡水2亿吨，占总供水能力的近8%。除此以外，以色列还想办法直接利用海水促进农业发展，如培育直接用海水灌溉的灌木以及用这种灌木饲养的牲畜①。

3. 节水措施

尽管以色列采取很多措施拓展水资源，但现实注定它不管怎么拓展都不会是一个水资源特别充足的国家。在耗水量大的农业中，只能尽力节水，减少浪费，才能有效促进农业生态化发展。以色列主要的节水措施有以下方面：

（1）建立全国输水系统，以色列于1964年建成全国输水系统并投入使用，将太巴列湖水抽取后运往全国各地，沿途还修建水库，抽水站等配套设施。整套系统设计科学、周全：输水主管道部分由压力管道组成且深埋地下；明渠部分全部用沥青铺了防渗层，且用塑料薄膜封闭顶部，减少蒸发损失。整个供水系统犹如人体的输血管线，全国输水系统与各地区输水系统正如大动脉与毛细血管，二者彼此联通，形成了一个四通八达的供水网络。它的科学之处还在于是由计算机联网控制，水利委员会可根据各地区不同的条件和需要，参照电脑配置的优化方案调配用水，将水输送到最需要的地方，极大地提高了水的利用率，减少了很多浪费。全国输水系统不仅能够供水，还能在多雨的季节收集过多的雨水，补给到沿海地区的地下含水层，降低其含盐量，同时也有效防止了地下水位下降引起的海水倒灌②。从这里我们可以看出，以色列通过全国输水系统，对全国的水资源有一个宏观上的科学合理的管控，有效调配水资源，达到水尽其用，从整体上减少了浪费。

---

① 陈双庆. 以色列的水资源战略[J]. 国际资料信息，2004(4).
② 陈双庆. 以色列的水资源战略[J]. 国际资料信息，2004(4).

（2）依靠科技，使用循环水

以色列水资源的利用率非常高，不仅在于对水的科学调配，还因为它对水的循环使用。首先是对工业废水和城市生活用水进行回收，集中处理后进行农业灌溉。特拉维夫附近的沙夫丹污水净化厂主要用于处理特拉维夫市排出的工业和生活的污水，现已发展成为全国最大的污水处理中心，日处理污水34万立方米，生产过滤后的清水再注入地下作为农业灌溉时抽取用水。以色列鼓励农业经营者多使用二次净化水，因此净化水价格低廉。以色列每年有2.3亿立方米的净化水用于农业生产，约占农业用水总量的19%，2010年已有1/3的农业用水使用的是净化水①。回收污水，净化处理后用于农业灌溉，不仅节约了水资源，而且减少了污水排放对生态环境的破坏。

（3）开发科学灌溉技术

以色列的灌溉技术充分体现了节水的理念，其中最突出的是滴灌技术。这种节水技术正如以色列的水资源管控一样，是对用水进行合理的调配，尽可能把每一滴水的作用发挥到最大。农作物并不是每一个部分、每时每刻都需要很多水，采取一般的漫灌，不仅浪费了宝贵的水资源，而且不一定能够使作物很好地生长。滴灌的理念就在于直接把水送到作物最需要的部分，减少不必要的流失。20世纪80年代起，以色列约有80%的灌溉区使用滴灌。

以色列的滴灌技术有两大显著成效，一是大大提高了作物的产量和质量。以色列滴灌技术科技含量高，水肥灌溉一体，采用计算机控制，能够完成水肥施用量的实时自动监控，是一个完整的系统。这些系统中有可以帮助决定所需灌溉时间的传感器，还有埋在地下的湿度传感器，根据土壤的湿度信息来决定是否进行灌溉以及灌溉的水肥量。传感器与计算机相连，自动进行灌溉操作，也可以进行人工操作。农作物对水肥的需要并不是越多越好，也不是每时每刻都需要，这样的系统可以保证在作物最需要的时候及时将适量的水肥直接送达植物的根部，使之能够最有效地吸收，因此单位面积产量大幅提高。滴灌的另一大贡献就是保护了以色列的农业生态环境，滴灌技术首先解决了传统漫灌带来的土地盐碱化问题。传统漫灌将大量的水直接灌到农田里，很多地方由于不能及时吸收，加上蒸发强烈，使得土壤盐分大增。滴灌技术将水肥一体灌溉，水、肥利用率高达80%～90%，节水50%～70%，节约肥料30%～50%，极大减少了水肥的浪费和化肥的污染。滴灌技术使用的管道埋于地下，不用挖传统灌溉所需的沟渠引水，节约了土地资源。时至今日，以色列但凡有植物的地方，

① 梁燕君．以色列高效节水农业的成效及对我国的启示[J]．市场经济与价格，2012(12).

地下便埋有滴管。

（二）农业高产技术

1. 开发新的农作物品种，极度重视质量

以色列的很多农产品都是经过开发改良的新品种，不仅能够抵抗疾病，而且满足农民的各种需求，如贮存期长，适应多种气候条件等，这些新品种品质高，受到世界许多国家的欢迎，以色列每年能向世界各地出口价值3 000万美元的种子。

为了适应地区环境，达到优质高产的效果，以色列科学家十分注重结合自然条件来研发新品种。目前以色列培育了适应在内盖夫沙漠咸水生长的小麦、洋葱、西红柿等，海水灌溉的灌木以及用灌木作为饲料的羊。通过杂交获得个体大而实，贮存时间长的西红柿新品种。以色列还根据市场需要，开发了很多独有的品种，如大小颜色不同的无籽西瓜，能顺利过冬的草莓。纤维长而结实，耗水量少的棉花；结果期提前一倍，耗水量减少1/3的矮柑橘。以色列还利用野生谷物，杂交出对谷锈病、白粉病和其他病虫害有天然抵抗力的高产作物[①]。对待畜禽，以色列特别注重生命的质量进行科学饲养，如奶牛饲养方面，除了给奶牛安排舒适的生活环境，配置科学的饲料外，还在奶牛身上安装健康状况仪表，随时掌握奶牛的体温、血压、心跳、呼吸甚至是情绪状况，一旦发现异常便立即采取措施，保证奶牛在健康状况最佳的时候产出高质量的牛奶。

2. 低毒农药化肥的使用

以色列生产的高效化肥和低毒农药不仅用于国内，而且大量出口，在国际上占有重要地位。由于以色列采取水肥一体灌溉，因此要求大力开发可溶性的化肥，以色列是世界上最大的硝酸钾生产国，这种化肥可溶性强，对植物和农作物适用范围广。以色列十分注重产品的环境适应性，每一种化肥都有其适应的土壤类型、适用植物以及适用生长阶段，把最有效的成分使用出来，把不必要的或有害的成分除去。以色列还生产一种可控释放的化肥，其外部包有聚合物，使其成分缓慢逐步向外扩散，这种化肥可让其中的有效成分更好地得到利用，减少残留，也减少对土壤和地下水的污染。

在以色列，农药的使用受到农业部、卫生部和环境部的共同监督，并由农业部植物保护和检疫局负责农药的注册及管理事宜。为了防止农药对水源的污染，以色列还于1991年通过立法禁止在水源附近空撒任何生物和化学物质[②]。

---

① 申茂向. 以色列能给中国农业带来什么[M]. 北京：中国农业大学出版社，2000.
② 成升魁，刘伟. 以色列农业的生态管理[J]. 世界农业，1997(6).

在农药研发上，以色列致力于利用生物技术开发低毒农药，它生产的数十种药品被世界卫生组织推荐为首选农药。以色列公司生产了很多用于控制昆虫、真菌、杂草的杀虫剂和除莠剂，这些农药是针对不同的害虫和杂草研发，能够杀灭害虫而对人体和植物无害。例如以色列开发的一种专门用于夜间杀虫的细菌状毒素，它是通过昆虫消化系统来杀灭害虫，对植物没有影响①。

3. 先进的农业机械

以色列农业不仅是高度的机械化，更是高度信息化。科学家研制的用计算机控制，根据植物果实的尺寸、重量、颜色进行分级的采摘设备、称量设备、包装设备等，信息化程度非常高。同节水技术、农药技术一样，以色列农业机械设计也是与当地环境条件紧密结合，如防止地表水流失而研制的集雨器，能同时收获两垄马铃薯的收割机，铺膜机和残膜回收机等。家禽饲养方面，以色列还开发独具特色的设备，功能完备，除常规功能外还可自动收集禽蛋，自动打扫鸡舍卫生，对鸡舍的喂食和光照等都可以精密控制②。这类农机工作效率高，可以在消耗较少燃料的情况下完成工作，节省了能源。以色列目前对农民购买拖拉机等普通农业机械，已无直接补贴和优惠贷款，但对3类生产性设备购置进行大规模补贴：一是对产品出口的生产项目，农民购置设备100%由国家补贴；二是对生产无污染绿色有机农产品的环保型项目，农民购置设备补贴50%；三是对采用节水等一般性生产项目，农民购置设备补贴20%③。

（三）土地资源使用

1. 严格监管土地使用

以色列的土地资源紧张，资源匮乏，因此政府在耕地使用方面实行严格监管，94.5%的土地归国家所有，私人土地仅占5.5%。国家规定农业用地在任何情况下都不得出售，只能租赁。每期49年，最长不得超过97年，期满后可续租。20世纪80年代之后，随着城市化发展加快，农用土地资源趋于紧张，于是国家在荒山上成片开发配套设施齐全的住宅小区，保证不占用宝贵的耕地。建国以来，以色列人口增长为原来的10倍以上，耕地却没有减少相反是成倍增长④。

2. 改造沙漠

很多国家都面临土地荒漠化的问题，而以色列却在沙漠中开发了独具特色的沙漠农业，使得沙漠中长出一片片绿洲。除了培育适应沙漠环境的新品种，

① 申茂向. 以色列能给中国农业带来什么[M]. 北京：中国农业大学出版社，2000.
② 立悟. 以色列农业科技为本[J]. 农家参谋，2012(10).
③ 涂志强，李安宁等. 赴以色列土耳其农机化考察报告[J]. 农机科技推广，2008(4).
④ 涂志强，李安宁等. 赴以色列土耳其农机化考察报告[J]. 农机科技推广，2008(4).

还对沙漠本身进行改造。例如科学家们试验成功新的沙漠耕作方法，即首先集中用水对沙地一通猛灌，持续数日，然后趁势播下固土肥田的苜蓿，待苜蓿发芽后，改为间歇性的喷灌。这样黄色的沙漠便变成了绿色的农田。他们还发明了一种“土壤”，在加热到1000℃时，会产生一种叫“蛙石”的物质。将它与自然土混合，就能使田地中的水分、空气和养分保持在作物生长最佳状态，使西红柿的产量增加30%，黄瓜产量增加15%①。此外，以色列政府还对内盖夫沙漠进行植树造林，1987年以色列实施在沙漠地区种植单棵或一丛树的计划，即通过设备将雨水或径流收集然后导入到沙漠中的一小块地方，反复浇灌，使这一小块土地成为能够生长植物的地方，以此类推。如今沙漠地区已占全国造林面积的50%，极大改善了沙漠地区的土壤质量，为发展沙漠地区可持续农业创造了条件。到2000年，以色列已经建成1.2万公顷的沙漠绿化区，并且以每年200～300公顷的速度递增。

3. 发展无土农业

无土栽培技术弥补了土地资源的不足，以色列利用无土栽培技术和配套的温室设备，将一些蔬菜，水果等移植到人工控制的“气候室”，摆脱了土地、气候、水源的限制，根据作物需要人为调节温度、湿度和光照等。运用无土栽培技术，还可明显降低病虫害的发生，改善作物品质。以色列科研人员开展了很多关于基质栽培的试验研究，根据作物的特质和取材方便的原则，以色列科研人员利用椰壳、珍珠岩、沙子、碎石等材料作为栽培基质，不仅有益于生态环境，而且增加了作物产量和质量②。

4. 完善成熟的农业科技推广体系

以色列的农业归功于科技成就，而科技与农业的成功结合得益于完善的农业科技研发、推广体系。现代化国家的现代农业要想取得成功，单靠种地的农民是远远不够的。首先以色列政府高度重视农业科研与应用，每年用于农业科研与技术推广方面的经费高达数亿美元，在国民生产总值中的比例位居世界前列，科研经费得到充分保障。以色列农业走市场化、企业化经营，先进的节水、高产、优质等科技无一不带来丰厚的收益，因此科技成果应用推广非常快③。

以色列目前已经建立一套由政府部门、科研机构和农民紧密合作的农业研究推广体系。科研课题直接来自于生产实际或是市场需求，由生产部门提供科研经费及试验基地，由农业部下属的农业研究组织承担科研任务，一旦取得成功，便通过农业技术推广站举办培训班，建立示范点，组织农民到试验站参观

① 贾永莹. 以色列干旱地区的沙漠农业[J]. 干旱地区农业研究，1993(4).
② 王荣莲，于健，赵永来，田金霞. 以色列农业发展成功的主要经验及启示[J]. 节水灌溉，2010(5).
③ 申茂向. 以色列能给中国农业带来什么[M]. 北京：中国农业大学出版社，2000.

学习，为农民提供决策咨询和信息服务，以实地讲解的方式进行推广。所创利润由生产、科研、推广三方分成。以生产引导科研，科研与生产相结合的农业科研、推广体系取得了良好的经济与环境效益，也带动了科研发展。以色列的经验说明了科研、推广、生产三位一体的开发模式是实现农业现代化、生态化的非常有效的形式。

5. 高素质的农业队伍

以色列农业科研推广体系的完善离不开高素质的劳动队伍，这其中包括专家型的推广人员与高素质的农民，目前以色列每1 000名农业人口中就有一名在校农业大学生，从事农业生产的都拥有中专以上的学历。劳动者素质的提高也归功于高素质的推广队伍，推广人员利用所有的宣传工具和手段对农民进行免费的个别指导、各种培训、示范、参观与交流，除每周一日的开放接待日外，农民还可随时与推广人员联系，随时回答农民的问题。行之有效的推广方式使以色列农民很快由传统型变成知识型，农民素质的提高也促进了经营方式的改变，不是粗放型的，而是科技含量高的集约型农业，同时农民素质的提高自然也有利于农业生态环境的保护。总之，高素质的劳动者是以色列农业高产、优质、高效、环保，与生态环境相适应的不可缺少的力量。

五、以色列生态农业对中国的借鉴意义

随着社会的进步、科技的发展，农业走向专业化、集约化、科技化、生态化是必然的趋势。在这方面，以色列已经远远走在了中国前面。因此中国有必要学习以色列的成功之处。当然以色列成功因素很多，有些比较特殊，如以色列国土小、资源少、自然与国际生存环境恶劣，生存危机严重，它承受不起自然环境恶化的代价。这些不利条件迫使以色列竭力通过科技手段改善农业生产环境，发展高度现代化的农业。在这方面中国与以色列差别很大，中国国土面积辽阔，资源总量丰富，没有以色列当初的那种严重的生存危机，再者中国各地自然社会条件差异巨大，农业人口众多且素质普遍不高，短期内农业发生彻底改变的可能性很小。因此结合中国的实际情况，应从以下方面思考。

（一）以色列的全局意识值得学习。以色列把农业上升到与国家生存相关的地位，极度重视农业发展，这从以色列每年农业投入资金在国民经济中的比重就可以看出。农业是国民经济的基础，它的发展水平直接关系到整个国家经济健康状况。高效、高产、高质量、节约、生态化的发展方式不仅对农业本

身具有深远的积极意义。更重要的是，它将为工业、服务业等提供高质量的产品，节约更多的自然资源和人力资源促进新兴产业的发展。同时良好的农业生态环境对于整个国家生态环境的改善也有积极作用。此外，水资源等的调配也体现了它的全局意识，把全国所有的水资源统一管控起来，根据科学数据分析，哪里需要输送到哪里，绝不浪费。当然中国的自然条件比以色列要复杂得多，统筹起来也更加困难，但是这更说明针对不同地区的自然条件、合理安排农业生产与资源调配的重要性。

（二）以科学为依据，因地制宜。以色列的农业生产虽然是以市场为导向，没有经济效益的项目不上。但是它非常重视因地制宜，它对当地环境的实际情况考虑极为仔细。土壤成分适合种植什么样的植物，需要施用何种成分的化肥农药，什么时候需要水，需要多大量的水等都是经过仔细研究，反复试验的。以色列努力改变自然环境的不利条件，但是从不逆自然规律做事，一方面努力改善自然环境，使各方面资源适合农作物生长，另一方面也对农作物本身进行研发改良，使之适合环境生长。虽然以色列农业产品的经济效益很高，但它不是看到哪种农产品市场价格高就盲目种植，一切都是在科学研究和试验的基础上进行，这一点很值得学习。

（三）重视农业教育与推广。科技立国，教育先行，普及知识，提高素质是以色列的基本国策之一。重视教育，重视人才的造就培养，使得以色列犹太人的全民素质远远高于其他国家甚至西方发达国家。为了适应人才进入社会的需要，以色列建立了一批门类齐全、理论技术全面的高等职业学校，使未进入大学的青少年能够接受良好的专业知识和技能培养，成为今后进入社会所需要的熟练人才。大学及研究生教育是以色列培养高级专门研究人才的主要途径，以色列有八所私立大学，虽为私立大学，但每年政府都给予大量经费。以希伯来大学农学院为例，仅1997年就获得农业研究与发展教育经费1 000万美元之多①。另外，以色列直接从事农业生产的人员和农业科技研究人员之间的联系非常紧密。农业研究与直接从事农业生产的人员不能割裂开来，农业科技研究最终要应用到生产，因此研究人员和农民要高度结合。一方面农民本身科学素养和生态意识要建立起来，这需要国家采取措施加强教育，并使之制度化，规范化；另一方面，农业研究始终要有农民参与或及时了解，二者不能脱节，否则科技成果可能不被农民理解、信任和接受，不利于农业发展。以色列政府把对农业的重视和对教育重视大力结合起来，以教育促进农业科技、人才等的全面发

① 申茂向. 以色列能给中国农业带来什么[M]. 北京：中国农业大学出版社，2000.

展，是以色列农业取得成功的根本。

参考文献

[1]朱洪峰，韩慧君.以色列农业在中国——走近北京中以农业示范农场[M].南京：江苏科学技术出版社，2000.

[2]雷钰，黄民兴.列国志·以色列[M].北京：社会科学文献出版社，2011.

[3]申茂向.以色列能给中国农业带来什么[M].北京：中国农业大学出版社，2000.

[4]魏昌林.以色列北水南调工程[J].世界农业，2001(10).

[5]陈双庆.以色列的水资源战略[J].国际资料信息，2004(4).

[6]张凤.以色列的莫沙夫[J].农村经营管理，2011(1).

[7]陈俊华，杨兴礼，岳云华.以色列种植业结构的演变及原因探析[J].干旱地区农业研究，2000(1).

专题七：澳大利亚的生态旅游

澳大利亚大陆总面积为769万平方千米，人口将近2 300万人，与朝鲜人口数量相当，并且超过80%的居民居住在离海岸线100千米的范围内，典型的地广人稀。澳大利亚大陆被海洋包围，与其他几个大陆隔绝，经过亿万年的演变，形成了自己独特的地形地貌、动植物种群，而澳大利亚又是一个年轻的移民国家，人文历史景观远没有中国、英国、法国这样的国家丰富，所以独特的自然景观是澳大利亚旅游业的优势。作为一个发达国家，澳大利亚工业、农业、科技、教育等各方面均实现了现代化，这些为它的旅游业走向生态化提供了一个良好的氛围：经济发展水平高，避免了盲目追求经济收入而以自然环境破坏为代价；社会管理科学，法制完善，也为生态旅游奠定了制度基础。从澳大利亚的经验来看，生态旅游的成功不是单一方面的原因，而是多种因素共同作用的结果，缺少一样都难以实现。比如生态旅游如果没有政府的高瞻远瞩，全局规划，很难在整个国家和社会实现生态旅游，更难实现制度化，规范化。再如，假若没有可操作性强的执法规范，那么关于生态旅游的法律制定得再完善也没有实际意义。假若没有全社会的努力，社区居民、志愿者、非政府组织参与到各个环节，单靠政府的力量，很难在方方面面都做到位。澳大利亚的生态旅游在这些方面都做得很成功，虽然不能全部照搬照抄，但是他山之石，可以攻玉，它的一些理念和某些具体做法是可供学习参考的。

一、旅游业的发展与生态旅游的提出

（一）现代旅游业发展简介

旅游业是随着经济社会现代化兴起的产业，有些国家旅游业甚至已经成为其支柱产业。笼统地说，可以将所有为人们进行旅游活动提供产品和服务的企业都纳入旅游业的范畴当中[①]。因此旅游业的兴旺可以带动很多相关产业的发展，它对很多国家的经济增长作出了巨大贡献。与工农业一样，旅游业的发展也需要资源，如果能够合理地利用，就能够实现旅游业的健康可持续发展。尽管有些旅游资源是不可再生的，但是可以通过妥善保护，使其能够长期保存下去，发挥旅游资源的作用。

由于旅游业起飞较快，一旦被开发经济效益增长很明显，在实践中就表现为受趋利动机驱使，将旅游业发展简单化为数量型增长和外延的扩大再生产，如对资源的掠夺性开发，对旅游景区的粗放式管理，旅游设施的不科学的安排

① 宋子千，廉月娟．旅游业及其产业地位再认识[J]．旅游学刊，2007(6).

等，从而导致环境美学价值损蚀、环境宁静度和舒适度降低等旅游破坏的产生。由于旅游流在时空上相对集中（表现为旅游旺季和旅游热点、热线），旅游破坏因之具有明显的集聚和堆积特征，加上污染源由多方面共同构成，因而“先污染后治理”的事后行为难以奏效，进而引起旅游破坏的恶性循环，西方学者称之为“旅游摧毁旅游”现象①。这种现象在以自然景观为主的景区表现得更为明显，对旅游资源的破坏其实就是对当地生态环境的破坏，从长远来看必然造成难以挽回的损失，以致旅游资源枯竭，经济效益下降。因此将旅游业纳入可持续发展的轨道，科学规划严格管理，使旅游业发展与生态文明保护互相促进，环境效益与经济效益双赢，是今后旅游业发展的必然趋势。

（二）生态旅游的含义

生态旅游概念是西方国家的学者在对自然旅游产品进行生态反思的基础上提出来的，旨在保育生态系统的完整性和改善当地居民的福祉，从而保障自然旅游的可持续发展。②其本质就是一种可持续发展的自然旅游。有国外学者认为，生态旅游应该满足3条核心原则：①生态旅游吸引物应该是以自然环境为基础的，即生态旅游的主题应是自然景观。②游客与旅游吸引物的交互作用应该集中于学习或教育。③游客的体验或生态旅游产品管理应该遵循与生态、社会文化或经济可持续性的原则与实践③。也有学者从时间、空间、动机、原则四个要素来解释生态旅游。首先，认为生态旅游是旅游者通过亲近自然、学习自然、与自然交流以达到与自然融于一体的悦志悦神意境的审美过程。通过这种过程产生对自然的欣赏或敬畏，因此必须要有足够的时间，否则是不可能达到这种境界的，国外学者认为生态旅游时间最好不要短于1周④。其次，在空间上，西方国家认为生态旅游对象应是自然生态系统，东方国家还包括“人与自然和谐共生”的生态系统⑤。在动机上，生态旅游是对传统旅游的补充，传统旅游动机是欣赏自然、享受自然，自然只是提供可供享受的景观等，而生态旅游是接近自然、学习和保护自然，更加强调游客的参与和保护。澳大利亚生态旅游协会认为生态旅游的动机就在于体验自然，从而促进对环境和文化的理解、欣赏和保育⑥。在原则要素方面，传统的旅游活动考虑的要素很少，一般来说

---

① 匡林. 旅游业与可持续发展[J]. 南开经济研究, 1997(2).
② 陈世清. 生态旅游概念浅析[J]. 广东林业科技, 2004(4).
③ Blamey, R., &Braithwaite, V. A social values segmentation of the potential ecotourism market[J]. Journal of Sustainable Tourism, 1997(5):29~45.
④ 钱澄. 对生态旅游开发的法律保障[J]. 中国环保产业, 2002(11).
⑤ 查尔斯·R.戈尔德耐，J.R.布伦特·里奇，罗伯特·W.麦金托什著.贾秀海译.旅游业教程[M]. 大连:大连理工大学出版社, 2003.
⑥ 陈世清. 生态旅游概念浅析[J]. 广东林业科技, 2004(4).

都是实现经济收益的最大化，尽可能多地吸引游客，为此不惜扩建大量的旅游基础设施，开发大量的旅游项目而不去或很少考虑当地环境承载能力，也不考虑当地社会、文化、居民的利益。生态旅游则不然，它不再以经济收益为唯一的目的，国际生态旅游协会认为生态旅游应以保育环境和维系当地人福祉为准则，为了进一步强调生态旅游对当地人的责任。因此可以说，自然旅游导向可持续发展是生态旅游的基本理念。

二、澳大利亚发展生态旅游的背景介绍

（一）澳大利亚的旅游资源

澳大利亚是一个旅游大国，由于与世界各大洲隔离的独特地理位置，它形成了很多独一无二的自然景观与野生动植物资源，澳大利亚四面环海，拥有漫长的海岸线，独特的气候和地理条件形成了很多海滨浴场，其中黄金海岸成为澳大利亚闻名世界的度假与旅游胜地。澳大利亚东北部昆士兰州的海，绵延2400千米，海底分布着由规模庞大，色彩斑斓的珊瑚礁形成的大堡礁，成为许多旅游者向往的地方，被列为世界七大自然景观之一①。据澳大利亚政府2007～2008年数据，澳大利亚现有森林14 937万公顷，其中天然林14 740万公顷，约占98.7%，人工林197万公顷约占1.3%，森林覆盖率为19%②。澳大利亚很多地方都保持着原生态的自然环境，根据澳大利亚自然保护局（ANCA）1997年公布的资料，当时全澳有5 793个各种类型的陆地与海洋保护区，面积达98.66万平方千米。另外，世界自然保护检测中心1996年公布的数字显示，澳大利亚符合国际自然与自然资源保护同盟制定的保护区类型标准，面积在1 000公顷以上的保护区共有892个，总面积为93.55万平方千米。整个澳大利亚地区包括大面积特殊生态价值和观赏价值、科研价值的森林和自然景观，以及丰富多样的野生动物种群，具有特殊气候、地质地貌和较高生态价值的动植物栖息地以及各种具有不同生态功能和观赏游览价值的湿地系统、荒漠半荒漠生态系统和大面积的海岸地貌系统③。澳大利亚与其他大陆隔绝，有着100万种不同的自然物种，其中80%以上的开花植物、哺乳动物、爬行动物和蛙类动物，以及大部分的鱼类和接近一半的鸟类都是澳大利亚所特有的，如袋鼠、琴鸟、鸸鹋、食火鸡、树袋熊、鸭嘴兽、珊瑚虫、金贝鲨等。在这些动物中，有152种属濒危种，其中哺乳类占41种，鸟类96种，爬行类6种，两栖类9种。为保护珍稀的野生生物及其环境，到1986年年底，澳大利亚已建立国家公园、自然保护区等不

① 陈肖静. 旅游业——澳大利亚的重要产业[N]. 华东旅游报, 2000-08-08.
② 周波. 澳大利亚森林生态旅游的战略选择与可持续发展研究[J]. 安徽农业科学, 2011(10).
③ 史海珍, 于薇, 李泠, 杨敏. 澳大利亚自然保护区管理和环境科普情况介绍[J]. 地理教育, 2012(10).

同类型、级别的受保护地2 798个，总面积3 500公顷，大约相当于国土面积的4.5%[①]。

因此澳大利亚的旅游资源优势体现在丰富的自然景观以及多样化的动植物资源上，而澳大利亚的生态旅游就体现在对自然生态系统的保护上。

（二）澳大利亚发展生态旅游的必要性

澳大利亚的旅游业已经成为它的重要产业之一，2001～2002年澳大利亚旅游业收入就已占国民收入的4.5%，旅游业对经济增长的贡献超过了农业、林业、渔业、通信服务以及供气、供电、供水等方面，通过直接向国际游客销售产品与提供服务获得170多亿澳元，占总出口收入的11.2%。并且这一数据继续增长。澳大利亚的旅游业直接雇佣人员达50多万人，还衍生了达40万的间接雇佣人员[②]。由此可以看出旅游业还为澳大利亚提供了相当可观的就业机会，对于社会稳定具有重要意义。

表7-1　澳大利亚2005～2010年旅游业占增加值总额和国内生产总值比重[③]

	单位	2005~2006	2006~2007	2007~2008	2008~2009	2009~2010
旅游特色产业GVA（一）						
住宿	百万元	4 192	4 867	5 325	5 284	5 339
住宅的所有权	百万元	1 830	1 935	2 239	2 485	2 705
咖啡馆，餐馆和外卖食品服务	百万元	3 104	3 216	3 446	3 337	3 461
俱乐部，酒吧，小酒馆和酒吧	百万元	1 158	1 202	1 282	1 254	1 286
铁路运输	百万元	378	473	460	452	458
出租车运输	百万元	268	400	390	385	379
其他道路运输	百万元	409	547	548	541	552
空气，水和其他运输	百万元	4 166	4 345	4 522	4 516	4 618
机动车聘用	百万元	596	652	646	654	685
旅行社和旅游运营商服务	百万元	1 447	1 446	1 508	1 445	1 429
文化服务	百万元	393	417	434	463	507
赌场和其他赌博服务	百万元	209	197	204	207	204
其他体育和康乐服务	百万元	463	469	489	521	572
总计	百万元	18 613	20 165	21 493	21 544	22 196
旅游产业直接GVA（二）	百万元	5 224	5 623	5 948	6 261	6 373

① 周波．澳大利亚森林生态旅游的战略选择与可持续发展研究[J]．安徽农业科学，2011(10)．
② 弗兰克·摩尔．澳大利亚的旅游与环境[C]．首届九寨天堂国际环境论坛论文集，2005:31～32．
③ 澳大利亚统计局，http://www.abs.gov.au/websitedbs/

续表

	单位	2005~2006	2006~2007	2007~2008	2008~2009	2009~2010
所有其他行业的直接GVA（三）	百万元	1 969	2 085	2 120	2 120	2 232
直接旅游GVA	百万元	25 806	27 873	29 560	29 924	30 802
GVA旅游份额	%	2.8	2.8	2.7	2.6	2.6
旅游产品税净额	百万元	2 423	2 644	2 868	2 860	2 940
直接旅游业国内生产总值	百万元	28 229	30 517	32 428	32 784	33 742
旅游业占GDP的比重	%	2.8	2.8	2.8	2.6	2.6

表7-2 澳大利亚2005～2010年旅游业就业人口[①]

	单位	2005~2006	2006~2007	2007~2008	2008~2009	2009~2010
旅游特色及关联产业（一）	千	453.5	455.5	468.2	470.0	476.1
所有其他行业（二）	千	21.8	22.6	23.2	23.6	24.1
旅游总就业人数	千	475.3	478.1	491.4	493.6	500.2
总就业人数	千	10 139.9	10 441.0	10 759.7	10 947.1	11 084.7
旅游占总就业比重	%	4.7	4.6	4.6	4.5	4.5

图7-3 澳大利亚2005～2010年旅游商品和服务出口[②]

	单位	2005~2006	2006~2007	2007~2008	2008~2009	2009~2010
（一）国际游客消费	百万元	19 749	21 199	22 377	23 275	22 686
（二）出口总额	百万元	195 944	216 795	233 813	284 571	253 762
旅游出口份额	%	10.1	9.9	9.6	8.2	8.9
国际游客消费的增长（三）	%	3.4	7.3	5.6	4.0	-2.5
在总出口的增长（三）	%	17.5	10.6	7.8	21.7	-10.8

此外，根据澳大利亚旅游研究网站预计，由来自中国，英国，新西兰和美国的增长驱动，2013～2015年国际游客人数将增长5.6%～5.8%，达到660万～700万人。预计到2022～2023年，入境支出预计增长每年平均为3.5%，达到39亿美元[③]。

澳大利亚旅游业在蓬勃发展的同时也面临一系列的问题，主要是自然或人为的因素给环境带来的变化。例如全球气候变暖对整个澳大利亚造成了影响，

① 澳大利亚统计局，http://www.abs.gov.au/websitedbs/
② 澳大利亚统计局，http://www.abs.gov.au/websitedbs/
③ 澳大利亚旅游研究，http://www.tra.gov.au/publications/latest-forecasts.html.

据估计目前全球气温比19世纪中期大约上升0.7%。澳大利亚大量使用煤电，85%的电力来自煤炭[①]。澳大利亚人均温室气体排放水平高于世界平均水平。1990到1998年，澳大利亚温室气体排放量增加了17%，过去的25年里总的能源消耗翻了一倍。澳大利亚可持续旅游合作研究中心估计，2008年澳大利亚的旅游业产生相当于4 170万吨二氧化碳的温室气体排放量，其中大约20%是由旅游业内的住宿、景点和交通产生，80%是游客的旅游行为产生[②]。气候问题给自然旅游资源带来直接影响，以大堡礁为例：不断加剧的气候变暖正破坏着大堡礁的生态环境，厄尔尼诺现象及二氧化碳排放造成的升温使珊瑚惨遭漂白。人为因素更加剧问题的严重性。在发展旅游过程中由于土地过度使用或管理不良，导致这一带的红树林被破坏；大量营养物质流入海中，海水悬浮沉积物增多，打破了大堡礁生态系统的平衡；陆源污染、活鱼贸易及过度开采矿产资源等活动导致大堡礁生物资源锐减，珊瑚礁退化严重[③]。

旅游业给澳大利亚带来了巨大的经济利益和社会效益，因此促进旅游业的健康可持续发展，使它产生的经济与社会效益能够持久保持成为必然选择。而在旅游业发展过程中所出现的对自然环境的破坏，也是促使澳大利亚发展生态旅游的必然选择。

三、澳大利亚发展生态旅游的战略与举措

澳大利亚是世界上最早开展生态旅游的国家之一，也是目前世界上公认开展生态旅游较为成功的国家。澳大利亚开展生态旅游主要是宏观上的战略制定和具体措施的推行：

（一）国家制定生态旅游战略

澳大利亚政府将生态旅游提升到战略高度，由政府进行总体的规划和指导，对生态旅游的目标、认证、实施进行全面论证。澳大利亚所面临的挑战是要鼓励开发和管理旅游产品和服务，提供给当地社区经济和社会效益，同时保护自己的自然和文化属性。1994年3月，澳大利亚政府公布了它的《国家生态旅游战略》。国家生态旅游战略的目标有三个：①识别对澳大利亚生态旅游的规划、发展和管理有影响或可能有影响的主要问题；②制定一个国家框架，以指导生态旅游经营者、自然资源管理者、规划者、开发者和各级政府朝着实现可持续生态旅游业的方向前进；③制定政策与计划，以帮助各有关方面实现可持

① 李琳. 气候变化导致了澳大利亚能源成本增加[J]. 世界环境，2007(3).
② 弗兰克·摩尔. 澳大利亚的旅游与环境[C]. 首届九寨天堂国际环境论坛论文集，2005:31~32.
③ 梅宏. 大堡礁海洋公园与澳大利亚海洋保护区建设[J]. 湿地科学与管理，2012(4).

续和有活力的生态旅游业[①]。澳大利亚联邦政府认为制定生态旅游战略指导是朝着自然旅游可持续方向发展的一个关键起点。因此这个战略的制定经历了广泛的公众咨询过程，社会各界参与程度很高，包括在各州和属地举办研讨会，与各级政府机构、工业与自然保护团体，以及社区团体开展讨论，作为这一过程的补充，政府还征求全国各地对生态旅游感兴趣的个人和组织的书面意见[②]。由此可见澳大利亚政府发展生态旅游的决心。广泛的讨论，听取各方面意见，有利于科学制定战略规划，选出最优方案，同时使各个利益集团的意见在战略制定的阶段就提出来，一定程度上避免了日后具体实施时因触动不同利益群体遭遇阻力。总的来说，《国家生态旅游战略》对几个关键问题进行了明确：确定旅游规划、开发和管理具体方法；规划和控制；对自然资源明确管理；基础设施建设；环境影响评估和监控；市场营销；生态旅游行业标准和行业认证；生态旅游教育；为土著人提供发展机会；解决自然资源分配和管理中的公平问题等。这一战略成为澳大利亚全国生态旅游发展的纲领性文件[③]。

（二）建立生态旅游认证系统

“认证”意为由有关方面出具可作为证据使用的证明，而旅游业的认证就是衡量与旅游相关的企业提供的产品和服务在何种程度上符合行业标准的项目。它鼓励提供稳定、高质量的产品和服务，并不断加以完善。生态旅游标准超出了生态效益问题的范围，它要求对国家和地方的利益相关者所关心的问题做出更多的响应。可持续旅游认证力求减少负面影响，生态旅游认证则评估企业是否积极参与了保护区的环境保护以及采取了什么措施来确保当地居民获得利益[④]。

澳大利亚是最早实行全国性生态旅游认证的国家。1996年开始实施了全国生态旅游认证项目（the National Ecotourism Accreditation Program，简称NEAP），到2002年已经修正了第2版。

NEAP是由两个非政府机构——澳大利亚生态旅游协会（Ecotourism Association of Australia，缩写为EAA）和澳大利亚旅游经营者网络（the Australian Tourism Operators Network，缩写为ATON）共同组织的，资金完全自给，所有的管理、评估和审计成本都由提出申请的经营者交纳的申请费和年使用费来补偿。该认证体系适用于自然旅游和生态旅游的住宿设施、游览和吸引物产品。NEAP

① 刘庆生. 从澳大利亚经验看我省生态旅游[J]. 协商论坛, 2007(10).
② Barbara Jones and Tanya Tear. 澳大利亚国家生态旅游战略[J]. 产业与环境(中文版), 1996(1).
③ 宋瑞. 借鉴澳大利亚经验发展我国生态旅游[N]. 中国旅游报, 2009-06-03.
④ 程兴火, 周玲强. 国外生态旅游认证概述[J]. 世界林业研究, 2006(2).

的认证内容主要包括：①旅游企业管理与运营计划；②企业道德规范；③负责任的市场营销；④顾客满意；⑤以自然区域为中心；⑥环境可持续性（包括工作人员的责任、知识和意识、应急措施、环境规划和影响评估、排水、土壤和水质管理、建筑方法和材料、视觉影响、采光和照明、废水处理、噪音、空气质量、垃圾最小化处理、能源利用、建筑、对野生动物、海洋哺乳动物的影响最小、各种活动以及交通设施的影响最小化）；⑦解说与教育（包括解说的可获得性、信息的准确性、解说规划、工作人员的意识和理解、工作人员的培训）；⑧对保护作出贡献；⑨与当地社区的合作（包括和当地社区一起工作、对当地社区最小影响、社区参与）；⑩对文化的尊重[①]。NEAP根据具体的评估标准将旅游分为三个不同的认证等级：自然旅游（100%满足上述1～6全部标准）、生态旅游（100%满足上述1～10核心评价标准）与高级生态旅游（除满足上述1～10核心评价标准外，还必须满足75%的高级生态旅游标准）[②]。

生态旅游认证的重要性和必要性表现在三个方面：第一，有助于加强政府对生态旅游景区的指导与管理，它制定出一个权威的行业标准，防止有人打着“生态旅游”或类似的旗号而实际行为却远远达不到标准甚至对生态环境造成严重的破坏；第二，生态旅游认证标准能够为生态旅游产品供应商提供生态旅游资源开发与经营管理的依据和指导规范；第三，生态旅游认证所颁发的生态旅游标识有助于生态旅游者购买真正绿色的产品[③]。

（三）建立可靠的法律保障

健全的环保法规与严格的执法为澳大利亚生态旅游的发展奠定了法律基础。早在1970年它就颁布实施了《环境保护法》，经过多年的丰富与完善已经形成了较为齐全的法律体系。联邦层次的环境立法有50多个，例如《环境保护和生物多样性保持法》、《大堡礁海洋公园法》等。此外，还有20多个行政法规，如《清洁空气法规》《辐射控制法规》等。在州层次，各州涉及生态环境保护和建设的法规多达百余个。澳洲立法的一个特点是规定具体、条款很细，可操作性极强，例如维多利亚州的《环保收费法规》。如同制定国家生态旅游战略一样，澳大利亚也鼓励公民、社会各界积极参与环境法律制定，有关环境法律法规的制定采取全民参与的方式面向社会招标，法律法规草案散发广大公民，广泛征求意见。这既激发了公民关心环保立法的热情，使法律法规条款获

---

① 程兴火，周玲强. 国外生态旅游认证概述[J]. 世界林业研究，2006(2).
② Nature and Ecotourism Accreditation Program[EB/OL]. http://www.ecotourism.org.au（澳大利亚生态旅游协会网站），2005-02-29.
③ 甄翌. 国外生态旅游认证体系对我国的启示[J]. 郑州航空工业管理学院学报(社会科学版)，2006(4).

得较高的公众认可，又极大提高了环保法律的威信。澳大利亚在加强环境立法的同时切实加强环保执法力度，从而有效地规范企业、游客行为，保护了旅游资源环境。在澳大利亚，任何个人、组织违反了环保法规都会受到严厉的处罚，澳大利亚各州均有“环保警察”（SEPP）专职环境执法工作，维多利亚州环保局每年都要处理40～50件破坏环境的案件①。澳大利亚环保执法十分严格，不论是个人、企业，还是政府机构，只要违反了环保法规，都要受到严肃查处，对法人可以判处高达100万澳元的罚金，对自然人可判处25万澳元罚金，对直接造成严重环境破坏的犯罪人还可处以高达7年的监禁。而在大堡礁绿岛公园游客即使带走一枚小小的贝壳也会被处以高额罚款。②

在生态旅游的保护生物多样性方面，澳大利亚制定了《国家生态可持续发展战略》《澳大利亚环境保护与生物多样化保护法》《国家野草控制战略》《澳大利亚濒危动植物和生态区域保护战略》等法规政策。这些法律法规总的指导原则是高度重视预防为主，任何经济发展项目、开发项目等都不能以牺牲环境为代价，在开发与保护方面，后者是居于优先地位的。自20世纪70年代起，联邦和州政府均要求凡是重大的发展计划都要进行环境影响评估，从源头就开始预防不当的人为开发活动所造成的环境污染和生态破坏。在管理中，采取一些具体的，切实可行的防范措施。例如，库连达热带雨林要修建当时世界第一、长达7.5千米的索道，因为涉及景观和生物多样性的保护问题，环保局7年没有批准，最后业主交了100万美元保证金，并承诺不修公路、不破坏生态，用直升机运送建材，环保局才予批准，结果一年就建成，但花了上亿美元；为了保护好世界上最小的企鹅——小蓝企鹅（全球仅分布于南极、南非、澳洲），在面积相当于新加坡1/3的墨尔本企鹅岛（约有10 000多只企鹅），严格控制居民数量，在1 000多住户中，研究人员就占了一半，对游客要求做到“三不准”，即不准吸烟、不准抚摸、不准拍照（因前些年使用闪光灯致使企鹅失明而无法出海）；为了保护世界最大的珊瑚礁——大堡礁世界自然遗产，凯恩斯市加大入海河流的污染防治力度，禁止无限制的海洋旅游探险活动，有效地防范棘冠海星对珊瑚虫的生命威胁，限制旅游开发商的不当开发和游客的过度流入③。正是制定了严格并且操作性强的法律法规，在立法和执法上都做到了对生态的保护，不以环境破坏作为代价换取一时的经济利益，澳大利亚的旅游资源才得到有效的保护，生态旅游才名副其实。

---

① 陈雪钧，吴敏．澳大利亚生态旅游管理的经验与启示[N]．江南游报，2006-02-16．
② 高正文．澳大利亚环保考察印象[J]．生态经济，2006(11)．
③ 高正文．澳大利亚环保考察印象[J]．生态经济，2006(11)．

（四）政府主导的合作管理，发挥非政府组织作用

政府主导型的合作发展模式是澳大利亚生态旅游得以顺利发展的另一成功经验。政府设立具有较高专业技术素养的专职部门负责指导环境保护与生态旅游发展。联邦政府负责国际环保公约签订、国内环保法规制定、跨州环保事务协调、重要环保科学技术的研究及推广等；各州政府承担着主要的生态环境建设和保护职责，以及环保法规的制定和实施；地方政府的环保职能在州政府的环保计划框架内进行，包括影响环境因素的控制、社区环境纠纷的协调、制定和执行社区环保规划等。各级政府分工明确，职责清晰，各负其责。除了合理安排政府的工作，在管理措施中，澳大利亚最为成功的一个经验就是“合作管理”，即在生态旅游等活动中，有关的资源使用者都参与管理，管理不再只是政府的事情。合作管理机制包括：管理局的协调、管理和维护经营者利益，让经营者都有参与的动力。例如在大堡礁的管理中，政府与其他组织构建合作平台——大堡礁旅游休闲咨询委员会。其会员分别来自政府、旅游业、当地土著人和渔业等利益相关者。会员通过这个平台共同评估大堡礁环保状况，提出各自对资源的使用要求，并向管理局提出政策建议；利益相关者承担政策实施和监督的责任①。此外澳大利亚生态旅游协会也为生态旅游的成功做出了贡献，该协会被誉为生态旅游行业的最高代表机构，其成员包括生态旅游住宿、游览和旅游景区的经营者，地方、州和联邦政府的规划管理人员，保护区管理者、学者、学生，旅游、环境和解说、培训等方面的顾问，生态旅游导游等。目的是“帮助生态旅游企业做到环境上可持续、经济上稳定、社会文化负责任”②。这样旅游不再仅仅是旅游经营者与游客的事，凡是与生态旅游或生态环境相关的组织、人员都参与到管理中，负责不同环节的管理和保护，大大提高了生态旅游的效果。

此外澳大利亚有很多非政府组织也参与到生态旅游的活动中，澳大利亚的环保组织非常活跃。澳大利亚最大的社区环保组织是“清洁澳大利亚（Clean Up Australia）”，这个环境保护组织拥有500万志愿者。环保组织的行动对社区居民和游客都发挥了一种良好的带动作用。澳大利亚信托会（Australia Trust for Conservation Volunteers and Nomad Backpackers，ATCV）是专门为环保志愿者和背包旅行者设立的一个大型非营利性组织。它通过志愿者每年参与的项目来实现其环境保护的目标。这些项目包括：树木种植、对侵蚀和盐化的控制、采集当地植物的种子、建造和维修灌木丛中的小路、恢复历史建筑、考察濒危动植

① 周波. 澳大利亚生态旅游经济的可持续发展[J]. 经济导刊，2011(1).
② 宋瑞. 借鉴澳大利亚经验发展我国生态旅游[N]. 中国旅游报，2009-06-03.

物、栖息地的保存及杂草的去除[①]。

（五）重视和保护社区利益，社区参与生态保护

在旅游活动中，与生态环境利益最相关的是当地的居民。一般来说，游客不会在一个旅游地长期生活，当地生态环境的破坏对外地游客没有实质性的影响。而当地土著居民就不一样，他们长期居住在旅游地附近，甚至几代人都生活在那里，如果生态环境遭到破坏，受到影响最大的将是他们。因此当地土著居民对生态环境保护的意愿更为强烈。如果在开展生态旅游中充分考虑到当地土著居民的利益，把他们吸引到生态旅游的经营管理中，那么将会对生态旅游产生积极的作用。澳大利亚联邦政府1976年和1993年分别制定了《土著人地权法案》和《原住民土地所有权法案》，从法律上认可了土著人对土地的权利，并于1997年将旅游业、农业、文化产业这三个领域作为带动土著地区以及托雷斯海峡岛民土著经济发展的关键性领域。1994年制定的《全国生态旅游战略》（以下简称《战略》）中专门有一部分内容阐述了“本土澳大利亚人参与”问题，承认土著人和托雷斯岛民不仅可以作为“土地所有者、资源管理者以及旅游经营者”，还可以作为“景点和知识财产的看护者”参与生态旅游。该《战略》中有七大行动，其中两大行动都是有关鼓励当地社区参与的。正如在土著生态旅游公司———沙漠踪迹公司工作的皮天加拉首领甘因加所指出的，“严格控制的生态旅游已经为我的家和我们安嘎提亚地区带来了好处”[②]。这样政府、旅游经营者、当地居民之间形成了共同利益，能够更好地保护旅游地的生态环境。

澳大利亚社区在澳大利亚自然环境的保护、维护和恢复方面起着重要的作用。在2011～2012年度，估计有810万澳大利亚成年人（47%）参加过在家里或在农场的自然保护活动。43%的人种植或照顾澳大利亚本土树木或其他植物，19%的人参与了澳大利亚本土野生动物的照顾。居住在省会城市以外的人更有可能比那些生活在省会城市（分别为54%和43%）的人开展这些活动。参加自然保护活动的人，最常见的原因为了种植或照顾澳大利亚本土树木或其他植物的，或照顾澳洲本土野生动物。68%的原因是为了使当地生态环境更具吸引力和整洁以便更好享受大自然。对于大部分澳大利亚人来说，参与生态环境建设，出于自然保护的原因占44%，节约用水占35%，帮助支持当地的环境占40%。

① 李永乐，张雷，陈远生．澳大利亚可持续旅游发展举措及其启示[J]．改革与战略，2007(3).

② 宋瑞．借鉴澳大利亚经验发展我国生态旅游[N]．中国旅游报，2009-06-03.

（六）加强对游客的科学管理

游客是生态旅游活动的主角，生态旅游成功与否很大程度上取决于游客的行为，尤其是外国游客不像本国居民那样熟悉当地的法律法规，他们在旅游过程中的活动有很大的不确定性。因此如何规范游客的行为，避免因为游客行为不当引起的环境破坏是生态旅游的一项重要内容。

对此澳大利亚除了制定严格的法律，对破坏行为进行预防和处罚之外，更多的是采取宣传手段，让游客充分感受到当地的旅游文化，享受到生态旅游带来的益处，自发产生保护的意识。澳大利亚旅游经营者雇佣有一定专业素养的员工，向游客宣传并告知旅游活动的要求及“最佳环保操作”。“最佳环保操作”是与海洋旅游业有关的指导方针，通过促进海洋公园中对环境负责任的旅游行为，减少人类对珊瑚礁和岛屿的影响，澳大利亚的导游都要向游客介绍政府的环保规定，提醒游客严格执行，做到“除了脚印，什么都不留下；除了杂物，什么都不带走”。另外，在宾馆、饭店等游客集中的场所，都能见到大量印制精美的免费宣传材料，其中不乏介绍保护地的材料，这为游客了解各类保护地提供了很大便利。澳大利亚政府及旅游部门重视通过宣传教育的方式来培养国民的旅游环保意识，引导其参与生态环境保护和建设①。

四、澳大利亚生态旅游对中国的启示

澳大利亚发展生态旅游发展无疑是比较成功的，它在很多方面的经验值得中国学习。

（一）澳大利亚着眼长远的利益，重视生态保护，不为眼前的经济利益而牺牲生态环境。在法律制定、政策执行等方面无一不体现着环保优先的原则，在旅游设施建设或其他与旅游有关的活动中，宁可多花钱也不以破坏自然环境为代价，最后得到的是生态环境良好，旅游业可持续发展的长远利益。这一点中国尤其需要思考，追求经济效益不能以生态环境的破坏为代价，再有经济效益的项目，只要对环境产生破坏就不能轻易批准或启动。

（二）澳大利亚在推进生态旅游建设上能够协调好各方面的利益关系，在一开始法律政策制定时就征求各方面意见，尤其注意广大公民的意见，以防止一些利益集团产生阻力。把可能产生的矛盾在政策法律确定之前就化解掉。中国也同样面临这些问题，企业看重的是经济收益、当地居民追求的是生活质量的提高，游客希望更好地体验旅游经历，政府需要综合考虑经济效益和环境保

① 周波．澳大利亚生态旅游经济的可持续发展[J]．经济导刊，2011(1).

护、这些不同的群体所看重的重点是不一样的。如果没有协调好各方的利益，难免在今后发展中发生纠纷甚至冲突。

（三）分工明晰，全社会参与。澳大利亚把生态旅游作为全民参与的事业，形成共同的利益群体，包括政府、旅游经营者、社区居民、非政府组织、志愿者等。这其中各个部门分管什么工作、应负什么责任非常清楚，不存在推诿扯皮的现象。在生态旅游的各个环节都有相应的部门进行管理协调，民众更是积极参与到整个国家的生态保护中，充分发挥整个社会的积极作用。

参考文献

[1]查尔斯·R.戈尔德耐，J.R.布伦特·里奇，罗伯特·W.麦金托什著.贾秀海译.旅游业教程[M].大连：大连理工大学出版社，2003.

[2]陈世清.生态旅游概念浅析[J].广东林业科技，2004(4).

[3]周波.澳大利亚生态旅游经济的可持续发展[J].经济导刊，2011(1).

[4]高正文.澳大利亚环保考察印象[J].生态经济，2006(11).

[5]弗兰克·摩尔.澳大利亚的旅游与环境[C].首届九寨天堂国际环境论坛论文集，2005.

[6]宋瑞.借鉴澳大利亚经验发展我国生态旅游[N].中国旅游报，2009-06-03.

[7]陈雪，钧吴敏.澳大利亚生态旅游管理的经验与启示[N].江南游报，2006-02-16.

第三编

生态问题治理与国际合作

专题八：《京都议定书》与环境问题的国际合作

《京都议定书》（Kyoto Protocol，以下简称《议定书》）是人类历史上为解决全球气候问题达成的第一个具有法律约束力的框架协议，是世界各国特别是发达国家和发展中国家博弈的结果。《议定书》将全球国家分为附件B和非附件B国家，继承“共同但有区别的责任”原则，为附件B的发达国家量化了具体的减排目标，并且为实现全球减排计划，创新了三种减排机制，加强各国家间在减排温室气体上的合作。《议定书》从制定之日起发展就是坎坷的，美国一直未批准该议定书，其他发达国家纷纷抱怨自己国家所承担的份额过重而像中国、印度这样的碳排放大国却游离于《议定书》之外。第一承诺期（2008～2012年）结束后，各国又就第二承诺期的存续问题展开了讨论，有的国家直接退出了第二承诺期。尽管如此，《议定书》的意义依然不容忽视，本文主要分析《议定书》的相关内容和发展历程以及各国对《议定书》的态度，总结相关的经验教训，为其他的国际气候问题的合作提供一定的借鉴意义。

一、《京都议定书》——国家间的博弈

（一）《京都议定书》制定的背景和过程

1. 背景

人类工业文明的发展在给人来带来巨大收益和便利的同时，也带来了大量的污染，而二氧化碳等温室气体的排放量逐年增加，从20世纪80年代中后期开始，全球地表温度呈上升趋势，全球变暖不断引起人们的关注。1994年生效的《联合国气候变化框架公约》（以下简称《公约》）是历史上第一个旨在全面控制温室气体排放以应对全球气候变暖给人类经济和社会带来不利影响的国际公约，但是《公约》并未为缔约方规定具体明确的、实质性的减排义务。为了更好地完成公约的目标，需要制定新的法律文件规定具体的减排任务。1995年，在联合国气候变化框架公约第一次缔约方会议上缔约方同意将制定《公约》的议定书正式纳入《公约》缔约方会议的日程。1996年，第二次缔约方会议通过了《日内瓦部长级宣言》，这份宣言为《议定书》的出台扫除了障碍。

2.《京都议定书》出炉和生效

1997年在日本京都召开了《公约》第三次缔约方大会，这次大会的主要目的就是为解释履行《公约》的相关条款内容制定新的行动指南。与会各方经过激烈和艰苦的谈判磋商，最终通过了对《公约》进行实质性扩充的《京都议定

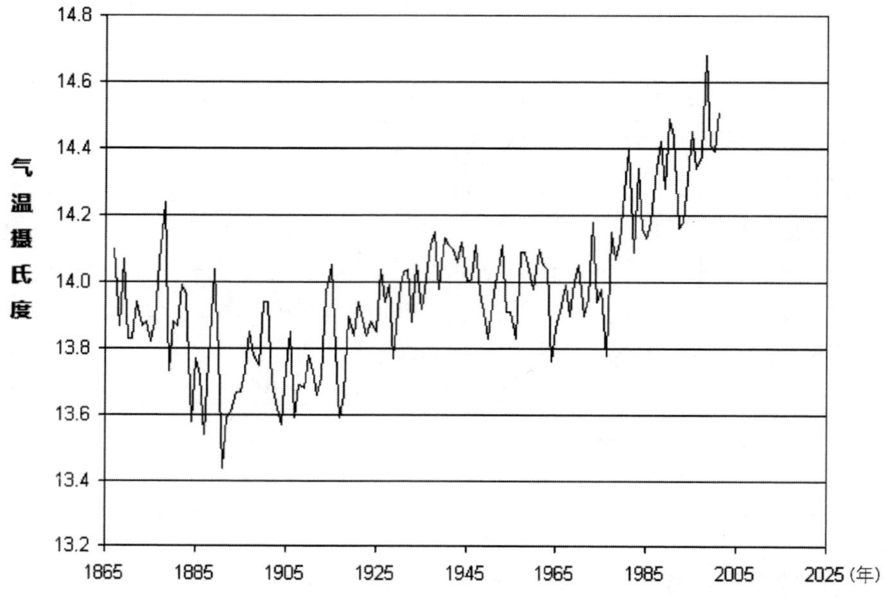

图8-1　全球平均温度变化变化（1867～2001年）

来源：Goddard institute for Space Studies转引自台湾大学全球变迁研究中心全球二氧化碳追踪网

书》，标志着气候变化的国际谈判步入建设性的发展阶段。“此次会议制订的《京都议定书》从法律上为工业化国家设定了减少排放量的目标，并制订了创新机制来协助这些国家实现目标。《京都议定书》在55个缔约方批准后，于2004年11月28日正式生效，这些缔约方中包括有具体减排目标的工业化国家，这些国家的温室气体排放量占1990年全部工业化国家二氧化碳排放总量的55%。”①

（二）《京都议定书》的主要内容

1. 核心原则——“共同但有区别的责任”

“共同但有区别的责任”（Common but Differentiated Responsibility，简称CBDR）原则在《公约》中就已确立，“共同但有区别的责任”原则认为在面对全球气候变暖问题上，全体人类负有共同的责任，每个国家都应该承担起自己的义务，但是考虑到实际的经济发展状况和历史情况，发达国家在历史上排放的温室气体的总量要多于发展中国家。而且发达国家经过多年的工业化发展，

① 参考联合国网站[OL]. http://www.un.org/zh/climatechange/kyoto.shtml.

无论是技术上还是资金上都要优于发展中国家，因此发达国家应该率先进行减排任务。

《议定书》是在国际法上践行“共同但有区别的责任”原则的最成功代表。《议定书》沿用《公约》对缔约方的划分，将《公约》中的附件1国家列在其附件B中，并就个别国家进行了调整。①在制定《京都议定书》时，工业化国家大都是赞成分化的根本原则的，澳大利亚认为这样的原则将最终会产生出合适的《京都议定书》的结果。②这一原则的划分是方便国际社会在温室气体排放问题上划分义务和发展权利，附件B国家和非附件B国家所承担的责任和享有的收益是不同的。由于历史和现实的原因，发达国家将承担更多的责任和义务。《议定书》为发达国家规定了具体的强制性的减排目标，按照《议定书》的规定附件B的工业化国家要率先承担起减排任务，同时《议定书》为发达国家提供了许多灵活性的条款来降低减排的成本，例如清洁发展机制、排放银行、碳排放权交易等，主要可通过向发展中国家提供资金、技术援助等方式来实现，这是《议定书》为发达国家提供的奖励因素和机制。对于发展中国家，虽然在第一承诺期内没有减排任务，只是规定也要在国内进行相应的减排活动，没有强制性的减排目标，“但是发展中国家也应当承担起与其履约能力、环境政策与经济发展相适应的责任，在发展过程中尽力减少对环境的损害。”③同时展开与发达国家的合作，共同减少温室气体的排放。发展中国家在这个过程中获得的主要是发达国家的技术和资金支持。

2. 创新内容——量化的减排目标

《议定书》根据《公约》的规定，为了更好地完成减排目标，切实减少温室气体排放，秉承“共同但有区别的责任”原则，量化了发达国家的减排目标。在附件B中《议定书》为主要减排国家规定了量化的限制或减少排放的承诺，主要是根据基准年或基准百分比。量化减排目标，使相关国家作出减排的承诺，有利于增加这些国家的紧迫感，更好地完成《公约》的减排目标，推进温室气体的减排工作。主要发达国家的削减目标：欧盟和瑞士减排8%，美国减排7%，日本、加拿大和匈牙利分别减排6%。

3. 富有成效的履约机制

（1）联合履约机制（JI）

联合履约机制是指在附件一国家中，高减排成本的发达国家提供资金和

---

①《京都议定书》附件B缔约方和《公约》附件1缔约方相比，减少了白俄罗斯和土耳其，增加了克罗地亚、列支敦士登、摩纳哥、斯洛伐克和斯洛文尼亚.

② Stuart Beil, Stephen Brown and Guy Jakeman. The Kyoto Protocol——Economic impact and implications for cogeneration[M].Queensland Brisbane: Business Development and Investment Opportunities for Cogeneration in Queensland Brisbane, September 1998:p17~18.

③ 万霞. “后京都时代”与“共同而有区别的责任”原则[J]. 外交评论, 2006(2).

先进技术，在低减排成本的发达国家或地区实施减排项目，主要是在发达国家与经济转型国家之间进行合作，其特点是合作国都有减排义务，通过合作来共同履约完成任务。联合履约机制实际上是允许附件一国家之间转让根据《议定书》最初为他们设置的排放限额数量，从而可以调整他们的减排目标。

（2）清洁发展机制（CDM）

清洁发展机制（clean development mechanism，CDM）创造出了一种新型的跨国贸易和投资机制，它将温室气体减排量作为一种资源或者商品，在发达国家与发展中国家之间进行交易。依据《议定书》第十二条的规定，“清洁发展机制的目的是协助未列入附件一的缔约方实现可持续发展和有益于《公约》的最终目标，并协助附件一所列缔约方实现遵守第三条规定的其量化的限制和减少排放的承诺。”这一机制实际上是一种“境外减排”，双赢的选择。“一方面，对发达国家而言，给予其一些履约的灵活性，使其以成本最有效的方式履行义务；另一方面，对发展中国家而言，协助其能够利用减排成本低的优势从发达国家获得资金和技术，促进其可持续发展。”①发达国家如果难以在规定的时期内完成相应的减排目标，可以通过帮助发展中国家减排来获得更多的排放额度。而且对于一些完全有能力完成减排目标的国家也倾向于使用CDM，因为在发展中国家实现同等数量的温室气体的减排，成本要大大低于发达国家，有利于整个国际社会降低实现减排的整体成本。

（3）排放交易机制（ET）

排放交易，在附件1所列缔约国之间进行，可以将自己分摊的温室气体排放量的一部分进行交易，是一种基于排放权的总量控制与贸易的机制。这一机制可以减少减排的边际成本（the marginal cost），最终减少减排的总成本。如果一个国家的边际减排成本高于配额成本，那么它可以向其他有配额盈余的国家进行购买；如果一个国家本身的配额有盈余，它也可以出售给其他国家以此盈利。这一机制也允许私有企业的参与，承担减排义务的国家或企业，可以在温室气体市场上向其他承担减排义务的国家或企业出售或购买排放权以完成其减排承诺。

针对这一机制的使用是否应该限制的问题，不同国家有不同的意见。有专家认为，对这一机制的限制，会增加国家减排时的成本。没有限制的情况下，市场会形成激烈的竞争，在竞争的条件下，经济体内部的配额分配不会影响到排放权交易的成本。这一机制的引入将会大大降低附件B国家减排的总体成本。

① 张忠潮，白宏兵.《京都议定书》对中国经济社会发展的启示[J]. 西北农林科技大学学报(社会科学版)，2006(4).

“在碳排放权交易机制之下2010年完成目标的成本可能只相当于没有此项机制时的三分之一。”①

二、《京都议定书》——困难中前行

（一）《京都议定书》发展前景分析

《京都议定书》正式生效之后，各国开始采取相应的措施来减少温室气体的排放量，但是《议定书》一开始就是各国博弈和妥协的结果，有些国家对其中的安排并不十分满意，加之在现实中面临环境和利益的选择，各国尤其是附件一的工业化国家的温室气体排放量并未达到减排目标。从图8–2中可以看出，加拿大、日本、新西兰和美国的排放量都大大高于《议定书》的要求，从这种趋势看，他们很难完成议定书的减排目标，如果不能完成减排目标，这些国家就将面临一定的惩罚，因此它们对《议定书》的态度以及第二承诺期存续问题的看法上产生了很大的不同，各国作出了自己的选择。

1. 发展坎坷之一：美国始终未加入《京都议定书》

美国曾是《议定书》的积极倡导者，但是在加入时却面临了巨大的国内压力。克林顿政府1992年虽然象征性地在《议定书》上签字，但是并未送交国会

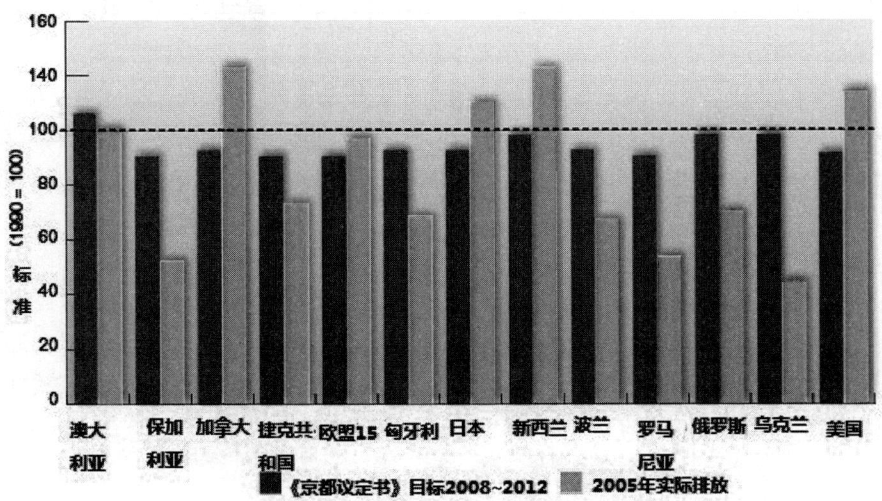

图8–2 《京都议定书》第一承诺期减排目标与2005年各国实际排放量对比图（以1990年为基准）

来源：UNFCCC （2007b，2008c）;Australian Greenhouse Office（2007）.

转引自The Garnaut Climate Change Review

① 张忠潮，白宏兵．《京都议定书》对中国经济社会发展的启示[J]．西北农林科技大学学报(社会科学版)，2006(4)．

比准。小布什上台后认为《议定书》的减排目标和责任分配不公平，而拒绝将其送交国会。

总结起来，美国不批准《议定书》的理由主要有以下几个方面：第一是二氧化碳等温室气体的排放与全球气候变化的关系目前还不清楚，至少是尚无定论，《议定书》的目标因此是急躁和草率的。第二是一些排放量大的发展中国家特别是中国、印度、巴西这样的碳排放量大国未列入承担减排责任的名单，发达国家单方面的减排、限排，是不可能产生好的效果的。从图8-3可以看出，美国方面认为到2020年三个主要发展中国家——中国、印度和巴西的温室气体排放总量将大大超过美国，而这三个国家仍然游离于《议定书》的强制减排目标之外，这对美国是不公平的。第三是《京都议定书》将会损害美国经济和工人利益，[①]而

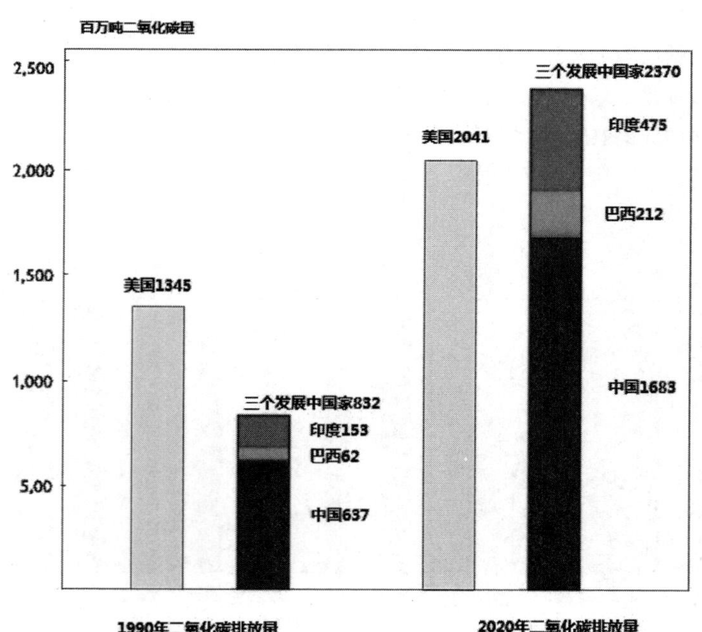

图8-3 美国与主要发展中国家排放量对比图

来源：Energy and Environment

① "Bush Firm over Kyoto Stance" [OL].CNN.com, March 29, 2001. http://edition.cnn.com/2001/US/03/29/schroeder.bush/

且美国的减排任务太重，由此带来巨额的减排成本，“会给美国造成4 000亿美元的经济损失和490万个就业岗位的流失”[①]，代价太过沉重。“早在1997年7月25日，美国参议院就通过了伯瑞德—海格尔决议（Byrd-hagel Resolution），确立了美国气候变化外交政策的基调：即在发展中国家缔约方不同时承诺承担限制或者减少温室气体排放义务或将会严重危害美国经济的情况下，美国不得签署任何与1992年《联合国气候变化框架公约》有关的议定书或协定。”[②]

因此，美国主张应该废除所有硬性减排指标，在自由市场模式下，运用新环保科技减少污染，力争经济、环境两不误。所有国家都应该参与进来，共同减排，共同承担责任，特别是发展中大国应该做出更大的努力。奥巴马上台之后在这一问题上面临着两难的选择，决定加入《议定书》但是可能不会受到国会批准并且可能会触及到国内大的利益集团的利益；不加入的话可能会受到国际社会的一致谴责。奥巴马政府要求“将所有的温室气体排放国家都纳入到议定书的强制减排指标当中。”[③]奥巴马上台后为表示其在这一问题上的积极态度，已经在气候变化方面做出一些高姿态和努力，积极参与到哥本哈根谈判中去，“但是外交政策的制定受制于国内政治，奥巴马政府的气候政策相较于前几任不会有大的变化”。[④]

美国游离于《议定书》之外，对其他的国家产生了很大负面影响。美国是世界上温室气体排放量最大且经济科技实力雄厚的国家，是《议定书》制定时的领导者，美国不加入影响到减排目标的实现和其他国家的履约情况。但是对美国退出我们要客观评价，美国基于自身利益的考量不加入《议定书》，但是并不意味着，美国无视温室气体排放量的增加，也并不是说美国不注重在这方面的国际合作。美国在国内通过了《清洁法案》，并且主动地参与到UNFCCC和《议定书》的后续谈判中，力争气候问题的领导权。此外，美国、澳大利亚、中国等国在2006年缔结了《新伙伴计划》来共同应对环太平洋地区的气候变化问题。[⑤]美国不加入《议定书》主要是考虑到了边际成本和相对收益的问题，认为依靠发达国家减排是不能真正达到减少全球温室气体量增加这个目标的，应该全世界各个国家都参与进来，共同承担责任和义务。

美国虽然未加入《议定书》，但是在第二承诺期存续问题上，美国却是站在欧盟一边，原则上维护和支持《议定书》的第二承诺期。德班会议期间，

---

① 全球变化与经济发展项目课题组. 美国温室气体减排新方案及其影响[J]. 世界经济与政治, 2002(8).

② 董勤. 安全利益对美国气候变化外交政策的影响分析——以对美国拒绝《京都议定书》的原因分析为视角[J]. 国外理论动态, 2009(10).

③ 丁果.《京都议定书》濒临“安乐死”？[J]. 南方人物周刊, 2011(43).

④ 于欣佳. 奥巴马的困境——美国在世界气候变化问题面前的选择[J]. 世界经济与政治论坛, 2010(2).

⑤ 牛哲莉.《新伙伴计划》与《京都议定书》:竞争还是合作[J]. 山东科技大学学报(社会科学版), 2010(2).

美国作出了这一表态，赞成欧盟提出新的全球气候条约的路线图。但是欧盟的这一做法却得到了很多非洲NGO的反对，非洲的NGO发出了“拒绝在德班授权名义下的大逃亡”公开信，信中说“如果不能解决京都议定书的问题，就开始讨论新的路线图，这其实是把问题继续往后拖延，以达到逐渐扼杀《京都议定书》的目的。”①美国表示支持这样新的路线图，也说明了美国对《议定书》的态度，在未来，美国会继续参与到UNFCCC和《京都议定书》的后续谈判中，但是美国批准加入的可能性依然很小。

2. 发展坎坷之二：加拿大退出《京都议定书》

2011年的德班气候大会上，加拿大环境部长彼得·肯特在接受采访时表示，加拿大会于12月底前退出《议定书》。肯特表示，由自由党领导的加拿大政府在当年批准加入《议定书》是“不负责任的”，因为它其实并没有认真采取行动削减温室气体排放。此消息一出，国际社会哗然。

加拿大一开始对《议定书》也是抱很大希望的。加拿大甚至在蒙特利尔市发起了《议定书》第二承诺期的谈判。但是现在却决定退出，分析其原因有以下几个方面：

第一，加拿大很难完成减排目标并且需要为此付出很大的经济成本。在经济危机的影响下，2013年第一期承诺截止之前，加拿大不可能达到《议定书》对其减排目标提出的要求。“在议定书上签字5年多来，加拿大温室气体排放量不降反升，目前与1990年的水平相比，已经上升了30%。如果以今天的基础完成京都指标，意味着加拿大要在未来5年内减排1/3。”②目前，《议定书》规定，2008~2012年间加拿大温室气体排放比1990年下降6%，为实现此目标，加拿大将要支出140亿美元，加方无法承担。③完不成减排任务很可能会受到惩罚，与其不履约被“惩罚”，不如直接退出。

第二，经济利益的考量，在退出时，加拿大环境部长彼得·肯特指出“退出《京都议定书》加拿大可以节省136亿美元，相当于为每个加拿大家庭节省1546美元。”④；当然更重要的方面是，完成《议定书》的目标会影响到加拿大国内油砂产业的发展，而加境内有大量的油砂储备，政府正准备积极开发。而油砂产业的发展，势必对环境造成污染，它所排放的温室气体的数量要比化石燃料还要多8%~14%，加受到《议定书》减排任务的限制，国内的油砂产业受到了影响。而且加拿大拥有世界第三大的石油储量（约1 700多亿桶），是美

① 德班会议形势突变！美国倒向欧盟[OL]. 南都网，http://gcontent.oeeee.com/0/ab/0abdc563a06105ae/Blog/8b1/4719a7.html.

② 何一鸣. 国际气候谈判研究[M]. 北京：中国经济出版社，2012:80.

③ 中华人民共和国商务部.《加拿大宣布退出京都议定书》[OL]. http://www.mofcom.gov.cn/aarticle/i/jyjl/m/201212/20121208490753.html.

④ 震惊全球！加拿大宣布退出《京都议定书》[OL]. 凤凰网http://finance.ifeng.com/hk/sckx/20111219/5292927.shtml.

国油气的最大供应商。此外，加执行《议定书》可能会影响到国内经济发展，"2005年加拿大能源产值为643亿美元，占GDP得6%，约有33万人从事能源产业，占劳动力的1.9%；能源出口800亿美元，占出口总值的19%，能源贸易顺差460亿美元。"①在加拿大各产业当中，能源产业产出的温室气体最多，占到了总排放量的82.2%。加拿大要达到减排目标，势必就要对能源产业进行大刀阔斧的改革，那这必然就会影响到它的经济发展以及很多人的就业等社会问题，经济利益受损。加之受到经济危机的影响，加还未完全恢复，加选择退出来维持低迷的经济。

第三，加拿大也认为《议定书》现在的安排是不合理的。美国、中国等温室气体排放大国均游离于《京都议定书》之外，而要求其他国家减排是不公平的，不利于全球减排目标的实现。加拿大总理哈珀表示，"只有在中国、美国等大国和工业发达国家积极参与的情况下，全球温室气体减排目标才能实现，否则加拿大无法完成目标任务。"②

第四，全球变暖对加拿大的负面影响相对较小，甚至可能为加带来新的战略资源，加地广人稀，自然资源丰富，资源压力较小，而且农业发达、经济相对健康，所以对环境的适应能力较其他国家强。全球变暖可能会使得加更有力地利用北极地区蕴藏的丰富资源和极具战略和经济价值的海上航道，退出《议定书》会加强加同美国、俄罗斯甚至是丹麦在此地区的竞争力。③

此外，加拿大坚决反对第二承诺期的存续，在哥本哈根气候大会之前，"加拿大政府提交的承诺目标是，2020年在2006年的基础上降低20%，实际上等效于2020年在1990年的基础上降低了3%。加拿大是哥本哈根会议后，第一个将承诺目标降低的国家。现在的目标是，2020年在2005年的基础上降低17%，等效于2020年在1990年的基础上增加3%。"④但是加拿大表示，退出《议定书》不意味着加拿大在温室气体减排方面就是无所作为的。"加拟定了本国温室气体排放目标，即到2020年比2005年下降17%，并希望2015年与非京都议定书成员国签署相关国际协议。"⑤此外，加拿大主张应该重新缔结一个新的包括全球主要排放体量化减排承诺的协定。

① Energy Information Administration. Short Term Energy Outlook [OL]. 2008-05. http://www.eia.doe.gov/pub/forecasting/steo/oidteos/may08. pdf 转引自何一鸣. 国际气候谈判研究[M]. 北京：中国经济出版社，2012:80.
② 中华人民共和国商务部.《加拿大宣布退出京都议定书》[OL]. http://www.mofcom.gov.cn/aarticle/i/jyjl/m/201212/20121208490753.html.
③ 何一鸣. 国际气候谈判研究[M]. 北京：中国经济出版社，2012:81～82.
④ 杨富强,昂莉.《京都议定书》的泥泞前途[J]. 绿色中国，2011(15).
⑤ 中华人民共和国商务部.《加拿大宣布退出京都议定书》[OL]. http://www.mofcom.gov.cn/aarticle/i/jyjl/m/201212/20121208490753.html.

3. 发展坎坷之三：日俄不支持第二承诺期的存续

《议定书》规定的第一承诺期为2008年到2012年，没有就第二承诺期相关安排作出规定，第一承诺期到期前，缔约方会议希望就第二承诺期的存续展开谈判。《议定书》的有关遵守条例规定，对完不成第一承诺期要求的缔约方，其处罚是，在第二承诺期要弥补上相同的减排量，并加上额外的30%的惩罚量。所以，日本、俄罗斯等国家开始纷纷权衡利弊，在谈判中表示不支持第二承诺期的存续。

（1）日本由态度暧昧到明确不支持

《议定书》是少有的以日本地名命名的国际条约文件，因此一直以来无论是政府还是民间社会都予以了大力支持。东道国情结和提高国际形象的考虑是鼓励日本接受《议定书》的原因之一，日本认为举办京都会议本身就意味着日本在国际气候合作问题上的领导地位。这种社会性激励因素也是日本一直保留在《议定书》内的重要原因。但是受到经济危机的影响，抛开国际形象的考虑，《议定书》第二承诺期越来越不受重视。2011年，日本由态度暧昧模棱两可转变为不支持第二承诺期的存续。

美国一直未批准《议定书》、加拿大退出了《议定书》，日本国内尤其是产业界认为日本也不应该再坚持。日本经济团体联合会会长米仓弘昌发表评论："《议定书》是日本减排义务过重的不平等条约。"①类似于加拿大的退出，在不支持第二承诺期存续之前，日本就隐约表明《议定书》没有第二承诺期。随后在坎昆会议期间，日本政府代表团高级官员清晰地发出了这个信号，日本内阁官房长官仙谷由人于2011年11月30日公开表态，"我们坚决反对延长《京都议定书》第二承诺期，因为这不公平也无效，日本不会在任何情况或任何形势下就议定书设定减排目标"。②只不过在随后的外交语言中有所修改，态度暧昧。毕竟，这是在以日本为东道国通过的一项国际气候合作的框架协议，日本曾经在其中发挥了重要作用，日本需要考虑它的取舍。但是，日本的最终选择是自己国家的经济利益，在波恩会议上，日本代表团成员不断申明，日本政府明确和坚定地拒绝《议定书》第二承诺期。日本政府表示：日本希望达成"所有主要排放国都参加的公平、具有约束力的新国际框架协议"。③但是，对于未达到要求只是单纯地延长《议定书》，日本持反对立场。

---

① 中日友好环境保护中心.《不参加<京都议定书>第二承诺期将削弱日本环境外交话语权》[OL]. http://www.china-epc.cn/zrhjhz/hjxx/1714.html.

② 新浪网.《日本反对延长京都议定书第二承诺期实为搅局》[OL]. http://green.sina.com.cn/news/roll/2010-12-03/094821577075.shtml.

③ 新华网http://news.xinhuanet.com/world/2011-11/26/c_111195783.htm.

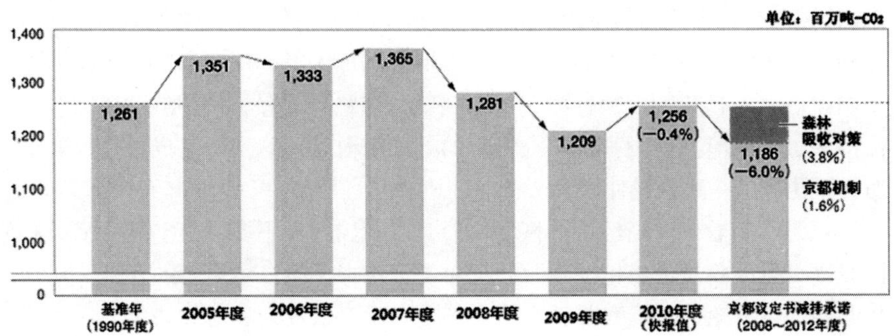

图8-4 《京都议定书》6%减排承诺以及日本二氧化碳排放量

来源：JAMA-一般社团法人日本汽车工业协会

日本缘何不继续支持《议定书》第二承诺期的存续，一方面确实如一些日本学者的观点，日本将会为减排义务将会付出经济代价。甚至有日本学者认为，“日本批准《京都议定书》要承担比欧盟多10倍的经济负担。”①另一方面，日本很难完成《议定书》的减排目标。虽然日本的能源构成比较多元，但是，石油占了将近一半，利用石油所产生的温室气体必然影响到日本减排目标的实现。《议定书》第一承诺期为日本制定的减排目标是6%，如图8-6，日本的二氧化碳排放量在基准年1990年为12亿6 100万吨，若想达到6%的减排目标，第一承诺期的排放量要削减到11亿8 600万吨。但是，2010年由于日本慢慢从经济危机中复苏，制造业等行业的业务量增加，产业部门的排放量随之增加，2010年度二氧化碳总排量达到了12亿5 600万吨，比2009年度增加了3.9%。比基准年减少了0.4%，与减排承诺之间的差距为5.6%。随着经济的复苏和发展需要，产业部门排放的二氧化碳量还可能继续增加，为达到减排6%的目标，日本还要做出很大的努力。

日本反对《议定书》第二承诺期的存续，在这之前，日本已然意识到了这样做的压力，所以日本积极主张双边的减排合作，希望通过双边的合作来保持它在气候合作中的地位，增加在气候谈判中的发言权。

（2）俄罗斯反对第二承诺期

《议定书》将前苏联加盟共和国也纳入到附件B中，为他们安排了减排任务。但是实际上，由于前苏联国家经济结构的变化，工业生产下降，排放的温室气体与之前相比不升反降，排放额低于1990年的水平。所以“这些减排义务不仅不会给这些转型国家带来履约成本，反而会使其享受到排放贸易机制所带

① 宫笠俐．决策模式与日本环境外交——以日本批准《京都议定书》为例[OL]．国际论坛，2011(13).

来的巨额收益。”[①]2004年，俄罗斯也是基于这方面的考虑加之如果不批准可能受到国际社会的谴责、不利于俄罗斯的形象而加入了《议定书》。俄罗斯等转型国家多余的排放额度被称为“热空气”，俄罗斯掌握了最多的“热空气”，可以通过出售给其他国家“热空气”的方式来盈利，这实际上成为《议定书》对转型国家的一种激励性因素。

但是，随着俄罗斯经济的恢复发展，以及国内无更多“热空气”来与其他国家进行排放权贸易，俄罗斯开始反对《议定书》第二承诺期的存续。从2008年开始，俄罗斯的政府官员就在多个场合表示，俄罗斯反对2012年之后的国际气候协议进一步削减温室气体排放量，因为俄罗斯需要增加对能源的消费。[②]在解释不接受第二承诺期时，俄罗斯称：俄国土辽阔，所处纬度较高，气候寒冷，这就需要更多的能源消耗，自然也会产生更多的二氧化碳排放。俄罗斯政府代表团一直认为俄罗斯不应当在附件B国家的名单中，不承担《议定书》第二承诺期的责任。俄罗斯尽管在各种场合不是很积极地带头公开反对，但是立场非常明确。因此，俄罗斯成为日本之后又一个《议定书》第二承诺期的坚定反对派。俄罗斯建议由目前的有约束性的协议转向其他的协议，再商讨如何减排。实际上是认为自己可能要承担过重的减排任务而退出承诺。

4. 喜忧参半——多哈气候大会

2012年11月26日，在卡塔尔首都多哈举行了UNFCCC第18次缔约方会议即《议定书》第8次缔约方会议，总结《京都议定书》第一承诺期，并就第二承诺期的存续进行谈判。

（1）第二承诺期获存续

该会议的最大成果首先就是确保了《议定书》第二承诺期的存续，对第二承诺期的相关事项作出了具体的规定，第一第二承诺期间不存空当，第二承诺期在2013年1月1日开始执行。其次，围绕第二承诺期期限的5年和8年之争，最终确定为8年。最后，保留存在争议的核算规则、清洁发展机制（CDM）等三个灵活机制在2013年继续有效。此外，“贫困国家也取得了重要的胜利——通过了《解决气候脆弱的发展中国家因气候变化造成的损失损坏方案》，这是发展中国家首次得到了此类的保证，也是首次将气候变化损失损坏纳入到国际法律文件中。”[③]

（2）留有遗憾

多哈气候大会是博弈的结果，那么就必然存在很多的缺憾。其中最重要

① 陈刚.《京都议定书》与集体行动逻辑[J]. 国际政治科学，2006(2).
② 何一鸣. 国际气候谈判研究[M]. 北京：中国经济出版社，2012:87.
③ 龙金光. 聚焦多哈气候大会——为共同未来博弈[J]. 环境，2013(1).

的就是日本、俄罗斯、新西兰、加拿大四国还是明确不参与第二承诺期。并且《议定书》第二承诺期没有为发达国家的具体的减排目标作出规定，发达国家要求将第一承诺期的未完成的减排额度转至第二承诺期，这大大降低了发达国家的减排力度，而发展中国家对此坚决反对，南北分歧以及对“共同但有区别的责任”原则争议犹存，使得这一问题难以继续，只能留在以后的谈判中进行讨论，《议定书》使全球气温上升不超过2摄氏度的目标实现更加困难，第二承诺期的未来进展也更加的不确定。

5. 最新进展——2013年11月华沙气候大会

2013年11月11日，UNFCCC第19次缔约方大会暨《议定书》第九次缔约方大会在波兰华沙召开，联合国秘书长潘基文参与了此次会议并发表了演说敦促各国协同合作，尽快达成协议。这次会议有三个核心的议题即德班平台、资金和损失损害补偿机制，经过与会各国的激烈争论和讨价还价后取得小步进展：“一是德班增强行动平台基本体现‘共同但有区别的原则’；二是发达国家再次承认应出资支持发展中国家应对气候变化；三是就损失损害补偿机制问题达成初步协议，同意开启有关谈判。”[①]这次大会是为2020年的巴黎大会进行铺垫的一次会议，2020年巴黎大会上，将要达成新的气候规约，使发达国家和发展中国家共同承担起减排计划。

（二）《京都议定书》对国际气候合作的借鉴意义

1. 经验总结

《京都议定书》是第一个将发展中国家和发达国家都纳入进来的气候合作问题上具有一定法律约束力的协议，气候问题是全人类共同面临的问题，需要世界各个国家都参与进来，共同解决。存在很多值得借鉴之处：第一，《议定书》秉承“共同但有区别的责任”原则，根据历史因素和现实考虑，为不同的国家制定出了不同的减排目标。第二，为了使这些国家更好地完成减排目标和参与到减排行动中，《议定书》也为不同国家提供了不同的激励机制和选择性的激励因素，特别是三大灵活机制，分别为俄罗斯等转型国家、发展中国家和发达国家提供了物质性的和社会性的激励因素，同时加强相互间在气候问题上的合作。第三，虽然气候问题是一个国际性难题，真正解决的过程会很漫长，但是在《议定书》的每次谈判当中，都能达成一个各方大致接受的协议，在这一问题上不断迈出新的一步。

---

① 中国天气网.《华沙气候大会虽未谈僵但成果有限》[OL]. http://www.weather.com.cn/climate/2013/11/qhbhyw/2009329.shtml.

2. 不足和教训

（1）成本代价高，收益具有滞后性

第一，国家为完成减排指标肯定要付出代价和成本，而且为开展减排活动，前期就要做出资金技术的投入，每个国家可能都要拿出一部分的经济预算来开展减排计划。但是对于全球气候治理来说，相对漫长，收益具有滞后性。第二，减排治理所获得的收益分配问题。第一承诺期内，发达国家减排，收益则由所有国家共同享有。哪怕到第二承诺期，所有国家参与进来，可能每个国家也要衡量相对收益。存在强烈的“搭便车”现象，这就使得很多国家都难以采取积极主动的态度参与到减排任务中去。

（2）各国尤其是发达国家与发展中国家难以达成共识

缔约方间的共识是《议定书》谈判过程和实施过程中的关键性问题。“这里参与国问题不仅包括参与国数量众多、性质复杂，还包关键国的缺失问题。这些是影响《京都议定书》谈判过程和实施过程中激励效应的又一重要原因，也是妨碍议定书制定和谈判效率的原因之一。”[①]其中主要的就是发达国家与发展中国家间难以达成共识，尤其是在第一承诺期内，《议定书》基于“共同但有区别的责任”原则，未给发展中国家制定减排指标，同时发展中国家没有减排指标也成为一些国家退出的理由。双方在承担义务以及减排指标的设计上喋喋不休，越来越没有共识。

（3）缺乏有效的奖惩和执行机制

对履约机制、奖惩机制没有合理的安排势必会使得缔约方不能很好地完成相应的减排任务。在后续的讨论中，对奖惩机制的安排很模糊很宽松。在第一承诺期内违反的行为不被惩罚，而是被累积到下一个承诺期，这种规定使得惩罚措施会使得缔约国将减排任务无限的延长下去。第二，《议定书》没有对未来的减排做出规定。如果一个国家考虑到可能完不成减排任务，它可能会根据《京都议定书》的规定退出或采用经济、政治等各种手段与其他国进行博弈以减少自己所承担的义务。此外，议定书对积极减排的国家也缺乏有效的奖励政策，甚至会产生负激励效应。特别是“搭便车”现象的存在，一个国家积极减排，付出了相应的成本，却要与其他国家共享减排成果。这可能使得这个国家在下一阶段不再努力减排。最后是执行机制存在不足，“即使取得了广泛的认同，但并没有一个强有力的全球组织来执行《京都议定书》这样的国际性气候协议。”[②]

---

① 王璟岷，魏东.《京都议定书》的缺陷分析[J]. 中国海洋大学学报，2007(3).
② 王少立编译. 直面《京都议定书》——《京都议定书》的过去、现在和将来[J]. 国际石油经济，2005(2).

三、《京都议定书》与中国

（一）中国加入《京都议定书》

中国在1992年就已经成为UNFCCC的缔约国之一，在1997年《京都议定书》制定后不久，中国于1998年5月签署并于2002年8月核准后加入。2005年《京都议定书》正式生效，根据议定书的相关条款的规定，中国国家发改委于2007年制定了《中国应对气候变化国家方案》，并于12月印发了《节能减排综合性方案》，开始采取相应的行动，促进国内的减排行动。

（二）"后京都议定书时代"挑战与机遇并存

1. 清洁发展机制为中国带来发展机遇

2002年，清洁发展机制（CDM）项目已经进入中国。在《议定书》生效前的2004年6月30日，中国颁布和实施了《清洁发展机制项目运行管理暂行办法》，并根据形势的变化不断对其进行了修改和完善。于2005年10月12日，发布了《清洁发展机制项目运行管理办法》，开始正式实施，为开展CDM项目的开展做好了铺垫。截至2013年8月15日，在EB注册的CDM项目已经达到3 728项，这其中新生能源和可再生能源数量最多，达到83.80%，节能和提高能效项目占6.63%，甲烷回收利用项目占6.01%。①

CDM项目给我国可再生能源的利用和经济的可持续发展带来了良好机遇。中国通过引进符合要求的CDM项目，可以获得发达国家的一部分资金和有益于环境的先进技术，有助于我国提高能源使用效率，降低生产成本，发展可再生能源，减少能源使用带来的污染，增强产品的市场竞争力，从而实现经济的可持续发展。根据世界银行和经济学家的预测，中国是CDM市场最大的卖方。中国吸引了众多的发达国家的CDM项目，根据2011年气候变化绿皮书《应对气候变化报告（2011）：德班的困境与中国的战略选择》，截至2011年9月15日，我国在联合国清洁发展机制（CDM）执行理事会成功注册项目数量约占东道国注册项目总量的45.70%；签发量约为419 457 044吨二氧化碳当量，占全球总签发量的57.91%，累计收入超过30亿美元。②中国的CDM合作项目的减排也占到了世界减排量的一半以上，减排潜力巨大，这也有利于全球温室气体的减排。

2. 中国将面临越来越大的国际压力

由于《议定书》中给予发展中国家削减温室气体排放的豁免期截止于2012年，"后京都时代"国际气候谈判的重点不可避免地会触及发展中国家实质性

① 参考CDM项目数据库系统[OL]. 中国清洁发展机制网http://cdm.ccchina.gov.cn/NewItemTable9.aspx.
② 参考中华人民共和国政府网站. http://www.gov.cn/jrzg/2011-12/11/content_2016995.htm.

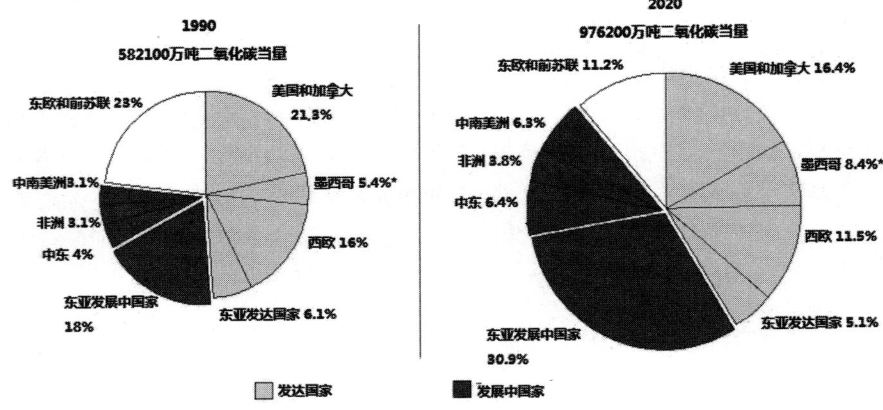

图8-5 2020年发展中国家温室气体排放量增长

来源：Energy and Environment

备注：1.无《京都议定书》限制下

2.*墨西哥被认为是发达国家，但未规定强制性的减排目标

减排义务的承担，发达国家更是会要求发展中国家承担其责任。而中国是世界上最大的发展中国家，自然会在这一阶段面临前所未有的压力和挑战。而且近年来中国的温室气体排放量不断增加，成为第一大排放国，占到世界排放总量的13%左右。从图8-5可以看出，2020年发展中国家的气体排放量由1990年的13%增长到了30.9%。其中中国和印度就可能占到了增长的90%。以美国为首的发达国家必然要求气候谈判中为中国制定相应的减排指标。而且一些发展中国家和小岛国也开始要求中国加入到具体的减排行动中。

（三）"后京都议定书时代"——世界看中国

1. 积极参与到气候谈判中

如果一个国家游离于国际事务谈判之外，那必定会被牵着鼻子走，难以表达自己的意见、伸张自己的利益。在气候问题方面，中国经济实力不断增强，但是温室气体排放量不断增加，在UNFCCC以及《议定书》的谈判当中都处于相对被动的地位。所以面对国际气候谈判，中国应该积极主动地参与，并且通过提出一些建设性的意见和建议来争取主动权。在"后京都时代"中国积极主动参与，首先是在法律意义上厘清权利义务关系，承认历史，坚持"共同但有区别的责任"原则，要求发达国家积极承担自己的义务，同时面向未来，面对人类共同的家园，又需要世界各个国家都应承担起自己相应的义务，共同致力于全球温室气体的减排。

2. 在国内制定和完善相应的法律

中国在加入《议定书》之后就制定了相应的减排行动方案和清洁发展机制的改革和转型的运行办法，但是对于温室气体减排行动来说远远不够，温室气体减排涉及经济社会发展的很多方面。为了这些方面工作的顺利展开，有必要制定更加完善合理的国内法律，使减排行动有法可依，顺利进行。

3. 制定适应国情的减排措施

在“后京都时代”随着中国国力的增强以及温室气体排放量的增加，中国需要规划制定自己的减排方案、相应的可持续发展战略和适应国情的减排措施。首先是提高能源使用的效率，这主要涉及产业结构的调整特别是工业内部结构的调整问题，加快产业结构调整的步伐，发展高新科技产业、资本密集型和知识密集型产业，逐步减少能源密集型产业，降低高耗能产业的能耗。第二是发展可再生能源和发展清洁能源，寻求替代能源，发展风能、水力发电等，给予这些项目资金和技术上的支持。逐步减少对排放温室气体较多的煤炭的使用，提高煤炭的使用效率。第三是发展循环经济，维持经济的良性发展。

4. 积极促进环境问题的国际合作

《议定书》是人类在全球气候问题合作上迈出的重要一步，取得的重大成果。人类还共同面对很多的其他环境问题，这需要国际社会的通力合作，人类只有一个地球，这是人类共同的家园，也需要人类共同保护。面对国际环境问题，各国应该互信合作，中国作为最大的发展中国家，也应该积极呼吁促进环境问题的合作，谈判磋商，南北合作，互信互利。

参考文献

[1]万霞.“后京都时代”与“共同而有区别的责任”原则[J].外交评论，2006(2).

[2]张忠潮，白宏兵.《京都议定书》对中国经济社会发展的启示[J].西北农林科技大学学报（社会科学版），2006(4).

[3]全球变化与经济发展项目课题组.美国温室气体减排新方案及其影响[J].世界经济与政治，2002(8).

专题九：赫尔辛基委员会框架下的波罗的海环境治理

位于欧洲北部的波罗的海由于地理环境条件特殊，海洋生态环境相对脆弱，在20世纪中叶时曾一度污染严重。面对当时严峻的环境形势，波罗的海沿岸各国签订了《赫尔辛基公约》，并成立跨国区域海洋污染治理组织——赫尔辛基委员会。经过委员会数十年的环境治理，波罗的海成功摘掉了"世界上污染最严重的海域"这顶帽子，转而成为世界上"人类研究最透彻的海域"。海洋环境的逐步改善，生态状况的恢复，使波罗的海治理成为世界上海洋污染治理的典范。

一、案例背景

（一）波罗的海的地理环境特点

波罗的海是位于中欧与北欧各国之间的内海，具体的经纬度范围为：东经10° 到30° ，北纬53° 至66° 。波罗的海的海域面积约为377 000平方千米，平均深度为55米，海岸线总长度约为8 000千米。[①]波罗的海有九个沿岸国家，分别是：丹麦、德国、波兰、俄罗斯、立陶宛、拉脱维亚、爱沙尼亚、芬兰和瑞典。

波罗的海主要有两大地理环境特点。其一，波罗的海海域形状封闭，它被斯堪的纳维亚半岛、欧洲大陆和丹麦群岛所包围。其东面被欧洲大陆所阻挡，自北向南分别形成波的尼亚湾、芬兰湾和里加湾三个海湾；只有其西面通过在日德兰半岛以北的卡特加特海峡才与外海（白海）相通。其二，波罗的海海水盐度很低，平均盐度约在6‰～8‰之间，远低于一般海洋的平均盐度（35‰），[②]是世界上盐度最低的海域。之所以如此，主要归因于三点：第一，波罗的海深度很浅，流域内注入河流众多（最主要的有奥得河、维斯瓦河、尼曼河、道加瓦河和涅瓦河），整个海域终年降水充沛；第二，海域整体处于高纬度地区，年日照时间短日照强度小，导致海水蒸发度很小；第三，海域形状封闭，从海域西部流入的海水得以在中东部海域内被不断稀释。

除以上两点外，波罗的海还与世界上其他高纬度海域一样，其海域北部每年会有较长的封冻期。其中，芬兰湾海域的海冰通常在每年四月至五月间融化；而波的尼亚湾的部分海域，海冰到五月底才会完全融化。[③]

---

① 维基百科波罗的海英文条目，http://en.wikipedia.org/wiki/Baltic_Sea.
② 同上，http://en.wikipedia.org/wiki/Baltic_Sea#Salinity.
③ 同上，http://en.wikipedia.org/wiki/Baltic_Sea#Sea_ice.

（二）波罗的海的环境问题

由于具有种种特殊的地理环境特点，波罗的海的海洋环境和生态系统都非常脆弱。然而遗憾的是，人们未能及早深刻认识到这一点；出于多种原因，波罗的海曾一度是世界上环境问题最严重的海域之一。

1. 环境问题成因

（1）政治军事成因

自19世纪以来，波罗的海海域内爆发过多次战争；海战带来的大量武器船舰残骸，对海域环境产生负面影响。二战结束后，波罗的海很快成为美苏两大阵营在欧洲的对阵前沿，“铁幕”无形地把这片海域划成了东西两半。在双方剑拔弩张的冷战期间，苏联、英国和美国都曾经把波罗的海当作处理各自化学武器的地点，①这些含有剧毒物的武器沉入海底，给海洋环境带来巨大破坏，而且遗毒至今：2005年在波罗的海打捞出的化学武器物质虽然比2003年有所减少，但仍然有105千克之多。②

（2）经济活动成因

波罗的海流域内的各种人为经济活动是导致海洋污染发生的主因，这些经济活动又可以大致分为陆地活动和海洋活动两种。

陆地经济活动包括一切工农业活动。自19世纪工业革命以来，波罗的海沿岸各国先后都建立了高度发展的工业化体系，而工业生产带来的污染物也都直接或间接地排入海洋中。随着工业化水平的提高，农业生产中使用的大量化肥和营养剂随着密布交错的灌溉系统排入海洋；沿岸居民排出的生活废水，也在未经处理的情况下流入海中。除此之外，城市汽车和工业上燃料燃烧排出的废气，也能通过大气降水过程把大量含氮物质带入到海水之中。

海洋经济活动在这里主要指海洋运输活动。波罗的海自古就是沟通欧洲东西部的重要航道，客货运船只来往繁忙。但自从石油成为运输船只的主要驱动燃料以来，航行过程中可能发生的燃料（原油）泄漏便会给海洋生态环境带来严重威胁。

2. 环境问题的表现及其后果

出于上述两大原因，波罗的海的环境问题主要表现在两个方面。

第一，有害物质（hazardous substances）对海洋环境的污染。有害物质一般被界定为“有毒的、在生物体内具有持久性和累积效应毒性的物质；具有致癌

---

① Chemical Weapon Time Bomb Ticks in the Baltic Sea, Deutsche Welle, 1 February 2008. http://www.dw.de/chemical-weapon-time-bomb-ticks-in-the-baltic-sea/a-3102728-1.

② Activities 2006: Overview Baltic Sea Environment Proceedings No. 112. pp41, Helsinki Commission.

性、导致基因突变性和毒素遗传性等同级别危害性的物质”。[①]具体到波罗的海的情况，这些有害物质主要包括超量存在的金属，如镉、铅、铜、汞、锌等；以及人工制造的有机化合物，如PCB（多氯联苯，主要在工业上用于绝缘和润滑）和DDT（双对氯苯基三氯乙烷，农业中曾广泛使用的杀虫剂）等。这些有害物质中，一些沉积在海底，但更多的通过不同途径沉积在海洋生物的体内；从而使波罗的海的渔业受到严重打击，并直接造成了某些海洋物种的数量减少甚至灭绝。

第二，海水富营养化（eutrophication）。这主要是由于人们在经济活动中向海洋排放含有氮、磷元素的生活和农业废水所造成的。由于自然地理条件的限制，波罗的海的海水原本是贫营养化的；但随着氮磷营养物在海水中浓度的增高，使有机微生物过量生长，它们的生存与死亡后的分解，都会消耗海水中的含氧量，久而久之使波罗的海海底出现了“氧耗竭”现象。这导致包括鱼类在内的大量海底生物无法生存，严重破坏了海洋生态系统和海洋食物链。富营养化造成了“死寂的海底”，在海面则带来了藻类的年度爆发和浮游生物的大量聚集。由于威胁到整个海洋的生态系统，富营养化可以说是波罗的海面临的最严重的环境问题。

二、赫尔辛基委员会对波罗的海环境问题的治理

（一）赫尔辛基委员会简介

1. 委员会的成立

波罗的海的环境问题，在二战结束以后变得日益严重。这主要与战后波罗的海沿岸各大城市的迅猛发展有关：据统计，1945年后的四十年内，赫尔辛基、斯德哥尔摩、圣彼得堡（苏联时称列宁格勒）、里加、塔林等沿岸城市及其郊区人口增长了四到七倍。[②]由此带来的经济活动扩张导致排污量不断上升，波罗的海的有害物质含量与富营养化程度不断加剧：海底沉积物的铅、铜、汞、锌、镉含量自20世纪50年代起就不断上升，到1980年纷纷达到历史最高值；海水中氮、磷浓度也在不断增加，1980年两者的浓度分别为1950年水平的两倍和三倍。[③]

波罗的海沿岸各国的科学界人士和民众对日益严峻的海洋环境开始表达

---

① What are hazardous substances? Baltic Sea Action Group (BASG). http://www.bsag.fi/en/focus_areas/Hazardous Substances/Pages/What-are-hazardous-substances.aspx.

② Ain Lääne, Protection of the Baltic Sea: The Role of the Baltic Marine Environment Protection Commission, Ambio Vol. 30 No.4~5 August 2001.

③ Bengt-Owe Jansson, Kristina Dahlberg, The Environmental Status of the Baltic Sea in the 1940’s, Today, and in the Future, Ambio Vol. 28 No.4 June 1996.

强烈关切；作为回应，1974年3月22日，丹麦、联邦德国、民主德国、波兰、苏联、芬兰和瑞典七国签署了《波罗的海海洋环境保护公约（Convention on the Protection of the Marine Environment of the Baltic Sea Area）》。由于公约签署地在芬兰首都赫尔辛基，故又称《赫尔辛基公约》；而作为公约执行主体的"波罗的海海洋环境保护委员会（Baltic Marine Environment Protection Commission）"也随之成立，根据所在地简称为"赫尔辛基委员会（Helsinki Commission，HELCOM）"。

2. 委员会的组织与运行

（1）组织架构

赫尔辛基委员会（以下均简称为"委员会"）总部设在赫尔辛基，性质为政府间国际组织。委员会以《赫尔辛基公约》为依托，目前缔约国有丹麦、德国、波兰、俄罗斯、立陶宛、拉脱维亚、爱沙尼亚、芬兰和瑞典，欧盟也是缔约方之一。①委员会进行投票时，各缔约国一国一票；欧盟的票数等于其加入委员会成员国的数量，因此不与缔约国同时投票。②委员会的工作语言为英语。

委员会采取主席国轮换制，各缔约方每两年派代表轮值委员会主席。轮值主席期间，主席会以本国名义向委员会提交"优先考虑事项（priorities）"；现任主席国丹麦提出了三点，分别是"有效履行'波罗的海行动计划'"、"为健康的波罗的海而更加努力"和"更为活力有效的委员会合作"。③

委员会的日常办公机构是秘书处（Secretariat），由委员会会议、代表团长（Heads of Delegation）和六个工作组组成。代表团即各缔约方派驻委员会的机构，其团长通常由该国环保部门官员担任。工作组的工作内容则涉及生态环保、陆源污染、海洋治理、环境监测与应急响应；作为对这六个工作组的补充，委员会还主办了有关渔业和农业方面的两个论坛。④秘书处设一位秘书长（Executive Secretary）总理事务，其下还有若干助理和信息、行政秘书。

（2）运行机制

委员会会议和代表团长会议是委员会进行决策、发布宣言的重要机制。根据《赫尔辛基委员会议事规则》规定：委员会的定期会议（regular meeting）每年至少举行一次，其中各缔约国环境部长参加的部长级会议（ministerial meeting）要至少三年举行一次；与定期会议相对应的还有委员会临时会议

---

① Observers, The Official Website of Helsinki Commission, http://www.helcom.fi/helcom/observers/en_GB/observers.

② Rule 8 Voting, Rules of Procedure of the Helsinki Commission, The Official Website of Helsinki Commission, http://www.helcom.fi/helcom/rules/en_GB/procedure.

③ Chair of HELCOM - Overall priorities of the Danish Chairmanship of HELCOM, The Official Website of Helsinki Commission, http://www.helcom.fi/helcom/chair/en_GB/Chairman.

④ Working Groups of HELCOM, The Official Website of Helsinki Commission, http://www.helcom.fi/groups/en_GB/groups/

（extraordinary meeting），取决于缔约方的需求而随时召开。委员会主席负责召集、主持并全程出席这两种会议；委员会秘书长则负责向所有缔约方和观察员发送会议邀请。一般情况下，委员会会议不公开举行。[①]

在委员会会议层面下的代表团长会议，则承担了更多实际具体的任务：监督委员会政策的执行；制定政策并向委员会提出策略建议；在项目发展和管理方面为秘书长提供指导和支持，并完成委员会可能布置的其他任务。代表团长会议通常一年召开两次，由主席召集、主持并全程出席；会议向所有委员会的观察员开放。代表团长在会议上还可就委员会的财政、机构和组织等方面的具体事务进行决议。另外，代表团长还可根据委员会职能需求，组建一些涉及缔约方专业知识的附属机构（subsidiary bodies），并允许它们派代表参加会议。[②]

当委员会不召开会议时，六个工作组根据各自涉及的领域分别开展工作。它们在执行委员会已经通过的政策与决议的同时，也会开展调研、发现问题，继而形成议题提交给代表团长会议，作为会议的讨论内容。代表团长会议结束时，会根据这些工作组提交议题，在缔约方投票后形成若干决议，以“建议（recommendation）”形式发表。这些建议应通过各缔约国的国内立法执行；跟踪考察建议的执行程度，是委员会的重要工作之一。除委员会建议外，在召开部长级的委员会会议后还会发表部长宣言（ministerial declaration），这也是委员会对缔约国有约束力的重要文件。自委员会成立至今，已经发布了九篇部长宣言[③]；委员会也会对这些宣言的履行程度加以考察跟踪。

综上所述，委员会以六个工作组为基础，通过两个会议的平台，将治理意见形成对缔约方具有约束力的文件付诸施行；同时，追踪并评价缔约方对这些文件内容的执行情况；由此发挥自身对波罗的海环境治理的影响。

（二）赫尔辛基委员会的治理举措

1. 委员会的重要治理文件

（1）《赫尔辛基公约》

《赫尔辛基公约》（以下简称“公约”）无疑是委员会最重要的文件，委员会本身就是公约订立后的产物。要了解委员会对波罗的海环境问题的治理，首先就要从公约内容入手。

公约订立于1974年3月，于1980年5月3日正式生效。具体来看，1974年公约

① Rule 3 Meetings of the Commission, Rules of Procedure of the Helsinki Commission, The Official Website of Helsinki Commission, http://www.helcom.fi/helcom/rules/en_GB/procedure.

② Rule 4 Meetings of Heads of Delegation, Rules of Procedure of the Helsinki Commission, The Official Website of Helsinki Commission, http://www.helcom.fi/helcom/rules/en_GB/procedure.

③ Ministerial Declarations, The Official Website of Helsinki Commission, http://www.helcom.fi/ministerial_declarations/en_GB/declarations/

的第1、2条是对适用海域范围和相关涉及名词的界定；第3、4条是关于缔约国的基本义务和公约的应用；第5～11条具体从不同方面约束对波罗的海环境造成污染的行为；第12～16条是关于委员会组织与职能的内容；第17～19条讨论缔约国的损害责任、争议解决和海权自由；第20～25条对公约的附录、修改与保留内容作了介绍和规定；第26～28条关于公约的签署与效力；第29条规定委员会的工作语言为英语。除此以外还有六篇附录作为公约正文的补充，详细规定了缔约国在防治波罗的海污染问题上的作为。①

1992年，委员会在赫尔辛基召开了第四次部长级会议；这次会议确定了政治变动后的缔约国身份（两德合并，波罗的海三国与俄罗斯独立），对1974年公约进行了重要修改，并规定新版公约于2000年1月17日正式生效。1992年公约提出了缔约方应遵守的两大原则——预防原则（precautionary principle）和污染者付费（polluter-pays principle）；并且提出了两种重要治理思路：最佳环境实践（Best Environmental Practice，BEP）和最佳现有技术（Best Available Technology，BAT）。把这些内容放在公约“基本原则和义务”条目中细述，无疑是在强调它们对于新公约的重要性。②

1992年公约提出的两大原则，表明委员会的关注焦点已经由成立之初对环境问题单纯的“事后治理”转向了更为长远的“事前防范”；而且对污染责任加以界定，确立惩罚机制，提高污染成本从而对此加以遏制。这些变动都说明委员会对波罗的海的治理已取得一定成果，治理开始向更深层次、更高标准进行。

与两大原则相对应的两大治理思路，则标志着委员会对污染控制理念的重大变化。根据1992年公约附录二的内容，“最佳环境实践”被界定为“对最适当一组措施的应用”，这些措施包括对公众进行环境后果教育、建立有效的收集和处理系统、节约包括能源在内的原料、避免使用有害物质和产品、不产生有害废物等；“最佳技术应用”则定义为“操作方法或设备最新的发展（工艺水平）阶段，对限制排污的措施有实际的适用性”。如此，“最佳环境实践”与预防原则相互配合，将“保护环境为先”的意识渗透到生产和公众生活之中；“最佳技术应用”则将环境保护与技术提高相结合，既在源头上控制排污，又能促进技术的创新与发展，可谓一举两得。新公约还在附录二中规定，两大治理思路“将随着时间推移、技术进步、社会经济因素、科学知识与理解的变化而变动”，完全做到放眼未来，与时俱进；确保委员会在将来继续有效

① Convention on the Protection of the Marine Environment of the Baltic Sea Area, 1974, Baltic Marine Environment Protection Commission (Helsinki Commission), December, 1993.

② Convention on the Protection of the Marine Environment of the Baltic Sea Area, 1992, Baltic Marine Environment Protection Commission (Helsinki Commission), November, 2008, pp3～4.

推进波罗的海的环境治理。

（2）《波罗的海行动计划》

《波罗的海行动计划（HELCOM Baltic Sea Action Plan）》（以下简称“行动计划”）是委员会制定出台的一项重要环境战略；它于2007年11月15日，在波兰克拉科夫召开的委员会部长级会议上正式出台。行动计划的终极目标是：在2021年恢复波罗的海良好的生态状况；为实现这一点，委员会将继续发挥其在海洋环境保护方面的领导作用，将最新的科学技术和创新管理融入策略执行中，促进波罗的海沿岸各国进行更为密切的多边合作。[①]关于具体的环境问题治理，行动计划主要谈到以下四个方面。

第一，关于富营养化的治理。行动计划提出了其治理目标：营养物聚集恢复到接近正常水平；海水水体清澈；藻类和海水含氧量恢复自然水平；海域动植物分布与数量恢复正常。作为治理行动的重要依据，委员会根据各国以往情况，统计出实现行动计划目标的年度氮磷减排量（氮为13.5万吨，磷约为1.5万吨）[②]。行动计划规定缔约国应采取三点行动：到2010年制定出各自实现减排的国家项目；实施各项具体的废水处理举措（如将除磷率从80%提高到90%）；实施能大量减少农业（包括耕种和施肥过程）排放的举措。[③]最后，行动计划还鼓励缔约国之间、与其他波罗的海流域内国家之间进行双边或多边合作项目，推进营养物减排目标实现。

第二，关于有害物质污染的治理。行动计划对此的治理目标是：使有害物质聚集降到接近自然水平、确保波罗的海鱼类可以安全食用、保护野生动物健康、使海域辐射度达到切尔诺贝利事件前水平。[④]委员会锁定九种有机有害物和两种重金属（汞、镉）[⑤]，缔约国应开展处理这些有害物质的国家项目，在工业和其他部门中限制对它们的使用，寻找有害程度较低的物质进行替代。行动计划还要求缔约国对这些有害物的污染机制、污染源头和生态影响进行深入探究，以便为进一步治理提供基础信息。

第三，关于生物多样性的保护。行动计划把委员会的生态多样性目标归结为三方面：自然的海洋与沿岸风景、繁盛而平衡的动植物种群、可承载的物种群数量。[⑥]对此采取的治理行动也主要有三点：做好海洋空间规划；制定濒危物种及

① Introduction to the HELCOM Baltic Sea Action Plan, The Official Website of Helsinki Commission, http://www.helcom.fi/BSAP/en_GB/intro.

② HELCOM Baltic Sea Action Plan, HELCOM Ministerial Meeting, Krakow, Poland, 15th Nov. 2007, pp8.

③ Towards a Baltic Sea unaffected by eutrophication, The Official Website of Helsinki Commission, http://www.helcom.fi/BSAP/ActionPlan/en_GB/SegmentSummary.

④ Towards a Baltic Sea undisturbed by hazardous substances, The Official Website of Helsinki Commission, http://www.helcom.fi/BSAP/ActionPlan/en_GB/SegmentSummary.

⑤ HELCOM Baltic Sea Action Plan, pp77.

⑥ HELCOM Baltic Sea Action Plan, pp18.

其栖息地的长期管理计划；推进相关研究，填补阻碍进一步行动的信息缺口。①

第四，关于环保的航行活动。航运过程带来的原油泄漏、废水废气排放和外来物种入侵，也给波罗的海的环境带来严重隐患。鉴于此，行动计划强调安全航行的重要性，缔约国应致力于减少航运事故的发生，同时加强应对海洋突发事故的能力。另外，缔约国通过加入国际海事组织（International Maritime Organization，IMO）来限制航运过程中的排污行为。②

从以上四方面内容可以看出，行动计划将波罗的海的生态恢复作为终极治理目标。行动计划出台前，委员会主要针对污染事件本身开展治理；行动计划摒弃了这种“头疼医头，脚疼医脚”的治理方式，它适时引入“生态环境整体保护”的概念，使人们能够抓住环境问题之间的联系，进而拓宽治理思路、推进治理举措得到进一步实施。另外，行动计划还是委员会成立以来对治理参与主体定义最广泛的一份治理文件，所有与波罗的海生态环境相关的主体，不论是各缔约国政府及其国家产业、相关非政府组织还是缔约国的每位公民，都是行动计划的参与主体。无疑，这样有利于普及、深化海洋环境的治理保护观念。

2. 委员会缔约国的执行情况

赫尔辛基公约的缔约方是委员会治理波罗的海最重要的行为主体。除欧盟外，委员会的九个缔约国都在各自国内层面执行各项治理举措。对委员会而言，治理目标的实现很大程度上取决于各缔约国能否尽责履约、执行决议，能否相互合作、团结一致。观察缔约国的执行情况，也是了解委员会治理机制一个不可或缺的重要方面。

委员会的九个缔约国之间在不同方面各有差异。就地理意义上而言，有中欧国家、北欧国家和东欧国家；就国际地位而言，即有德国和俄罗斯这样具有欧洲甚至世界影响力的国家，也有如波罗的海三国这样的区域小国；就国家经济水平而言，九缔约国目前在人均GDP等指标方面都属于发达国家，但从西向东依然存在经济水平差异，东欧转型国家的经济水平要低于德国和北欧三国。另外，缔约国目前只有俄罗斯不是欧盟国家，其他都已经是欧盟成员国。下面，笔者就参考上述差异，从九缔约国中选择三个国家，来观察它们对委员会治理文本和决议的执行情况。

（1）瑞典

在各缔约国中，瑞典拥有最长的波罗的海海岸线，其所属波罗的海海域面

① Towards favourable conservations status of Baltic Sea biodiversity, The Official Website of Helsinki Commission, http://www.helcom.fi/BSAP/ActionPlan/en_GB/SegmentSummary.

② Towards a Baltic Sea with environmentally friendly maritime activities, The Official Website of Helsinki Commission, http://www.helcom.fi/BSAP/ActionPlan/en_GB/SegmentSummary.

积也是缔约国中最大的；瑞典近90%的人口、大部分工业和行政中心都分布在波罗的海沿岸100千米范围之内[①]，尤其是海岸线一带。由此，瑞典政府十分重视参与对波罗的海的环境治理，把委员会视为一个重要的区域合作平台，积极推动委员会的工作，致力于强化委员会作为区域海洋环境保护的重要角色。

行动计划出台后，作为回应，瑞典于2009年7月开始准备出台本国的执行计划；瑞典国会则出台过十六项“环境质量目标”，其中有提到“一个平衡的海洋环境，生机勃发的沿岸区域与群岛，无富营养化且无毒害的环境”[②]等有关海洋环境保护的目标。这些目标已经很好地体现在瑞典的国家环境政策中，由地方政府和相关机构遵守执行。

在富营养化治理方面，瑞典采取了以下措施。第一，加强对城市废水的处理，使处理过程中的除磷、氮率达到更高的预定目标。第二，从家庭排放入手，在国内禁止销售含磷的衣物和餐具洗涤剂。第三，在农业方面出台具体规定，在规模和时间上严格限制粪肥和化肥的使用，以减少氮排放。第四，出台《农村发展项目（2007～2013）》，保护水源质量，提高土地使用效率，防止耕地土壤营养成分的氮磷流失。[③]瑞典根据委员会行动计划提出，在2021年前实现氮磷分别减排20 800吨和290吨。[④]而此前瑞典已经在氮磷减排上取得了良好成效：1995～2006年，瑞典各部门的氮磷减排总量分别为11 600吨和220吨；实现了除家庭排放和大气排放以外所有部门氮磷排放的下降。[⑤]

在有害物质污染治理方面，瑞典要领先于其他缔约国，公约和委员会有关有害物质的建议大都是由瑞典和德国率先提出、推动的。早在20世纪70年代末，瑞典就开始施行化学品登记制度，[⑥]不论是进口还是瑞典本国生产的化学品，都要通过登记来获取相关信息，以便于管理监督。瑞典还在欧盟和本国层面积极推动有害物质的禁用，例如禁止在国内销售每吨含镉不低于100克的化肥，全面禁止除欧盟规定以外汞的使用。[⑦]

在生态多样性保护方面，瑞典政府把它视作治理波罗的海的优先考虑方面。根据行动计划要求，瑞典将成立一个全新机构来负责制定到2021年全国的海洋生态恢复计划。瑞典渔业局则于2009～2011年开展了详细调查，对瑞典境内适宜波罗的海鲑鱼、鳟鱼和鳗鱼生存的河流进行分类调研，对这些鱼群的迁

① Proposal for Sweden's National Implementation Plan for the Baltic Sea Action Plan, Government Offices of Sweden, May 2010, pp6.

② Proposal for Sweden's National Implementation Plan for the Baltic Sea Action Plan, pp9.

③ Proposal for Sweden's National Implementation Plan for the Baltic Sea Action Plan, pp13～15.

④ Proposal for Sweden's National Implementation Plan for the Baltic Sea Action Plan, pp11.

⑤ Proposal for Sweden's National Implementation Plan for the Baltic Sea Action Plan, pp11, pp12.

⑥ Proposal for Sweden's National Implementation Plan for the Baltic Sea Action Plan, pp16.

⑦ Proposal for Sweden's National Implementation Plan for the Baltic Sea Action Plan, pp17.

移产卵行为进行研究。[①]2010年12月，瑞典交通局奉政府之命对是否禁止在特定海域更换船只压载水进行调研，同时对依附于船只底部的生物进行研究，以防止外来物种入侵。[②]

瑞典政府也采取各种措施，防止航运活动对海洋环境产生污染。瑞典政府于2003年批准相关国际公约，禁止在船只底部的防蚀涂料中加入有机含锡成分；并严格限制船只对硫氧化物和氮氧化物的排放。[③]2009年12月，瑞典交通局出台一项禁令：禁止游乐船只排污，同时加强游乐港口的接待设施建设。[④]在防止海洋原油泄漏事故方面，瑞典海岸警卫队参与执行了委员会关于“加强次区域（海洋污染事故）相应机制合作”的建议28E/12；而瑞典国民偶发事故局则与沿岸地方政府合作，为地方、国家以及区域层面的事故相应行动提供培训。[⑤]

瑞典除了在本国范围内认真履行公约、治理海洋环境；还充分发挥自身在治理经验和技术上的优势，积极帮助其他区域内国家的海洋环境治理。20世纪90年代初，瑞典对刚获得独立的波罗的海三国进行了环境援助：大力支持了这三国的污水处理设施建设、减少了集中源污染排放、并加强了核设施安全保障。[⑥]

（2）俄罗斯

俄罗斯涉及波罗的海流域的地区集中在全俄人口最密集、经济最发达的西北联邦区，以及与波兰接壤的加里宁格勒飞地；涉及海域主要是涅瓦河口的芬兰湾和加里宁格勒西面的波罗的海中心区。尽管所涉流域和海域不大，俄罗斯联邦政府也十分重视对波罗的海环境的保护治理。俄罗斯自然资源与环境部是负责治理的主要政府部门，其于2010年编写的《俄联邦关于波罗的海生态系统修复与恢复的国家项目（战略）》文件（以下简称为“项目书”），详述了俄联邦政府治理波罗的海的现状、举措和预期目标。

关于富养化治理，项目书主要谈及城市废水处理、农业和洗涤剂三方面。

目前，俄罗斯在波罗的海流域内城市的废水处理情况并不乐观：管线老化陈旧、处理技术不高、处理效率低下等问题普遍存在。在西北联邦区最大城市，也是波罗的海沿岸大城市之一的圣彼得堡，长达1 300千米的废水处理系统状态不佳，2008年该市每天未经处理就直接排入水体的废水多达268 000立方米。[⑦]对此，圣彼得堡市在2008年进行了城市下水管线延长工程，使该市北部的

① Proposal for Sweden's National Implementation Plan for the Baltic Sea Action Plan, pp19.
② Proposal for Sweden's National Implementation Plan for the Baltic Sea Action Plan, pp20.
③ Proposal for Sweden's National Implementation Plan for the Baltic Sea Action Plan, pp23.
④ Proposal for Sweden's National Implementation Plan for the Baltic Sea Action Plan, pp24.
⑤ Proposal for Sweden's National Implementation Plan for the Baltic Sea Action Plan, pp25.
⑥ Björn Hassler, Foreign Assistance as a Policy Instrument: Swedish Environmental Support to the Baltic States, 1991~96, Cooperation and Conflict, Vol. 37(1), 2002, pp25.
⑦ National Program for the Rehabilitation and Recovery of the Baltic Sea Ecosystem (Strategy), Ministry of Natural Resources and Environment of the Russian Federation, 2010, pp5.

废水能进入处理系统中；一年后，管线延长了222千米，使圣彼得堡的废水处理率提高到了90.7%。[①]项目书对此提出了三项未来治理目标：第一，翻新流域内所有城市废水处理系统；第二，新建符合委员会以及俄联邦环境法要求的废水处理网络；第三，停止未经处理的废水直排活动。[②]

在农业方面，俄罗斯有超过六百家主要的农业企业设在这一地区，其蓄养的牲畜与禽类的粪便使38 000吨氮和20 000吨磷直接排入到流域环境中[③]；与此同时，牲畜饲养的密集化更加剧了这一问题。另外，化肥的使用导致该地区土壤中氮磷含量较高，而雨水的冲刷则把这些富营养物质带入了河流水体中。项目书对此提出：建设农业牲畜粪便处理设施，并将公约中倡导的“最佳环境实践”在俄罗斯农业部门中法律化、行政化。[④]

含磷洗涤剂的使用也是富营养物排放的一个重要来源。目前，俄罗斯的洗涤剂总产量约为120万吨，在磷含量低于7%的水平下，仍有2000吨磷随城市废水排入波罗的海流域内地区。对此，项目书建议，在将来出台对含磷酸盐洗涤剂的禁令，以实现每年减排2000吨磷排放的目标。[⑤]

在有害物质治理方面，俄罗斯主要面临三大问题。第一大问题是关于工业废料填埋场的问题：圣彼得堡东南郊的克拉斯尼・波尔填埋场就是著名一例，它被委员会列入“第23号治理热点”[⑥]；四十多年来，多达60万吨的工业废料在此堆积，其中包括汞、镉、铬、铅、多氯苯、酚类和芳香烃类等有害物质，对流域内涅瓦河与芬兰湾的环境造成巨大威胁。项目书对此的处理态度十分明确：关闭这些被列为治理热点的填埋场，同时在此建立废料处理设施，恢复因进行废物填埋而被污染的土地和水体。[⑦]第二大问题是对废弃杀虫剂的处理。这些过期的杀虫剂含有大量被禁用的有机氯物质，而贮存它们的场所条件又很差，一旦发生泄漏，后果不堪设想。项目书在要求关闭这些贮存点的同时，也提议将这些有害杀虫剂进行毒性分级，最终做无害化填埋处理。[⑧]第三大问题是关于本地区的辐射与核设施安全。作为当今世界上的核大国，俄罗斯在流域内的西北联邦区建立了多座核电站。这些核电站的运行安全与核废料的处理，都给整个区域环境带来潜在的辐射污染隐患。项目书认为可以在整个西北联邦区

---

① National Program for the Rehabilitation and Recovery of the Baltic Sea Ecosystem (Strategy), pp5.
② National Program for the Rehabilitation and Recovery of the Baltic Sea Ecosystem (Strategy), pp22.
③ National Program for the Rehabilitation and Recovery of the Baltic Sea Ecosystem (Strategy), pp8.
④ National Program for the Rehabilitation and Recovery of the Baltic Sea Ecosystem (Strategy), pp22.
⑤ National Program for the Rehabilitation and Recovery of the Baltic Sea Ecosystem (Strategy), pp9.
⑥ Hazardous waste water treatment and hazardous waste landfills in Russia, The official website of Baltic Sea Action Group, http://www.bsag.fi/en/focus_areas/HazardousSubstances/Pages/default.aspx.
⑦ National Program for the Rehabilitation and Recovery of the Baltic Sea Ecosystem (Strategy), pp11.
⑧ National Program for the Rehabilitation and Recovery of the Baltic Sea Ecosystem (Strategy), pp22.

建立一个辐射——生态安全系统[①]，以对这一地区的辐射水平加以严格监控，防止其对生态环境产生负面影响。

最后，项目书特意提到公众对波罗的海保护的意识和俄罗斯生态教育方面的状况。由于委员会网站及其相关资料、宣传册和出版物都使用英语，再加上委员会活动只牵涉政府官员和相关专家，导致俄罗斯普通民众对委员会活动和公约内容的认知程度十分低下。对此，俄罗斯联邦相关部门决定在这方面下大力气弥补，项目书提出了几项具体措施：第一，在俄每年举办的国际环境论坛“波罗的海日”期间，大力向公众宣传关于波罗的海生态近况以及委员会治理的信息；第二，定期将委员会的决议、网站信息和出版物等资料翻译成俄语，加以推广；第三，在地区电视和广播网络制作有关波罗的海环境问题的节目；第四，对圣彼得堡的高中和职业学校学生开展环境安全和自然保护方面的教育。[②]

（3）拉脱维亚

拉脱维亚500千米长的波罗的海海岸线大致可分为东西两部分：西段面向波罗的海中心区域，东段是呈U型的里加湾。由于有河流注入（道加瓦河），并且沿岸是首都里加所在的经济最发达地区，拉脱维亚政府把本国治理的更多精力放在里加湾区域。为进一步治理海洋环境，拉脱维亚内阁要求该国环境部将委员会行动计划的相关目标并入《拉脱维亚国家环境政策战略（2009~2015）》中，作为其海洋环境治理的纲领性文件。

拉脱维亚把治理方向集中在富营养化和有害物质两方面。为完成行动计划的减排目标，拉脱维亚要在2021年前减少2560吨氮和300吨磷的排放量。[③]在开展治理行动前，拉脱维亚在2008到2010年间先开展了四项研究评估项目，涉及废水处理、硝酸盐物质监测与气候变化对水体的影响。[④]在治理富营养化的具体措施上，拉脱维亚根据委员会行动计划，采取了和其他缔约国相似的行动，如：加强废水处理设施功能、禁止销售含磷洗涤剂、减少农业营养物排放、减少氮氧化物的排放。但拉脱维亚还采取了两项与他国不同的治理措施：第一，在治理营养物水体排放时，关注跨境排放问题；由于拉脱维亚处于流域下游，许多注入里加湾的河流上游位于其他国家（如发源于白俄罗斯的道加瓦河）；因此拉脱维亚要和这些不是公约缔约国的上游国家达成双边或多边协议，从源头减排营养物。[⑤]第二，拉脱维亚政府将1992年公约附录三《关于防止陆源污染

① National Program for the Rehabilitation and Recovery of the Baltic Sea Ecosystem (Strategy), pp22.
② National Program for the Rehabilitation and Recovery of the Baltic Sea Ecosystem (Strategy), pp25.
③ Implementation of HELCOM Baltic Sea Action Plan in Latvia, Ministry of the Environment of the Republic of Latvia, May 2010, pp5.
④ Implementation of HELCOM Baltic Sea Action Plan in Latvia, pp6.
⑤ Implementation of HELCOM Baltic Sea Action Plan in Latvia, pp7.

的标准与措施》写入本国环境立法。[①]

在有害物质治理方面，拉脱维亚在委员会、欧盟和国际层面下签署了多项公约；其中，拉脱维亚内阁于2005年3月批准了该国对《斯德哥尔摩公约（关于持久性有机污染物）》的国家执行计划。[②]在遵守欧洲议会立法的基础上，拉脱维亚通过国内法规，防止镉、汞等重金属污染海洋环境；拉脱维亚一直对本国产的含汞灯具进行回收处理，这项政策已实施有二十余年。[③]拉脱维亚参加了委员会的海洋环境辐射性监测项目，还在国内发起了监测化学污染对海洋生态产生影响的科研项目。[④]

3. 委员会的对外宣传与信息共享

（1）委员会的出版物

委员会自成立之后就通过定期发行多种出版物的方式，向公众宣传介绍关于波罗的海及其环境状况方面的信息。这些出版物分为两类，第一类是被称作“波罗的海环境进程（Baltic Sea Environment Proceedings，BSEP）”的系列出版物，其中包括专业领域的科学报告、在委员会框架下的专题论文集和对委员会相关活动的年度回顾。[⑤]自1979年至今，该系列已经出版了近140份文件，其中绝大部分都可以在委员会网站上浏览下载其电子版本。[⑥]第二类出版物是委员会制作的关于波罗的海保护的影音资料，涉及波罗的海的生态教育、对波罗的海环境特点和问题的介绍以及委员会多年来的治理进展。[⑦]这些影音资料都可在委员会网站上下载观看收听。

除以上两类出版物外，委员会还出版一些关于具体治理问题方面的出版物，从1994年至今大约有30份文件，主要涉及波罗的海有害物质治理方面的报告。另外，委员会的新闻简报也定期在网站上发布，供大众浏览。

（2）委员会的网站

委员会的官方网站（www.helcom.fi）是委员会进行自我宣传和信息共享的重要途径。关于委员会和公约的绝大部分信息，都可在该网站上查询、浏览并下载。

在网站的首页上方列出了网站的主要内容板块。通过这些内容板块链接，人们可以浏览到以下信息：对委员会的介绍、委员会的联系方式和组织架构；两版公约的介绍和电子版下载；委员会成立至今的所有建议和历年会议内容的

① Implementation of HELCOM Baltic Sea Action Plan in Latvia, pp9.
② Implementation of HELCOM Baltic Sea Action Plan in Latvia, pp10.
③ Implementation of HELCOM Baltic Sea Action Plan in Latvia, pp11.
④ Implementation of HELCOM Baltic Sea Action Plan in Latvia, pp12.
⑤ HELCOM Publications, The Official Website of Helsinki Commission, http://www.helcom.fi/publications/en_GB/publications.
⑥ Baltic Sea Environment Proceedings, The Official Website of Helsinki Commission, http://www.helcom.fi/publications/bsep/en_GB/bseplist.
⑦ Audiovisual products, The Official Website of Helsinki Commission, http://www.helcom.fi/publications/audiovisual/en_GB/audiomaterial.

查询；行动计划相关内容查询；委员会各小组和项目的信息；委员会出版物和新闻的查询；委员会对波罗的海环境监测的数据、地图等信息。值得一提的是委员会网站提供的地图与数据信息，通过在网站提供的波罗的海区域地图上选择相关选项和工具，可以将委员会提供的数据库和地图相结合，直接明了地来查询相关信息。

（3）委员会的社交网站宣传

委员会在当前世界上最主流的两大社交网站Facebook和Twitter上分别开设账号，配合网站进行宣传。其中，委员会在Twitter上的账号@HELCOMInfo于2012年2月16日首次发推，至2013年10月1日该账号已经发布了160条推文。委员会的推文内容主要是就其网站新闻和相关会议、报告的最新动态进行链接发布，偶尔也会转推其他相关机构组织（如欧盟委员会和北欧环境金融集团）涉及波罗的海保护方面的消息。

（三）波罗的海污染治理成果

经过委员会和各缔约国数十年的治理，波罗的海的环境状况相比公约缔结时已经有了很大好转。接下来将通过数据来看具体改善情况。

1. 有害物质污染

委员会通过“污染率（contamination ratio）”来对波罗的海有害物质污染状况进行评价。污染率共分为五等水平：很好（high）、好（good）、中等（moderate）、差（poor）、很差（bad）；其中“很好”和“好”两个等级表明已经实现了有害物质的治理战略目标：“波罗的海已不再受到有害物质的影响”，剩下三个等级表明有害物质污染依旧不同程度地存在。[①]截止到2010年，整个波罗的海海域144个监测点中绝大部分都达到了“中等”有害物质水平；在日德兰半岛东北海岸、立陶宛西海岸、波的尼亚湾有共计七个监测点达到了“好”或“很好”水平；只有在日德兰半岛东南沿岸、德国北部沿岸和波罗的海中心海域出现了共计九个“很差”水平的监测点。[②]

据委员会统计，目前对波罗的海污染影响最大的五种有害物质分别是：PCB（多氯联苯）、铅、汞、铯137和DDT（双对氯苯基三氯乙烷）。而这五种有害物质的污染程度均实现了下降。

PCB类物质由于各缔约国采取各种减排措施，其在波罗的海不同海域海洋生物（如鲱鱼、鲈鱼和贻贝）体内的聚集量不断下降。2010年，PCB中的一种

① Hazardous Substances in the Baltic Sea – An integrated thematic assessment of hazardous substances in the Baltic Sea (BSEP No. 120B), Helsinki Commission, 2010, pp11.
② Hazardous Substances in the Baltic Sea (BSEP No. 120B), Figure 2.1, pp12.

同类物CB-153在波罗的海绝大部分海域的海洋生物体内的聚集量都小于每千克0.08毫克[①]；而从20世纪90年代到2005～2008年，CB-153在波罗的海九个取样点的海洋生物体内聚集量都呈显著下降趋势。[②]

汞和镉这两种重金属是波罗的海有害物质中的主要组成部分。到2010年，汞在波罗的海绝大部分海域监测点的贝类和鱼类体内的含量都低于2mg/kg，表明均可以安全食用[③]；除波的尼亚湾西北部、芬兰湾东部、瑞典南部和德国北部海岸，汞在波罗的海表面沉积物的聚集量均处于低水平（0.04mg/kg）。[④]相比之下，镉污染的治理成效要稍逊于汞：2010年镉在波罗的海不少监测点的贝类和鱼类体内含量还高于2mg/kg[⑤]；但从1997年开始，其在鱼类体内含量还是呈逐年下降趋势的。[⑥]

切尔诺贝利核泄漏事故发生后，波罗的海成为世界上铯137聚集量最高的海域[⑦]，由此放射性物质也是委员会有害物质治理的目标。从事故发生后的1986年到2006年，波罗的海海域九个取样点鲱鱼体内的铯137含量均呈下降趋势，其中卡特加特海峡、德国北部沿海、里加湾三个取样点的铯137含量已经恢复到事故前水平。[⑧]

2. 富营养化治理

经过委员会的治理，排入波罗的海的营养物从20世纪80年代末就开始下降；从1994年到2010年，波罗的海整体海域氮和磷的排放量分别下降了16%和18%；目前，营养物质的排放量已恢复到20世纪60年代初的水平。[⑨]

委员会主要使用两项指标来监测波罗的海的富营养物浓度：DIN（winter dissolved inorganic nitrogen，冬季无机氮溶量）和DIP（winter dissolved inorganic phosphorus，冬季无机磷溶量），其浓度用摩尔单位（mol）表示。2007～2011年，在波罗的海17个监测点中，绝大部分的DIN都呈下降或平稳趋势，只有芬兰湾监测点的DIN水平有所上升，且五年均值最高（8μmol/L）；西哥特兰海监测点的五年均值最低，不到3μmol/L；里加湾监测点达到了DIN均值目标。[⑩]同一时期同一批监测点中，DIP水平也只有芬兰湾监测点出现了上升，其他监测点都呈平稳或下降趋势；所有监测点的DIP五年均值最高都没有超过0.8μmol/L；

---

① Hazardous Substances in the Baltic Sea (BSEP No. 120B), Figure 2.8, pp22.
② Hazardous Substances in the Baltic Sea (BSEP No. 120B), Figure 2.9, pp23.
③ Hazardous Substances in the Baltic Sea (BSEP No. 120B), Figure 2.10, pp24.
④ Hazardous Substances in the Baltic Sea (BSEP No. 120B), Figure 2.12, pp26.
⑤ Hazardous Substances in the Baltic Sea (BSEP No. 120B), Figure 2.12, pp25.
⑥ Hazardous Substances in the Baltic Sea (BSEP No. 120B), Figure 2.14, pp27.
⑦ Hazardous Substances in the Baltic Sea (BSEP No. 120B), pp51.
⑧ Hazardous Substances in the Baltic Sea (BSEP No. 120B), Figure 2.35, pp53.
⑨ Eutrophication Status of the Baltic Sea 2007- 2011: A concise thematic assessment, Helsinki Commission, 2013, pp2.
⑩ Eutrophication Status of the Baltic Sea 2007- 2011, Figure 5, pp8.

波的尼亚湾等其他三个监测点达到了DIP均值目标，其中波的尼亚湾监测点的水平最低，约为0.05 μ mol/L。①

尽管治理取得了相当成效，但和有害物质治理相比，富营养化治理要经历一个更长的过程。到2011年，整个波罗的海海域只有波的尼亚湾北部海域达到了GES（Good Environment Status，良好环境状况）水平，其他海域仍处于富营养化的SubGES（次良好环境状况）水平。②不过，由于治理行动仍在积极进行当中，并且已有效地稳定住了富营养化的发展态势，相信到行动计划完成的2020年，波罗的海的富营养化状况一定会得到更大的改善。

三、案例评析

（一）跨国组织下成功的多国联合环境治理

多国联合参与是委员会治理波罗的海最显著的特色。这些波罗的海沿岸国家，通过缔结《赫尔辛基公约》而被联合到一起，在公约面前，在委员会内部，它们是地位完全平等的治理主体。每个缔约国向委员会派出国家代表，委员会内部各个机构的工作和负责人员也都来自于这些国家。在具体治理过程中，委员会的每个执行决议都是由各缔约国代表提出，经过全体代表讨论、审定而通过的，这样保证了各缔约国的平等参与，更强化了通过决议的合法性。

虽然在程序上保证了各缔约国的平等参与，可由于历史和技术等原因，在治理具体过程中依然存在着不平等。总的来说，波罗的海西岸各国不论在国力和技术上都要高于东岸各国。在前文中可以看到，如瑞典等西岸国家一方面积极在委员会内部推进治理的技术和计划制定，另一方面更慷慨地支援东岸国家（如波罗的海三国），与它们进行技术合作，改善它们的治理条件。而如俄罗斯等东岸国家充分意识到本国在治理上存在的不足与落后，在国内积极规划行动，争取赶上委员会的治理进程和要求。如此，保证了各缔约国治理行动上的共同推进。

（二）新技术的推广——从源头治理海洋污染

强调通过推广新技术，从源头上控制排污，是委员会治理思路的创新和优势。通过采用并推广“最佳环境实践”和“最佳现有技术”两项原则，将对波罗的海环境的治理在理念上提高了层次。

首先，“最佳环境实践”和“最佳现有技术”用于环境的治理与保护最早

① Eutrophication Status of the Baltic Sea 2007- 2011, Figure 6, pp9.
② Eutrophication Status of the Baltic Sea 2007- 2011, Figure 1, pp1.

出现于20世纪70年代的美、（西）德两国，可以说是人类正视并开始努力解决环境问题以来，世界上最发达国家在该领域的最新探索成果。委员会在20世纪80年代中后期引入这两个原则，使之成为世界上第一个以此为治理思路的国际环境组织，由此使波罗的海的环境治理有了一个相当高的起点。

其次，推行这两项治理原则，也将有利于一些缔约国的产业转型。波罗的海东岸国家在冷战结束前，其国家经济模式主要是苏联式的计划经济体制，高污染高能耗的重工业是这些国家的支柱产业。冷战结束后这些国家面对经济转轨、产业转型时，委员会推行的这两项治理原则可以作为积极的指导，使这些国家走上一条环境友好、高技术低能耗的新型发展之路。这样不仅有利于减轻波罗的海的环境污染，还为这些沿岸国家的未来发展起到了良好作用。

（三）相关资源信息的开放共享

委员会通过网站建设、信息共享、实时更新的电子数据地图使治理行为对公众完全开放，人们只要对波罗的海的环境状况感兴趣，都可以通过这些渠道查询到自己需要的信息。普通民众可以了解关于波罗的海及其环境问题的基本情况；学者和研究人员可以通过委员会提供的在线数据库和地图就自己关心的问题进行研究；媒体可以根据网站上各部门的联系方式对委员会进行采访报道，并可以监督委员会的运行和治理过程，由此完成了委员会与公众的双向互动。在这一互动过程中，委员会的工作得以更加顺利地进行，民众也更加了解、重视、甚至实际参与到波罗的海的治理行动中去。

委员会还倡导缔约国在各自国内做好对民众的宣传教育工作。如前文所提到俄罗斯项目书中提出在学校开设环境课程、在“波罗的海日”大力向民众进行宣传等建议，都体现了这一点。做好环境方面的教育工作，才能让环保理念深入人心。委员会不仅希望各缔约国做好民众的环保教育，还在自己的出版物和网站上编写发布相关内容。相信在委员会的不断努力下，公众会更加珍视波罗的海的环境，为进一步治理行动贡献属于自己的力量。

参考文献

[1]http://en.wikipedia.org，维基百科（英语）网站.

[2]http://www.dw.de，德国之声新闻网站.

[3]Activities 2006: Overview Baltic Sea Environment Proceedings No. 112.

Helsinki Commission.

[4]http://www.bsag.fi，波罗的海行动小组网站.

[5]http://www.helcom.fi，赫尔辛基委员会官方网站.

[6]Ain L・ne, Protection of the Baltic Sea: The Role of the Baltic Marine Environment Protection Commission, Ambio Vol. 30 No.4~5 August 2001.

[7]Bengt−Owe Jansson, Kristina Dahlberg, The Environmental Status of the Baltic Sea in the 1940' s, Today, and in the Future, Ambio Vol. 28 No.4 June 1996.

[8]Convention on the Protection of the Marine Environment of the Baltic Sea Area, 1974, Baltic Marine Environment Protection Commission (Helsinki Commission), December, 1993.

[9]Convention on the Protection of the Marine Environment of the Baltic Sea Area, 1992, Baltic Marine Environment Protection Commission (Helsinki Commission), November, 2008.

[10]HELCOM Baltic Sea Action Plan, HELCOM Ministerial Meeting, Krakow, Poland, 15th November, 2007.

[11]Proposal for Sweden' s National Implementation Plan for the Baltic Sea Action Plan, Government Offices of Sweden, May 2010.

[12]Bj・rn Hassler, Foreign Assistance as a Policy Instrument: Swedish Environmental Support to the Baltic States, 1991~96, Cooperation and Conflict, Vol. 37(1), 2002.

[13]National Program for the Rehabilitation and Recovery of the Baltic Sea Ecosystem (Strategy), Ministry of Natural Resources and Environment of the Russian Federation, 2010.

[14]Implementation of HELCOM Baltic Sea Action Plan in Latvia, Ministry of the Environment of the Republic of Latvia, May 2010.

[15]Hazardous Substances in the Baltic Sea − An integrated thematic assessment of hazardous substances in the Baltic Sea (BSEP No. 120B), Helsinki Commission, 2010.

[16]Eutrophication Status of the Baltic Sea 2007~2011: A concise thematic assessment, Helsinki Commission, 2013.

专题十：莱茵河治理之路

维克多·雨果曾这样赞誉莱茵河："它的现状激发着人们的想象。它的命运牵动着智者的心弦，在它的水面之下，这条令人崇敬的河流向诗人和政客们展现着欧洲的过去和未来。"[①]可以说，莱茵河的历史发展过程就是欧洲国家历史发展的缩影，也书写着人与自然和谐发展的进程。20世纪70年代莱茵河由于工业、化学污染严重，被称为"欧洲的下水道"。在经历了几十年的治理之后，莱茵河奇迹般地恢复了"清洁水质"，生态系统得到改善，防洪能力得到提升，综合治理能力不断凸显。直至今日，"莱茵河"已成为清洁水质和流域综合治理的代名词，中国政府相关部门甚至将打造"东方莱茵河"作为中国河流治理的重要目标。本文追寻莱茵河治理之路并总结其发展原因有两个方面：一方面，莱茵河的治理效果显著，特色明显——条约性约束，专业性管理，以及国际合作在跨国河流治理中有着重要作用；另一方面，莱茵河被污染的历史给我国河流管理提供了前车之鉴，而莱茵河治理的成功经验和相关措施对于中国进行长江流域，淮河流域，珠江三角洲以及其他河流的治理与保护有所助力。

一、莱茵河治理背景回顾

1. 莱茵河地理位置

莱茵河流域起始于瑞士阿尔卑斯山北麓，最终汇入北海。莱茵河由于地理位置上的特殊性，不仅是欧洲重要的文化与经济交流的轴心，更是各国之间加强政治交流，经济合作等多方面往来的重要介质。一系列的数据证明着莱茵河对欧洲的影响：其流经9个国家（瑞士，列支敦士登，奥地利，法国，德国，荷兰，意大利，卢森堡，比利时），主要分为上游、中游、下游三大部分，全长大约1 232千米，其中880千米是可以自由航行的水域，流域面积达到20万平方千米，其不仅是欧洲最长的河流之一，亦是世界上最繁忙的流域之一。"干流、支流、洪泛区、岛屿和地下水流都是莱茵河的组成部分，还包括扩河流供养的生物群体。"[②]

此外，"莱茵河分为6个主要河段，即阿尔卑斯莱茵河、高莱茵河、上莱茵河、中莱茵河、下莱茵河和莱茵河三角洲。"[③]"它的水流湍急有如罗纳河，河面宽广犹如瓦尔河，保守封闭犹如马斯河，蜿蜒曲折如塞纳河，清澈透明如索姆河，历史悠久如台伯河，庄严华贵如多瑙河，神秘诡异如尼罗河，波光粼粼

① Victor Hugo, Le Rhin (1980[1845]).

② 马克·乔克著，于君译. 莱茵河：一部生态传记1815～2000[M]. 北京：中国环境科学出版社，2011:2.

③ 董哲仁. 莱茵河——治理保护与国际合作[M]. 郑州：黄河水利出版社，2005:5.

如美洲河，充满传奇色彩如亚洲河流。”[①]其为沿滨的2 000万居民带来了生活用水和农业灌溉用水，为商业运输提供了便捷的交通，同时满足了工业用水的需求，为各种珍惜的鱼类、鸟类等其他生物提供着栖息场所。无数的湖泊，湿地，港口和莱茵河地区的生物种群相互连接形成了一个脉络众多的生态网络。此外，作为全球水循环的一部分，莱茵河也发挥着调节全球水平衡的重要作用。

2. 莱茵河流域污染状况回顾

1815年，维也纳会议赋予了莱茵河“欧洲河流”的身份。也是从那时起莱茵河渐渐远离“浪漫”的称谓，为了在莱茵河建立起自由贸易区，促进各国经济发展，在设计师设计之下，由于各种挖掘机挖掘、建立堤坝以及其他方式影响，莱茵河改变了其原有面貌。从积极的方面来看，对莱茵河的改造促进了对外贸易和经济发展。但与此同时莱茵河流域的生态环境也遭到了前所未有的破坏。随着欧洲工业化步伐的加快，凭借着便捷的交通，莱茵河干流形成6大世界闻名的工业基地，越来越多的公司在莱茵河的两岸建立起工厂，与之伴随的是越来越严重的水质污染，大部分的莱茵河流域的生物开始灭绝，大马哈鱼的数量与日递减，但是“1816～1916年，莱茵河委员会在职权范围内制定的700个条约、协议、规划，包括其中发生的一些争执，没有一个是关心水质，洪泛区，生态多样性的。只有6个涉及环境问题，而且都只是隔靴搔痒地解决了环境问题——通过轮船和驳船运输含砷物质，油性物质和其他危险物品。”[②]当时，莱茵河的污染并没有引起关注，其是如此的自信于河流的自净能力，以致沿岸国家都将重心放在了经济发展之上。

“200年前在莱茵河河水中生活的47个鱼种中，到了20世纪70年代只能够发现一半左右。大马哈鱼、西鲱、鲟鱼这三种最重要的商业鱼种连同那些以捕鱼为业的渔民均已消失。”[③]工业化特别是当时化学工业的基础：酸、碱、炸药和染料的出现所造成的负面影响逐步显现，同时莱茵河三角区的淤泥中的重金属锌、铜、氯、铅、镉已经远远超过了其安全的限度，当时的鲑鱼大量死亡事件引起了人们的反思，却迟迟未见行动。

直到1986年，瑞士桑多兹（Sandoz）化学公司发生一场严重的工业事故。公司一个仓库发生爆炸并迅速起火，超过1000吨的杀虫剂、除草剂、化肥等其他化学用品被点燃，为了灭火，当时的消防队员采用了往仓库喷洒大量的水来灭火的方式。但事后灭火的水流将二三十吨未燃烧化学品冲入了该工厂的工业

① Victor Hugo, Le Rhin (1980[1845]) P142.
② 马克·乔克著，于君译．莱茵河：一部生态传记1815～2000[M]．北京：中国环境科学出版社，2011:37.
③ 马克·乔克著，于君译．莱茵河：一部生态传记1815～2000[M]．北京：中国环境科学出版社，2011:9.

排水管道，流入了莱茵河，造成了严重影响："几天之内，从巴塞尔到洛勒莱的鳗鱼大量死亡，存活下来的也是奄奄一息。莱茵河上游的茴鱼，梭子鱼，和其他鱼种也大量减少。"[①]。这次事故再次给人类敲响了警钟，莱茵河的治理成为迫在眉睫之事，莱茵河水质管理也就从此被提上了议事日程。

二、莱茵河治理过程、内容与成效分析

（一）莱茵河治理的过程和内容

1. 莱茵河治理的过程

在经历了一系列的污染危机之后，莱茵河的治理问题备受关注。从20世纪中期开始，莱茵河的沿滨国家采取了许多措施对莱茵河进行治理与保护。从历史发展的角度来说，莱茵河的治理大致经历了三个阶段：

第一阶段：初步阶段（20世纪中期至1987年）

这一阶段的特点是传统的单一水资源为主导的流域管理。沿岸国家特别是荷兰认识到"工业和城市每日往莱茵河里排放的污水、化学废品，以及农田、公路、汽车和其他人类活动向其水域渗入的污染物，已经成为危害莱茵河长期环境健康的原因。"[②]1950年，莱茵河流域保护国际委员会（ICPR）的成立为河流的治理提供了合作平台，莱茵河国际合作初步成形。1953年，由于荷兰担心其饮水和农业灌溉问题，其主张进行莱茵河流域水质的相关调查，并在1963年，于法德等国家之间的磋商之下达成了著名的《保护莱茵河不受污染国际委员会的伯恩公约（Berne convention）》，这些也标志着莱茵河流域的保护机制正式成形。但是此时的莱茵河的国际合作治理仅仅限于航运和渔业方面，且当时由于许多因素的影响，公约并没有被很好地执行，大约到1970年才首次采取了国际合作措施。于是在1970年至1985年期间，随着欧洲共同体加入ICPR以及相关国际合作项目的展开，成功地减少了城市生活污水和工业废水的排放，莱茵河的水质有了较大的改善。

第二阶段：发展阶段（1987～2000年）

这一阶段的特点是以持续发展为目标的可持续管理。1987年以瑞士桑多兹公司的化学污染事件为转折点，ICPR的各国部长会议一致决定通过了《莱茵河行动计划2000》，其不仅关注莱茵河的航运和渔业发展，而且以改善和恢复莱茵河流域的生态系统为目标，其也就意味着莱茵河流域治理向综合水管理的方向转变。随着此项计划的阶段性完成，目前莱茵河成了该地区最清洁的国际河

① 马克·乔克著，于君译．莱茵河：一部生态传记1815～2000[M]．北京：中国环境科学出版社，2011:101.
② 马克·乔克著，于君译．莱茵河：一部生态传记1815～2000[M]．北京：中国环境科学出版社，2011:101.

流之一。

第三阶段：成熟阶段（自2000年至今）

本阶段延续了发展阶段的可持续发展管理的特点，另外在《2000年前莱茵河行动计划》的基础之上，细化和综合分析了综合治理以来的成效和缺失，继续制定了《莱茵河2020——莱茵河可持续发展计划》。该计划分几个阶段实施，第一阶段的任务已于2005年完成，随着相关工作的推进，莱茵河的治理已步入成熟阶段，并将进一步实施莱茵河生态总体规划，以加强防洪及地下水保护为重点，若措施采取得当，未来的莱茵河将呈现出越来越可喜的变化。

2. 莱茵河治理的内容

（1）以法为绳：协约与公约约束下的莱茵河治理

法律的强制力一直是有效的治理措施。莱茵河的治理也不例外，条约的形成和完善为莱茵河的治理奠定了法律基础。从历史沿革的角度来说，根据当时莱茵河的情况和国际社会对环境重要性认知的不同，主要有以下几个条约和协定对莱茵河的治理和保护起到了至关重要的作用。

第一，《防止莱茵河化学污染国际公约》。1976年ICPR通过了该条约试图加强莱茵河环境保护。“该条约介绍了一个‘黑色’和‘灰色’目录系统，旨在限制有害物质的排放。在该公约指导下，ICPR的工作之一就是确定具有国际约束力的剧毒物质最高排放值，对水银、镉和许多有机物限定了最高排放值。”[①]但是其仍没有充分解决有害化学物质造成的污染，在实际操作的过程中，该条约所起到的作用十分有限。

第二，《2000年前莱茵河行动计划》（Rhine Action Programme）。由于1986年Sandoz事故的发生促使莱茵河沿岸国家真正意识到必须对污染问题采取行动了。在1987年最终制定了“莱茵河行动计划”，并确立了四大目标：“第一，改善莱茵河生态系统，较高级的物种，例如鲑鱼等可以重回栖息地。第二，保证莱茵河继续作为饮用水源。第三，降低莱茵河淤泥污染，一边随时利用淤泥填地或即那个淤泥泵入大海。第四，改善北海生态。”[②]这一行动计划的制定不仅仅限于水质，还将生态系统的完善加入其中，莱茵河流域治理开展翻开新的一页。其中特别成功的案例是“鲑鱼2000计划”，该计划堪称是西北欧成功实施综合水管理的标志。为了在2000年前使鲑鱼重返莱茵河，各国采取了多样的措施。首先，在莱茵河及其支流的大坝上修建鱼道；其次，采取措施改善支流上的栖息地以便回复产卵地；最后，培育上千条鲑鱼并将其放入莱茵

① 董哲仁. 莱茵河——治理保护与国际合作[M]. 郑州：黄河水利出版社，2005:181.
② 董哲仁. 莱茵河——治理保护与国际合作[M]. 郑州：黄河水利出版社，2005:132.

河。莱茵河行动计划并不具有法律约束力，但是随着沿岸国家保护意识的增强以及相关措施的不断落实，2000年之前原定的目标得以实现，也正是此项计划的成功将莱茵河流域治理的国际合作推向高潮。

第三，《保护莱茵河公约》（Convention on the protection of the Rhine）。为了进一步加强相互之间的配合与协作以治理和改善莱茵河生态系统，1999年4月12日，德国、法国、卢森堡、荷兰、瑞士以及欧洲联盟在波恩签署了《莱茵河保护公约》，确定了各国在莱茵河治理所应承担的义务，同时指明了莱茵河治理所需达到的长期目标："1.实现莱茵河生态系统的可持续性发展。2.保证莱茵河成为饮用水的安全水源。3.改善河流沉积物的质量，保证在疏浚时不对环境造成严重危害。4.结合生态要求，采取全面的防洪保护措施。5.结合其他旨在保护北海的行动，协助恢复北海的面貌。"①此项条约的签订使莱茵河流域最终实现了法治化治理。

除了这些公约之外，由于莱茵河流域沿岸国家大部分同样是欧盟的成员国，所以也遵守欧盟对于水治理的相关规定。其中较为有效的是2000年欧盟成员国签订的"水框架指令（the water framework directive）"②为莱茵河流域治理提供了指导。其试图至2015年通过系统化的流域管理体系达成欧洲水域的良好状态。同时与以上的几个条约所不同的是，"水指令框架又对莱茵河沿岸国家形成了巨大的挑战。因为该政策是具有法律约束力的：欧盟的成员国必须将该指令转变本国的法律，并须严格实施，否则其就将遭受巨额罚款"。③另外，欧盟成员所签订的2007年欧洲防洪指令、生物杀虫剂指令、硝酸盐指令、植物保护剂指令、城市废水指令和其他的改善水质的指令也是成员国必须遵守的规定。在这些条约的硬性约束下，莱茵河治理不断向前发展，通力合作成为莱茵河沿岸国家的普遍共识。

（2）专业管理：莱茵河流域的专项管理机构设置

莱茵河流域治理的有效性还要归功于其专业性的管理。莱茵河流域所设立的一系列的国际组织机构都为莱茵河转变为清洁流域发挥了重要的作用。

其中成立于1950年的莱茵河流域保护国际委员会（the International Commission for the Protection of the Rhine，简称ICPR）是莱茵河流域治理中最核心的机构，莱茵河流域治理的相关合作行动大致都是在保护莱茵河国际委员会的框架下形成的。早在《伯尔尼公约》中就确定了莱茵河流域保护委员会的法

---

① ICPR, Convention on the Protection of the Rhine,Bern April 12th ,1999 http://www.iksr.org/fileadmin/user_upload/Dokumente_en/Convention_on_the_Protection_of_the_Rhine_12.04.99-EN_01.pdf.

② 关于该欧盟水框架指令的相关内容可参照ICPR官网详细资料. http://www.iksr.org/index.php?id=166&L=3&ignoreMobile=.

③ Erik Mostert,international cooperation on Rhine water quality 1945-2008:An example to follow? Physics and Chemistry of the Earth 34(2009)142~149.

律地位。该委员会的主要目标和任务包括以下五个方面：“1.莱茵河生态系统的可持续发展。2.保证莱茵河水用于饮用水生产。3.河道疏浚，保证疏浚材料的使用和处理不危害环境，改善河流沉积物的质量。4.防洪。5.改善北海和沿海地区水质。”①同时专业化的机构设置（如图10-1），分工明确的管理模式为莱茵河的高效治理提供了保证，其中组织设置中较为特殊的是，虽然委员会的主席由各成员国的部长轮流担任，但是ICPR的秘书长却总是荷兰人，因为荷兰处于流域的下游，对水质的反应比较敏感，受影响也最大。所以，在决策时可以防止因上游国家推卸责任，致治理进程放缓等问题的出现。同时，ICPR每年都会召开防污重大问题的部长级会议。此外，关于具体讨论治理措施的各执行部门的会议也是每周必须开一次，因此保障了执行与决策之间的相关反馈。但是该组织并不具有独立的决策和融资权力，所以其相对于政府当局来说只是一个委员会，其为各个成员国提供了一个协商的平台，为各国之间信息交换与传播提供媒介。

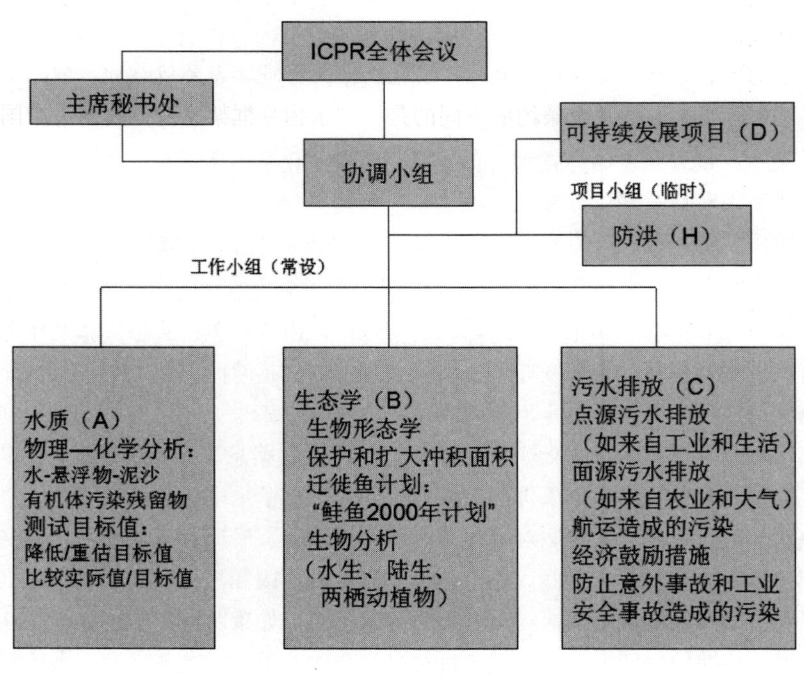

图10-1　ICPR的机构设置

来源：ICPR官方网站

① 董哲仁. 莱茵河——治理保护与国际合作[M]. 郑州：黄河水利出版社, 2005:183.

除了保护莱茵河国际委员会这一核心机构之外，莱茵河流域管理还有一些例如莱茵河流域水文国际委员会、保护Mosel河和Saar河国际委员会、莱茵河流域自来水厂国际协会、保护康坦茨湖国际委员会以及莱茵河航运中央委员会等辅助性组织也为莱茵河的治理承担着不同的责任。其中莱茵河流域水文国际委员会主要是“为莱茵河流域水文科学机构和水文服务机构的合作提供支持，推动莱茵河流域内的数据和信息交换，研发莱茵河地理信息系统。”①保护Mosel河和Saar河国际委员会则主要负责生态系统研究，为沿岸国家政府提供建议。莱茵河流域自来水厂国际协会则负责对水质进行监测并采取措施改善水质等。另外各国内部的跨州协调委员会，加之欧洲环境机构和国际莱茵河大会、莱茵河流域附近的企业、研究所、非政府组织、民众也积极加入到保护莱茵河流域生态和水质的行列之中。虽然这些组织的任务不同，但是相互之间会交换信息，共同为莱茵河流域的治理贡献出自己的一份力量。

（3）国际合作：成员国、欧盟与观察机构齐治理

条约约束为莱茵河治理提供了强制性保障，专业化的组织管理为其提供了合作的平台与框架。而莱茵河真正的成功在于以跨国合作为主线，沿岸国家众志成城，共担责任，共享清洁水质。其中在ICPR为核心的专业组织之下，各个成员国的合作主要涉及以下几个方面：

第一，设置监测站与技术合作。早在《控制化学品污染公约》中就明确规定：“要求各成员国建立监测系统，制定监测计划，并要求其合作建立水质预警系统。”②最终，在1982年通过了莱茵河污染预警系统的提案。如今，莱茵河从瑞士到北海入口之间已经有9个监测站，形成了一个监测网络；并且形成了相应的反应机制：“假如某个监测站的管辖范围内出现相关污染事件，则该监测站有义务按照规范的形式发布有关事故信息，应包括时间、地点、事故性质、污染物的成分和数量、防止事故影响进一步扩大应该采取的措施、以监测到的及未来可能对水质、生物及河岸的影响等。”③通过信息和相关水质检测技术的相互交换，莱茵河对污染事件的应急处理和防范有了更多的准备，并从原来的注重水体测量，到后来监测对象逐步扩展到悬移质、底质和生物种群，监测的范围更加广泛和有效。除此以外，莱茵河流域成员国和具体国家的职责部门开展了相关的国际协调监测活动，其他非政府组织，如莱茵河流域自来水国际协会则关注一些特殊问题，与上述各机构进行合作。由此，莱茵河河流水质监测网的形成成为了水体保护的有效措施。

---

① 董哲仁. 莱茵河——治理保护与国际合作[M]. 郑州：黄河水利出版社，2005:181.
② 沈秀珍，张厚玉，裴明胜. 莱茵河治理与开发[M]. 郑州：黄河水利出版社，2004:56.
③ 王明远，肖静. 莱茵河化学污染事件及多边反应[J]. 环境保护，2006(1).

第二，莱茵河治理经费分担合作。莱茵河的治理需要大量的资金投入，例如，依据《莱茵河2020——莱茵河可持续发展计划》规定，在计划执行的第一阶段（2000～2005年），估计花费了50亿欧元。由于“其中荷兰地处下游，占据12.9%的流域面积，德国、法国、瑞士各占了55.6%、12.42%、14.74%。”① 其他的国家例如：比利时、卢森堡、列支敦士登、奥地利、意大利因占据的面积比较少，所以在经费的承担上各方的义务有所不同。2003年7月于卢森堡确定的ICPR工作条例和财务规定中规定：“德国、法国、荷兰各自承担总经费的32.5%，瑞士联邦支付12%，另外欧盟和卢森堡分别承担其中2.5%的经费。”② 各国相互之间承认有区别的责任原则，相互之间的合作为莱茵河治理提供了资金保障。

第三，紧急状况下的多边协调合作。ICPR的多国协调机制在莱茵河遭遇紧急污染事件时发挥着重要作用。以2011年在莱茵河流域发生的一起严重的污染事件为例：一艘载有2400顿硫酸的“瓦尔德霍夫”运输船在莱茵河中段德国境内倾覆。③最终以每秒12升的速度，缓缓释放硫酸，用莱茵河每秒1600万升的流水量将其稀释。在整个事件中，ICPR启动了“国际报警方案”，将瑞士、法国、德国和荷兰的7个报警中心启动，并相互沟通，下游各个地区的船只、居民和相关人员都接到了硫酸入河的警报。最终，“得益于严密的监控，硫酸入河没有产生负面影响。”④由此可见，莱茵河及时的多边合作为河流的治理提供了重要保障。

除了成员国之间以及地方政府之间的合作之外，还有许多非政府组织和外来专家为莱茵河治理贡献他们的力量。ICPR规定只要NGO符合四个条件，即“第一，认可莱茵河保护公约的目标和基本原则，第二，具有特别的科技知识或其他有关公约目标的知识，第三，具有良好的管理机制，第四，具有以组织成员名义代表组织发言的权力”⑤，那么这些NGO将被赋予观察员的身份，与ICPR相互合作，共同促进治理目标的实现。例如，大马哈鱼莱茵河协会就是莱茵河保护委员会下的属个人非营利性组织，其监管着阿尔萨斯—洛林地区的很多恢复工程。多边合作的形成确保了在以ICPR为核心的基础上实现了力量的聚集，最大限度地实现治理效果。

---

① 董哲仁. 莱茵河——治理保护与国际合作[M]. 郑州：黄河水利出版社，2005:4.

② ICPR, Rules of Procedure and Financial Regulations for the cooperation of ICPR http://www.iksr.org/fileadmin/user_upload/Dokumente_en/Gesch%C3%A4fts-_und_Finanzordnung_IKSR-EN_30.06.10.pdf.

③ 网易新闻,《装2400顿硫酸，大块头莱茵河翻船》，2011年1月15日. http://news.163.com/11/0115/03/6QDJB1FM00014AED.html.

④ 新华网,《莱茵河治理经验：严格执行环保要求，沟通要顺畅》，2013年4月3日. http://news.xinhuanet.com/world/2013-04/03/c_115268019.htm.

⑤ ICPR, Rules of Procedure and Financial Regulations for the cooperation of ICPR http://www.iksr.org/fileadmin/user_upload/Dokumente_en/Gesch%C3%A4fts-_und_Finanzordnung_IKSR-EN_30.06.10.pdf.

（二）莱茵河治理最新进展

由于莱茵河保护委员会的各成员国家之间的广泛合作，莱茵河以及其支流的水质与生态环境得到了较大的改善。在《2000年前莱茵河行动计划》即将走向尾声之际为了继续推动莱茵河的治理，2001年在法国召开的ICPR的部长级会议上通过了《莱茵河2020——莱茵河可持续发展计划》（下文简称为《莱茵河2020》）。该计划为莱茵河的长远发展指明了方向，也预示着莱茵河治理的新动态。

《莱茵河2020》是对《2000年前莱茵河行动计划》的继承与发展。《莱茵河2020》的中心内容大致有："进一步的改善莱茵河生态系统，改善防洪功效，地下水保护等方面，同时继续监控莱茵河状况，提升莱茵河的水质仍然是不变的重点。"[①]其中保护地下水是莱茵河流域治理中新增的一个内容，此外该计划还详细制定了相关目标实现的手段与方法，并将成效控制、执行和费用也写入了该计划。《莱茵河2020》计划的第一阶段是2000 ~ 2005年，在该阶段治理的中心在四个方面："第一，恢复莱茵河泛洪区。第二，恢复牛轭湖和周边水体与莱茵河水体之间的连接。第三，增加莱茵河河岸上的结构多样性。第四，恢复莱茵河的生态连续性。"[②]直至2005年，该计划的阶段性目标普遍实现。但是增加沿莱茵河航道水域结构多样性的目标实现程度不佳。为了达成2020年目标，在该领域将投入更多的精力。

2005年开始，关于《莱茵河2020》计划需要实现的四大目标——改善莱茵河生态系统、增强防洪力度、改善水质、保护地下水的相关措施正在不断落实。随着各方的努力，我们有理由相信未来的莱茵河将呈现出更巨大的变化，真正的实现流域的可持续发展。

（三）莱茵河治理的成效

1. 从"欧洲下水道"向"清洁水质"的华丽转身

莱茵河治理在ICPR的统辖下采取了例如"莱茵河可持续发展计划"、"高品质饮用水计划"、"莱茵河行动计划"等措施，并且莱茵河治理还形成了自身的措施效果评价体系，以此为标准我们可以发现数十年的莱茵河流域治理取得了较大的成果。

首先，在防洪方面。莱茵河的充足水源是一种巨大的财富，同时也隐藏

---

① ICPR, Conference of Rhine Ministers 2001 Rhine 2020 program on the sustainable development of the Rhine, http://www.iksr.org/index.php?id=254&L=3.

② ICPR, Rhine 2020—programme on sustainable development Balance 2000~2005, http://www.iksr.org/index.php?id=254&L=3.

着危险。一旦洪水暴发，其必对对沿岸居民造成巨大的人身和财产上的威胁。1993年和1995年的洪水给莱茵河沿岸国家造成了巨大损失，所以，在莱茵河的治理中，防洪成为必要的一个方面。在经过了几十年的治理之后，通过恢复泛洪区，加固堤防、设置洪水预警系统、植树造林等相关措施，莱茵河地区蓄洪能力增强。在《莱茵河2020》计划中还将"把莱茵河低地的洪水损失风险减少25%（与1995年相比）"[①]作为目标，这将进一步推动在防洪领域的发展。

其次，在水质和保护地下水方面。水下生物的生长、种类及数量反映着水质的状况。在经过几十年的治理之后，莱茵河水污染程度大大降低，重金属污染和化学污染相应减少，许多生物恢复生长，尽管有些生物应不适应变化而消失，但是从总体上说莱茵河的水质有了较大的提升。在地下水保护方面，"通过相关的资源调查，以及推广环保农业进一步减少面源污染物，特别是氮化物和植物保护剂的数量。例如在瑞士推广综合型农业生产、推广生态农业和粗放耕作"[②]的方式，目前下水的治理也有了提升。莱茵河行动计划之中关于水质提升的目标大致得到了实现。

最后，在生态系统方面。生态的改善在"鲑鱼2000"计划中得到了较好的体现。"自从20世纪80年代以来，随着河流的纵向和横向通道缓慢地重新开发，鲑鱼、海鳟、海七鳃鳗都已经开始渐渐恢复，不迁徙的鱼类物种也得益于栖息地的恢复和更好的水质……最终，一些从前的洪泛区被恢复，尤其是沿着莱茵河上游、下游和三角洲的那些河段，使得两栖动物和哺乳动物的数量明显增加。"[③]另外，在《莱茵河2020》中明确说明了在改善生态系统方面还需要做的工作，例如"到2005年莱茵河流域植树造林和自然发展的面积至少达到1 200平方千米，到2020年达到3 500平方千米，以鼓励生物多样性。"[④]这些明确的目标导向将推动莱茵河的治理走向有序化。

总体来说，在几十年的治理过程之中，莱茵河已经从被人唾弃的"欧洲下水道"转变为清洁的水质，人与水达到了相对和谐的状态。

2. 目前的莱茵河治理还存在的问题

ICPR秘书长本·范德韦特灵认为："莱茵河治理尽管取得了令人瞩目的成绩，ICPR要做的还很多。目前ICPR的工作重点有三个：微量污染物治理和生态

① ICPR, Conference of Rhine Ministers 2001 Rhine 2020 program on the sustainable development of the Rhine, http://www.iksr.org/index.php?id=254&L=3.

② ICPR, Conference of Rhine Ministers 2001 Rhine 2020 program on the sustainable development of the Rhine, http://www.iksr.org/index.php?id=254&L=3.

③ 马克·乔克著，于君译. 莱茵河：一部生态传记1815～2000[M]. 北京：中国环境科学出版社，2011:137.

④ ICPR, Conference of Rhine Ministers 2001 Rhine 2020 program on the sustainable development of the Rhine, http://www.iksr.org/index.php?id=254&L=3.

系统重建，流域防洪，以及应对气候变化的影响。”①全球气候变暖带来了一系列的连锁反应，其是否会对莱茵河的水源产生影响还不得而知。所以目前莱茵河保护委员会需要关注该问题的进展情况，做好及时的监测和反馈。

此外，目前莱茵河的水质、生态以及防洪已经达到了有效的改善。但是还存在一系列的问题：例如，微量有机污染物处理问题，依据相关数据莱茵河水质还存在“氯仿、林丹和六氯苯污染问题，尤其是上莱茵河淤泥中还含有大量的六氯苯，洪水期间可输移到下游。”②其将对鱼类生长和人类饮水造成危害。还有重金属污染控制问题，特别是下莱茵河鱼类可食用部分中汞含量过高问题。此外，由于使用过量的化肥和洗涤剂，莱茵河的水出现了富营养化的问题，所以未来莱茵河还要减少农用化肥所带来的污染。

三、莱茵河治理经验总结与借鉴

“莱茵河流域国际合作的发展和有效性是基于下列因素：区域经济合作、国内法律、地区利益、非政府组织的参与、逐步增长的环境保护意识、技术创新和灾难提醒。”③其中许多的成功经验值得中国借鉴，主要可以概括为几下几点：

第一，专设机构，细化管理。

莱茵河的治理是基于其专业化的组织设置，ICPR的运行模式以及执行方式是值得中国借鉴的。在中国与水相关的政策都由水利部门制定实施，下面也设有中央直属的黄河水利委员会、珠江水利委员会等部门，但是机构管理效率不高，没有做到细化管理，及时反馈机制不足。

第二，强化监督，阶段治理。

莱茵河流域治理中将水质作为重要的指标，同时形成了严密的监测网络，随时监测水质状况，各方之间相互监督以及预警机制的形成，切实地保障了治理的效果。此外，污染的治理往往不是一蹴而就的，这就需要设置阶段性目标，分块治理。

第三，多方合作，跨地治理。

中国地大物博，广阔的疆域不乏连绵跨区的河流。例如，长江、黄河、松花江、湘江和淮河等河流，其中大多存在跨省，跨地区的河流开发和污染等问题。虽然当地政府和中央政府共同努力，用大量的资金和人力成本投入其中，

---

① 郭洋:《守卫莱茵河，从“都不管”到“都来管”》，华龙网，http://news.cqnews.net/html/2013-04/21/content_25660200.htm.

② 董哲仁. 莱茵河——治理保护与国际合作[M]. 郑州：黄河水利出版社，2005:43.

③ Erik Mostert,international cooperation on Rhine water quality 1945~2008:An example to follow? Physics and Chemistry of the Earth 34(2009)142~149.

但是从总体上看中国的河流治理的效果并不显著。此外，例如珠江水利委员会、长江水利委员会都是以政府主导的，非政府组织、民众参与的较少，所以导致了保护力量不足，走不出“污染—治理—再污染—再治理”的怪圈。所以政府该加大宣传力度，鼓励民众主动参与到水源保护的行列中去。

第四，协调治理，加强约束。

莱茵河因为其流经9国，对沿岸国家影响较大，而其在公约基础之上建立起来的跨流域协调机制以及其组织机制成为了莱茵河治理取得巨大成效的重要原因。在中国，农林水利部是河流管理的核心部门，统辖各地区的农林水利部门，但是相互之间的信息反馈不足，同时各地区的法律约束性不强，导致了治理效果不佳。

此外，特别值得注意的是莱茵河的治理从开发利用起始，最终经历了污染、治理、保护几个阶段，走的是“先污染后治理”的道路。我国需要以此为鉴，将河流的开发与保护相结合，合理地发挥河流的作用。

参考文献

[1]董哲仁.莱茵河——治理保护与国际合作[M].郑州：黄河水利出版社，2005.

[2]马克·乔克著，于君译.莱茵河一部生态传记1815～2000[M].北京：中国环境科学出版社，2011.

[3]沈秀珍，张厚玉，裴明胜编译.莱茵河治理与开发[M].郑州：黄河水利出版社，2004.

[4]Erik Mostert, international cooperation on Rhine water quality 1945~2008:An example to follow?[J].Physics and Chemistry of the Earth 34(2009)142~149.

[5]杨正波.莱茵河保护的国际合作机制[J].水利水电快报，2008(1).

[6]洪宇.国际跨界水环境管理经验探析[J].科技情报开发与经济，2008(18).

[7]王玲，吴道喜.从莱茵河管理看西方河流管理理念的转变[J].水利水电快报，2001(9).

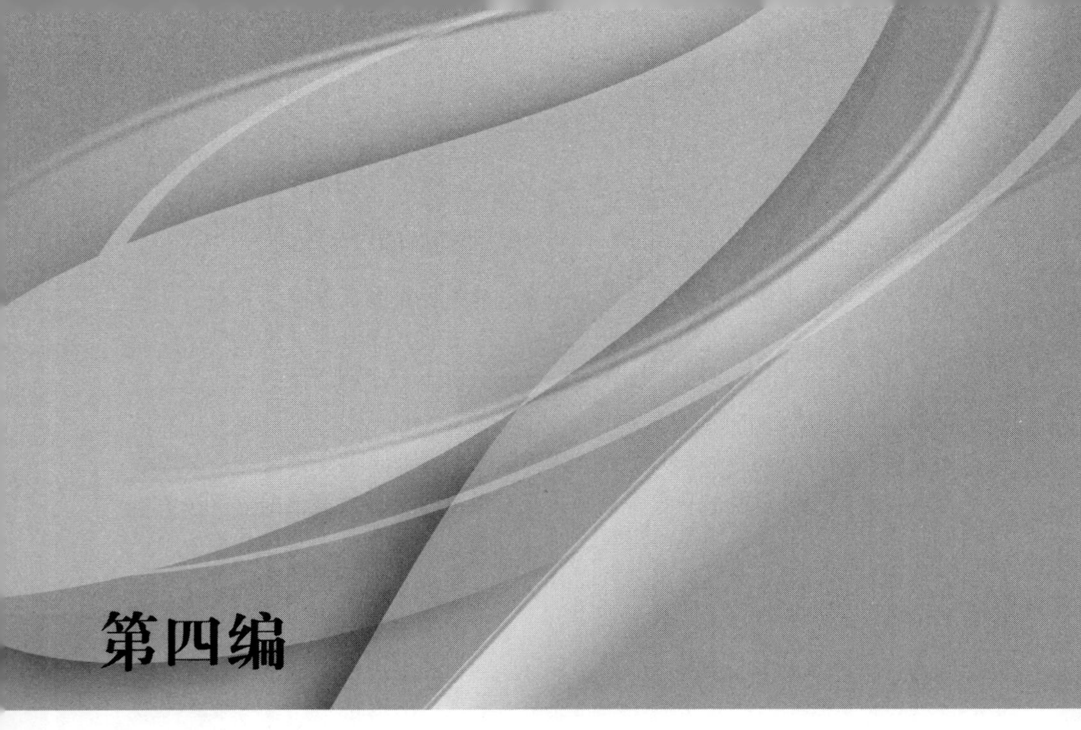

第四编

水资源保护

专题十一：从缺水走向自给：新加坡水治理之路

新加坡是一个缺水的国家。“水主宰着其他一切政策。在它的面前，一切政策都得卑躬屈膝。”[①]李光耀曾这样评价水资源对新加坡的重要性。建国以来，新加坡也一直将水资源问题的解决放在战略性高度。目前，新加坡已将其发展的局限转化为发展的动力，不仅实现了水源的自给，而且因其拥有亚洲最大的海水淡化工厂和最先进的水处理技术，并且通过举办新加坡国际水务周活动，其已成为世界水技术开发的风向标。将这些技术出口至其他国家已成为新加坡经济发展的另一动力。那么，新加坡是如何从一个水资源缺乏的国家走向水资源自给之路的呢？它又将如何解决未来水资源需求与供给之间的矛盾呢？一个世界水资源倒数第二的国家又凭什么声称将自己打造成“全球水务枢纽”呢？详细了解新加坡的水资源管理体系，一方面成为回答这些问题的有效途径，也是总结新加坡水资源保护特色——依托科技，专业管理，法律约束，多边参与的重要基础；另一方面，面对中国日益严重的水资源污染和浪费现象，借鉴新加坡水资源管理方案成为中国应对目前水污染问题和未来水资源短缺现象的重要“范本”。

一、新加坡水资源保护背景

（一）新加坡水资源供给与需求状况

新加坡是由新加坡岛及附近约60个小岛所组成的典型的小岛国家，总土地面积为700平方千米。地处赤道附近，属于热带海洋性气候，常年高温多雨，日降水量为512毫米，年平均降水量大约为2 400毫米。但是由于新加坡土地面积有限，没有大型湖泊，加之雨水收集存在困难，充沛的雨水并不能保障新加坡的水源自给。另外，其四面环海的地理位置并没有改变其缺水的命运，国内没有大型河流横跨领土，也没有充足的山泉水和地下水，更没有冰山。所以，新加坡常被称为世界上淡水资源短缺的国家。

起初，自然的雨水补给成为了新加坡成立初期最主要的水源。但是自然补给存在不稳定性与匮乏性的特点，为了满足人民的需求，新加坡在1961年与1962年与马来西亚柔佛签订了为期50年和100年的水资源进口协定，其在一定程度上帮助新加坡走出了水资源供给的困境。但是，新加坡是一个人口稠密的工业化国家，人口大约有450万人，对水资源的需求仍将大幅度增加。依据新加坡公用事业局（PUB）的相关统计：“目前，新加坡的水需求大约为3.8亿加仑

① 陈荣顺，李东珍，陈凯伦．清水，绿地，蓝天——新加坡走向环境和水资源可持续发展之路[M]．北京：团结出版社，2013:1．

/天或是1 730 000立方米/天，人均水需求量为130万立方米/天，并且在未来的50年，新加坡对水资源的需求将有望翻一番，其中70%的水源需求将来自非家庭部门，家庭对于用水的需求将占30%。”[①]如图11-1所示，新加坡的年度水销售量不断的攀升，可见新加坡对水的需求增长加快。所以，为了满足新加坡经济发展以及民众用水的需求，单一化的水资源供给模式远远不能解决这些问题，新加坡水资源供给必须要向可持续发展之路前进。

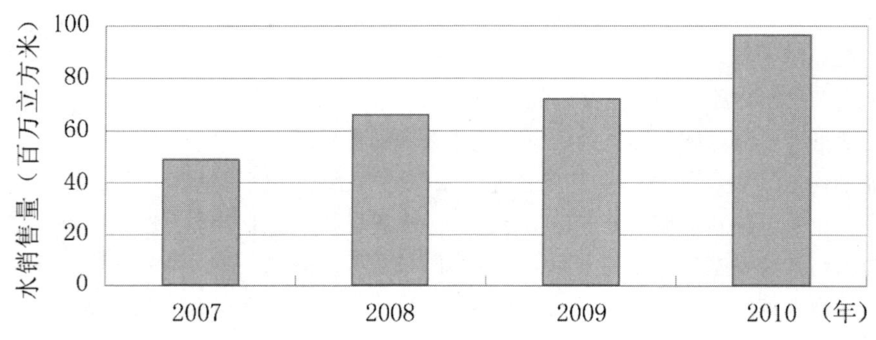

图11-1 新加坡2007～2010年水销售量

数据来源：新加坡环境与水资源部官方网站。[②]

（二）新加坡水资源供给面临的问题

可喜的是，面对如此严峻的水资源需求，新加坡并没有裹足不前，而是将水资源短缺这一危机转化为发展的机遇，运用先进的科技和创新理念，在水资源开发、保护和节约问题上不断努力，其正在逐步摆脱对外界水资源的依赖而实现资源自给。

新加坡在成立之初主要有“两大水喉”：雨水收集（Local catchment water）和进口水（imported water）。首先，新加坡利用自身湖泊优势，在国内通过建立沟渠和蓄水池尽可能最大化的收集雨水，最后将雨水通过相关自来水厂的处理之后便可直接被新加坡每家每户所使用。目前，新加坡已经建成了分布全国的17座蓄水池。其次，新加坡从马来西亚的进口水也是其主要的水资源供给，“依据第二份协议，每天从柔佛河汲取多达2.5亿加仑的水，原水的价格固定为每1 000加仑3仙。”[③]但是这两种水源供给都存在一定问题。一是雨水收集具有

① PUB, Long Term Water Plans, http://www.pub.gov.sg/LongTermWaterPlans/gwtf.html.

② Ministry of the environment and water resources, Progress update, http://app.mewr.gov.sg/web/contents/contents.aspx?contid=1541.

③ 陈荣顺，李东珍，陈凯伦. 清水，绿地，蓝天——新加坡走向环境和水资源可持续发展之路[M].北京：团结出版社，2013:102.

不稳定性，同时其设置的一系列的蓄水池大大增加了新加坡本身用地紧张的问题，一定程度上压缩了新加坡经济发展空间。二是对于“第二水喉”进口水来说，1961年协议在2011年已经过期，1962年的协议也将在2061年失效。这种对水资源较大的外部依赖不利于新加坡自身经济，政治与外交的独立。

进入21世纪，随着科技的进步和社会的发展，新加坡的水源供给已经从“两大水喉”向“四大水喉”转变。新生水（NEWater）和海水淡化（Desalinated water）也加入到了新加坡水源供给的行列。所谓的新生水是指通过运用先进的膜处理技术和紫外线杀菌技术将人们使用过的废水通过二次处理而获得的高度纯净并可回收利用的水。但是，目前新生水在新加坡民众中还存在疑虑，其主要满足非家庭用水的需求。而海水淡化是新加坡运用其地理优势而实现的对新加坡水源供给的补充。依据相关的统计：“通过海水淡化技术，所有海水淡化的工厂每天能够产生3000万加仑的水，足够满足新加坡10%的用水需求。”[①]另外，2013年9月新加坡建成了第二个海水淡化厂——大泉海水淡化厂，其“为新加坡提供了1/4的水资源，并成为亚洲最大的使用反向渗透技术的海水淡化厂。”[②]新加坡在实现水源自给的道路上的不断突破与成就受到国际社会的广泛认可。

二、新加坡水资源保护过程、内容与效果分析

（一）新加坡水资源保护过程与内容

1. 新加坡水资源保护过程

从纵向的历史发展出发，新加坡的水资源管理大致经历了两大阶段：

第一阶段：初期（19世纪60年代至2000年）

在新加坡建国之初，由于人口只有190万人，相对较少，经济发展水平不高，所以新加坡对水的需求只有350 000立方米/天。当时，新加坡实行的是用水配给制。1963年，新加坡遭受了最为严重的旱灾，为了便于资源的管理，公共事业局（Public Utilities Board）和环境部相继成立，其中PUB“主要的职责是对饮用水，电力状况和油气进行管理”。[③]环境部则主要负责废水的处理和废水系统的修建。20世纪六七十年代，由于化学工业的发展，新加坡的河流被大量污染。为了对被污染的河流进行治理，1968年首次启动了每年一度的“保持新加坡清洁”运动。1977年，新加坡政府发起了涉及多个政府部门为期10年的“新

---

① Ministry of the Environment and water resources, Our efforts, http://app.mewr.gov.sg/web/contents/contents.aspx?contid=1541.

② 新华网,《新加坡最大海水淡化落成，两厂共可满足1/4淡水需求》，http://news.xinhuanet.com/2013-09/19/c_125414082.htm.

③ Cecilia Tortajada: Water management in Singapore, water resources development,Vol.22.No.2,227~240,June 2006.

加坡河流清洁”运动。在经过了十年治理之后，新加坡河流转变为清洁、无污染的河流。也是从80年代开始，新加坡不遗余力地建立起了包括水资源供给，河流污染控制，工业部门规划等方面的综合性的环境治理体系。

第二阶段：发展阶段（2000年至今）

进入21世纪，随着经济的发展和人口的剧增，新加坡政府逐步意识到水资源短缺对于新加坡的战略意义。在20世纪末，新加坡对政府机构进行了调整，于2002年7月成立了环境和水资源部，并“将公用事业局设置为水资源管理和供水之外，还扩展到包括废水处理和回用，洪水控制和废水系统等领域”。[①]以此为转折点，新加坡的水务管理向可持续性发展转变，并逐渐形成了水资源可持续性发展的战略规划。其主要体现在——“全民用水：节约，珍惜，享用”这一标语中。其中的“全民用水是指以四大水喉作为确保新加坡多样化和可持续性的水源供应。而节约、珍惜、享用是指采用3P（people-public-private）方式推动三大主体参与到水资源的合理使用，保持水渠和水道清洁，享用水道和贮水池带来的便利中去。”[②]

2. 新加坡水资源保护内容

从新加坡水资源管理的宣传口号（“water for all: conserve, value, enjoy”）中可以发现，新加坡将水资源管理的重心放在供给与需求两个方面，通过开源节流来实现其资源自给，其中水资源保护政策的内容主要包括以下几个方面：

（1）依托科技：高端科技下的水资源“再生”和循环使用

第一，海水淡化技术。早在20世纪90年代末，新加坡就开始实施“向海水要淡水”计划。但是由于技术不够成熟，加之研发的成本较大，海水淡化一直被搁浅。到2005年由于膜反渗透技术成本下降，新加坡才投资2亿新元建成了第一座大士新泉海水淡化厂（SingSpring），其处理能力为13.6万立方米/天，是世界上最大的采用反渗透膜技术的海水淡化厂。目前，新加坡预计于2013年建成每天可生产7 000万加仑的海水淡化厂，其将进一步地增强新加坡的供水能力。

第二，“新生水”技术。在20世纪70年代新加坡就建设了试点水回收厂，但是由于成本过高，该厂被迫关闭。随着膜渗透技术的发展，2003年新加坡政府启动新生水计划。依靠微滤，以及先进的膜技术和紫外线消毒技术，将废水进行相应处理，从中提取高纯度的水，其已经成为新加坡重要的水源。随着研发投入的增加，目前，新加坡新生水技术在全球占据领先水平，其已经有5座新生水厂，这些水厂为新加坡提供着30%的水。但是由于目前民众对新生水安全

① 卜庆伟. 新加坡城市水管理经验及启示[J]. 水文与水资源, 2012(4).

② Ms Peng Cheng Yao, Ms Low Wen: Active, Beautiful and Clean: A sustainable approach to resource management in Singapore, public utilities board.

性的质疑，新生水主要是用于供工业和商业领域，还未进入家庭领域。

第三，雨污分流系统和水资源使用监控。雨水是新加坡“四大水喉”的重要组成部分。目前新加坡的水渠总长度达到7 000千米，集水区面积占土地面积的70%。相关资料表明，“通过雨水收集和处理系统，全国80%的降水量转化为饮用水，仅此一项就满足了当地居民30%的用水需求。”①不断提升的水渠面积及滨海堤坝等项目的实施将有利于新加坡收集更多的雨水，特别是其利用“非开挖技术”，铺设污水渠，通过雨污分流的方式将雨水、污水和中水分别管理，最终确保了内陆水道、蓄水池和新加坡周围的海域不会因为未经处理或半处理过的中水及工业废水随意排放造成污染，而是可以收集起这些水，进行饮用水生产。

此外，新加坡还依靠相关技术建立起了先进的供水管网监测系统，在一定程度上减少了水源输送时的消耗。同时加上“采用高质量的新管道、优化管道压力，全面更换老旧问题管道、积极查找地下水渗漏点等措施，水流失量大量减少。”②据相关统计，“1990年，新加坡全国自来水产销差率为9.5%，2005年更降低到4.7%，2007年降至4.4%，成为全球漏失水量最低的国家。”③另外，公共事业局还利用相关技术对公共污水管网进行监控，“2012年11月起，公共事业局耗资250万新元，安装了新的远程监控系统，如果工业设施排除的污水超标，监控系统会自动向公共事业局发送警报。”④这样方便对相关企业进行处罚。这些强有力的监控网络，使得新加坡的水资源减少了浪费，同时也避免了污染。

第四，深隧道阴沟系统（DTSS）。“20世纪，新加坡还依靠原始的便桶，独立之前，使用浅污水渠暨抽水网络，而现在使用现代化的深层隧道排污系统。”⑤深隧道阴沟系统是一个具有成本效益的方式，其满足新加坡长期以来对废水收集、处理、回收的需求，解决了21世纪新加坡的污水处理问题。该系统由48千米的深邃道和60千米的支阴沟组成。分为两期，第一期为1999～2008年，耗资36.5亿新元，“包括北支线隧道，樟宜污水处理厂和樟宜排水口的建设，以及将水流分流到主要污水排放隧道的链接污水渠”。⑥第二期则“有南隧道及其下水道网络所组成，并与大士水回收厂和一个深海出口相连，这个工程

① 王军，王淑燕．水资源开发利用及管理对策分析——以新加坡为例[J].中国发展，2010(10).
② 陈荣顺，李东珍，陈凯伦．清水，绿地，蓝天——新加坡走向环境和水资源可持续发展之路[M]．北京：团结出版社，2013:163.
③ 李长青．城市水域环境管理的典范——新加坡[J].城镇供水，2007(5).
④ 陈济朋：《国外如何确保饮用水安全：新加坡谁污染谁付费》，新浪网．http://news.sina.com.cn/w/sd/2013-06-19/113027440551.shtml.
⑤ 陈荣顺，李东珍，陈凯伦．清水，绿地，蓝天——新加坡走向环境和水资源可持续发展之路[M]．北京：团结出版社，2013:128.
⑥ 陈荣顺，李东珍，陈凯伦．清水，绿地，蓝天——新加坡走向环境和水资源可持续发展之路[M]．北京：团结出版社，2013:133.

有望在2030年前完成”。[①]深层隧道排污系统工程因其对新加坡水务的贡献而被新加坡工程师学会授予“荣誉工程成就奖”和“东盟杰出工程成就奖”。[②]新加坡水务以科技为先导，紧扣节水和系统管理的方式，从开源的角度实现了水资源供给的多元化。

（2）多方参与：政府主导，企业，公民共同节水

第一，经济调控：水价调整下的节水。鉴于水资源对于新加坡的战略意义以及其稀缺性，新加坡调动经济杠杆的作用，在1991年开始征收水资源保护税。1997年，新加坡开始全面修订水价，“饮用水的价格主要被分为两大部分，一是按水的生产和供给的全部成本制定水价，二是开征水资源保护税，以体现使用替代水源的将要付出巨大成本。”[③]但是目前，新加坡水价主要由“水关税，水保护税，污水处理费，卫生用具费”等部分组成，采用阶梯水价的方式，对用水大户收取高水价。其中“水关税涉及了在水处理的各个阶段所产生的一切成本。包括收集雨水，废水处理，以及通过横跨新加坡的一个广泛的水网将处理过的水输送到千家万户所要的成本。”[④]除此之外，新生水和工用水也上交相应的水税。除了从收税的节水外，政府还大力对水资源节约做得比较好的企业和个人提供相应的节水补贴，鼓励其进一步的为新加坡节水做出贡献。

表11-1 新加坡阶梯水价表

税收种类	使用量（立方米/月）	税收（新元/立方米）	耗水税（税收的百分之几）
家庭用水	0~40	1.17	30
	>40	1.4	45
非家庭用水	每立方米	1.17	30
船务用水	每立方米	1.92	30
税收种类	使用量（立方米/月）	排污费（新元/每立方米）包括商品及服务税	卫生设施费（包括商品及服务税）
家庭用水	每立方米	0.3	每个月每个设施3新元
非家庭用水	每立方米	0.6	
船务用水	每立方米	0.6	

数据来源：http://www.pub.gov.sg/general/Pages/WaterTariff.aspx

① PUB, Used Water, http://www.pub.gov.sg/LongTermWaterPlans/pipeline_usedwater.html.
② PUB, Used water superhighway for the next 100 years,http://www.pub.gov.sg/dtss/Pages/default.aspx.
③ 陈荣顺，李东珍，陈凯伦．清水，绿地，蓝天——新加坡走向环境和水资源可持续发展之路[M]．北京：团结出版社，2013:166.
④ PUB, Water pricing in Singapore, http://www.pub.gov.sg/general/Pages/WaterTariff.aspx.

第二，政府宣传与教育：提升节水意识。政府除了运用经济手段之外，还积极地进行宣传与教育。新加坡一方面通过大力宣传，积极呼吁保护水资源，提出“全民用水：节省，珍惜，享用”的全民节水口号，并将这样的宣传标语和一些宣传册发放到千家万户，提高公众对节水的认识，改变低效率的用水习惯。同时，举办“10升挑战”项目，鼓励所有的新加坡民众通过简单而高效的方式将每日用水量减少到10升，切实减少水的消耗。此外，政府还开放了海水淡化厂，设立“新生水访客中心”以便民众参观，同时增加民众对新生水和海水淡化的认知。另一方面，政府将节水教育与娱乐结合在一起。例如，2004年，新加坡正式向公众开放蓄水池，设置类似独木舟，皮划艇，划水等项目，让更多的人接近水，使民众享受水给予的快乐，进一步加强人民积极地投入到节水和保障水清洁的行动中去。

此外，政府还出台各种环境奖励政策，对相关非政府组织、个人、学校教师等主体对环境和水资源保护作出贡献的人和组织授予奖励。例如“水印奖”、“总统奖”、“环境之友奖”都是典型的奖项。政府通过树立榜样的方式，向民众传递着节水、护水的正能量。

（3）企业，学校，非政府组织参与

工业用水在新加坡的水需求中占据重大的比例。企业节水也就成为了节水重要的一环。首先企业积极地与政府合作，参与新生水的技术研发和投资过程，带动自身企业的长远发展，同时相关企业还不断地探索开发能够进一步节水的设施。其次，企业还严格地遵守相关法律的规定，对企业产生的废水和污水进行处理，防止对水资源的污染。另外，企业还会“支持学校的教育课程或是参加与水有关的大事件，例如，参加世界水日的宣传，参与新加坡国际水资源周等”。[①]

学校通过相应的课程设立，举办与环境和水资源保护的相关活动，提升了青少年群体对水资源的认知。例如，学校参与“水志愿者团体计划”，通过让其走进社区，向民众宣传节约用水的习惯和行为。“还实施自己的环境教育模块，组织环境为主体的研讨会等”。[②]另外，学校还积极和环境部配合，组织“部委官员定期在学校集会时发表演讲，其中主题包括禁止乱扔垃圾，节约用水，循环利用等，并提供教育材料，如摆放在学校的海报与报板。”[③]学校是学生走向社会的一个窗口，学校所实施的这些举措为新加坡的子孙后代形成保护环境，节约用水的观念起到了重要的作用。

---

① PUB, privateorganizations, http://www.pub.gov.sg/events/Stakeholder/private_organisation/Pages/default.aspx.
② 陈荣顺，李东珍，陈凯伦. 清水，绿地，蓝天——新加坡走向环境和水资源可持续发展之路[M]. 北京：团结出版社，2013:181.
③ 陈荣顺，李东珍，陈凯伦. 清水，绿地，蓝天——新加坡走向环境和水资源可持续发展之路[M]. 北京：团结出版社，2013:178.

各种类型的非政府组织，例如，新加坡环境理事会、水域监督协会、新加坡自然学会、新加坡环境挑战组织、资深志愿者组织[①]等的涌现也为水资源和环境保护作出了贡献。其中水域监督协会特别突出，它是1998年成立的一个非营利性的志愿者组织，“协会的志愿者经常巡逻河流，收集碎片，记录所收集的碎片的种类等数据，同时还与学校合作，教育学生河流污染的后果，防止污染的措施，以及加冷河沿岸的河滩清扫等”[②]。正是因为其在水道保护和宣传上取得的成就，被授予了“总统环境奖”。

（4）公众节水：节约，珍惜，享受

水用之于民，因此节水工作的落实，最终需要得到公民的支持才能成功。在政府和相关非政府组织的宣传教育下，节水已经成为了新加坡公民普遍的生活态度。“目前，新加坡的平均家庭用水量已从2003年的165升/天下降至153升/天。”[③]其次，从2011年开始，新加坡2/3的面积都被集水区覆盖，小到街区的下水道、池塘，大到一些蓄水池的集水，这些都需要民众采取措施来保持水源的清洁。所以，新加坡人民以社区为单位或是在非政府组织的带领下积极的参与志愿者活动，身体力行为新加坡水务贡献一份力量。

3. 专业管理：确保水的可持续发展

（1）核心机构：PUB

新加坡在水资源管理上的成功还要归功于其完善的战略规划以及分工明确的水资源专向管理措施。新加坡环境与水源部是国家水务与环境管理的最高机构，它下设公共事业局和国家环境局。其中公共事业局是进行水务管理的核心机构。其主要负责水的收集、生产、供应以及回收处理，并“以保障一个高效，充足且可持续的水源供给为使命”，“以全民用水：保护，珍惜和享受为愿景”，“以坚持珍惜意识（value conscious）、所有权（ownership）、创新（innovation）、关注（caring）、追求卓越（excellence）为其主要的价值理念”。[④]其中，特别值得一提的是PUB所特有的文化理念——以客户为中心，并构建起了独特的“C.A.R.E”[⑤]管理模式，以“呼吁（Call）、行动（Action）、应对（Response）、评估（Evaluate）”为手段，在民众，企业和非政府组织与PUB之间构建了沟通的桥梁。

组织的成功不仅在于理念，还在于其强调将“能力、联系、创造价值”作

---

① 关于这几大非政府组织的资料见新加坡公共事业局官方网站. http://www.pub.gov.sg/events/Stakeholder/Pages/Non-GovernmentalOrganisation.aspx.

② 陈荣顺，李东珍，陈凯伦. 清水，绿地，蓝天——新加坡走向环境和水资源可持续发展之路[M]. 北京：团结出版社，2013:184.

③ 卜庆伟. 新加坡城市水管理经验及启示[J]. 水文与水资源，2012(4).

④ PUB, About us, http://www.pub.gov.sg/about/Pages/MissionVision.aspx.

⑤ PUB, Service Commitment, http://www.pub.gov.sg/about/Pages/ServiceCommitments.aspx.

为PUB形成政策和计划的主要手段，培养高科技的组织人才，不断的加强自身与民众之间关于水资源管理的反馈和沟通，同时技术研发的文化也使其不断的追求在技术上的创新和投入。所有这些使其形成了专业的水资源管理网络，为实现新加坡水资源的可持续发展助力不少，也是因为PUB在新加坡水务上做出的巨大贡献，在2007年，新加坡公用事业局被授予了“斯德哥尔摩工业水奖”。

除了公共事业局之外，新加坡还设有“污染监视小组”，“节水监察办公室”，“水资源政策研究所”等的水资源管理的辅助机构。由此，新加坡逐步形成了系统化的水资源管理的政府网络，主导新加坡水资源发展的总体方向，封闭了水循环，并正在努力向水资源可持续发展的目标迈进。

4. 以法为准绳：加强对水资源污染的惩罚力度

政府除了向民众宣传节水等观念外，还运用强有力的法律措施对一些浪费和污染水资源的情形规定了严厉的处罚。早在1970年，政府就通过了《当地政府（工业废水处理）条例》，1971年通过了《环境公共卫生（禁止工业废水的水道排放）》等法律。1975年通过了《水污染防治和排水法》。到目前为止，新加坡已经形成了一套系统的与水资源保护相关的法律，例如《清洁工程条例》《地面水排水条例》《制造业排放污水条例》。《公用事业法》中提出了保护蓄水池和集水区的规定，从而从源头上控制水质。《排污和排水法》则指出了工业污水管理，地面排水渠道管理的规定，强调居民污水、工业污水和其他不动产制造的污水，不能排入公共的排污管道。特别是《环境保护和治理法规》中，明确规定了“工业污水要经过处理才能进入河流和土地。排放物必须对人体无害，也不能妨碍公共利益.....必须在排污口安装流量表等计量设施。首次违反规定者，最高可罚1万新元，如若再犯，罚款额度翻番”。[①]依照《污水排水法》第294章以及《污水排水（工业废水）条例》等，排入公共下水道的工业废水必须不超过45摄氏度，PH值必须不低于6并且不高于9。对于超标，新加坡公共事业局专门制定了详细的税收细则。新加坡一直以严法著称，事无巨细都有相关的法律规定，在水资源污染问题上更是如此。目前，“公共事业局正在考虑加大对工商业排污违规的处罚力度，包括工业设施的排污，也包括一般商业机构的排污。违规排污者每一项违规行为可能面临的最高处罚，从原来的5000新元（约2.5万人民币）提高到1.5万新元（约7.5万人民币），也可能被判监禁3个月，或者两者兼施”。[②]由于上述法律条款的严格性和处罚的威慑性，

① 陈荣顺，李东珍，陈凯伦．清水，绿地，蓝天——新加坡走向环境和水资源可持续发展之路[M]．北京：团结出版社，2013:172.

② 陈济朋：《国外如何确保饮用水安全：新加坡谁污染谁付费》，新浪网，http://news.sina.com.cn/w/sd/2013-06-19/113027440551.shtml.

目前新加坡水污染情况大大减少，水道、蓄水池和集水区都受到保护，呈现出清洁的面貌。

（二）新加坡水资源保护最新进展

新加坡政府还在不断努力继续推进水资源的保护，在宏观的角度上，政府一直将环境保护放在优先发展的位置上。新加坡水资源保护的最新发展主要包括以下几个方面：

第一，在宏观战略上，新加坡详细规划了从目前至2060年的水资源保护的中长期目标计划，引导新加坡走向水资源可持续发展之路。其中，中期规划（2020年）主要的内容为："第一，40%的水资源需求将由新生水来补足。第二，25%的水资源需求将由海水淡化提供。第三，将每人每天的水资源消耗缩减到147公升。第四，820公顷的贮水池以及90 000米的水渠将被用于娱乐。第五，在减少能耗，加强水资源监控，减少水蒸发等问题上进一步加大研发力度。"①长期规划（2060年）的目标为："计划提升新生水厂生产能力，以致其能满足未来新加坡50%的水需求。同时将提升海水淡化能力，其将长期满足30%的水供应。"②

第二，从微观执行角度来说，新加坡细化了"四大国家水龙头"战略的部署。首先，在雨水补给上，新加坡政府正在合理的规划土地的使用，逐步增加新加坡的集水面积，并计划在2060年前将集水区的面积扩大至总面积的90%。其次，新生水方面，樟宜水回收厂和樟宜新生水厂将进一步扩大。"当第二期深层隧道排污系统完成之后，在大士水回收厂周边还将建成一个全新的新生水厂，同时还计划通过渐进的加强大士水回收厂和大士新生水厂的日产水量来满足民众的用水需求。"③再次，在海水淡化方面，"新加坡打算在接下来的几年中再建海水淡化厂，同时也计划进行科研投资来找到最高效的海水淡化工艺"。④在进口水方面，由于2061年新加坡将不与马来西亚继续签订水进口协定，所以在进口水方面进展不大，而是将研发的中心放在了新生水和海水淡化之上。

（三）新加坡水资源保护效果分析

1. 实现水资源的较大程度自给

回顾新加坡将近半个世纪的水资源保护历程，通过新加坡政府的投资和技

---

① PUB, water for all, http://www.pub.gov.sg/LongTermWaterPlans/gwtf.html.
② PUB, water for all, http://www.pub.gov.sg/LongTermWaterPlans/gwtf.html.
③ PUB, Ne water, http://www.pub.gov.sg/LongTermWaterPlans/pipeline_newater.html.
④ PUB, Desalination, http://www.pub.gov.sg/LongTermWaterPlans/pipeline_Desalination.html.

术研发，其已经从实行用水配给制向实现高效且具有成本效益的解决水问题的方向转变。依据2010年政府的相关数据统计："新加坡2010年的水资源需求中45%是来自于家庭用水需求，55%来自于非家庭用水。"①2011年榜鹅水库和实龙岗水库的建成使新加坡雨水供给从原来的总供水量的20%提升至30%。新加坡的"四大水喉"不同程度上满足了人民对水的需求。预计到2061年，新加坡与马来西亚的第二期进口水计划截止之时，新加坡将不需要续约，完全有能力实现水源自给，并在不断将水资源短缺这一劣势转化为新加坡发展的优势项目，通过举办"新加坡国际水资源周"，新加坡正在以一种崭新的面貌带领全球走向水资源开发和利用的新时代。

2. 初步实现积极、美观、清洁的水域总体规划

新加坡通过优化"四大水喉"战略确保新加坡水源供给之外，还采取了许多的措施确保民众饮水安全，经过多年的努力已经初步实现了水域管理的总体规划。积极、美观、清洁的水域总体规划简称ABC水域计划，始于2004年，涉及25个项目，初步投资3亿新元。其主要是开发蓄水池和水道的价值，利用其组织体验为基础的公共教育活动，提升人民的生活质量，并教育公众保持水道的清洁，同时将新加坡打造成"花园绿水城市"。目前，经过重新规划的各个水道相互贯连，娱乐设施建设完成，水质普遍改善。通过这种方式，公众正不断与水建立起依赖的关系，享受水资源所带来的快乐，加强对水资源保护的认知。未来"公共事业局将在商业区和腹地区继续实施130个项目，同时在2030年前，其将开放900公顷蓄水池以及100千米的水道用于娱乐活动。"②届时，新加坡将真正实现人与水的共生共荣。

3. 新加坡水资源保护中存在的问题

新加坡至今已经走上了水资源可持续发展之路，但是这并不意味着新加坡完全解决了水资源供给的问题，未来新加坡水资源开发，管理和供给主要可能面临如下一些挑战："第一，在人口不断增加的情况下如何保障水资源的长期供给。第二，如何优化废水管理系统。第三，如何保证环境的可持续性发展。"③其中最先需要解决的几大难题为：

第一，海水淡化和新生水生产过程中的能耗问题。"相对于传统的水处理方式，新生水生产所耗费的能源是其5倍，海水淡化对能耗的要求是其20倍"。④

① PUB, Water for all,http://www.pub.gov.sg/LongTermWaterPlans/gwtf.html.

② PUB, Active, beautiful, clean waters, http://www.pub.gov.sg/LongTermWaterPlans/pipeline_ABCwaters.html.

③ Teng Chye Khoo , Singapore Water: Yesterday, Today and Tomorrow, Water Resources Development and Management, DOI 10.1007/978-540-89346-2-1.

④ Teng Chye Khoo, Singapore Water: Yesterday, Today and Tomorrow, Water Resources Development and Management, DOI 10.1007/978-540-89346-2-12.

随着石油资源不断地减少，加之地区不稳定对于油价的影响，海水淡化和新生水生产中的能耗问题不仅关涉到生产成本，更是与新加坡的可持续发展有密切联系。而要在2060年实现30%的水源来自海水淡化，50%的水源来自新生水的目标，因此摆在新加坡面前最重要的问题就是要实现新生水和海水淡化的生产从耗能型向低消耗、高产出的方向发展。

第二，全球气候变暖对新加坡雨水供给的影响。雨水供给在新加坡水供给中仍起着较为重要的作用。而普遍的全球变暖，海平面上升，气候的变换是否会对其雨量造成一定影响呢？这就需要新加坡在大力增加新加坡集水面积的同时加大对气候变化对新加坡雨量变化的影响的调查研究。

第三，如何进一步的消解民众对于新生水用于日常生活的心理不适应性。目前，新加坡政府正通过价格杠杆激励更多的用户使用新生水，“新生水的初始价格从2003年的1.30元/立方米，降低到2005年1月的1.15元/立方米，甚至计划将新生会降低到1.00元”。[①]未来新生水的生产总量将占总体水源供给的50%，这就要求实现新生水的供给对象从商业领域向住宅家庭领域的延伸。所以，逐步的增加民众对新生水的认知，减少其对新生水饮用的顾虑是一个必须考虑的问题。

三、新加坡水资源保护的经验

作为世界上人口最多的国家，中国的淡水供应量却只占世界的7%，加之城镇化的推进和水资源污染的现象不断显现，我国部分地区出现水紧缺现象，甚至有些水源都难以用于饮用。从长远的角度来说，在经济发展和人口增长的双重驱动下，“据专家预测，到2030年前后，中国用水总量将达到每年7000亿至8000亿立方米，而中国实际可利用的水资源约为8000亿至9500亿立方米，需水量接近可利用水量的极限。”[②]中国假如在水资源保护上再无所作为，其必将要面对严重的水资源危机。另外，党的十八大提出了要注重生态文明建设，而水资源的生态文明建设也是其中重要的组成部分。加强对水资源的保护，增加水生态的保护修复，借鉴西方有效的水资源综合管理经验将有助于推进中国的生态文明建设，从而加快实现全面建设小康社会的目标。新加坡在水源管理和开发上的相关经验为未来中国应对水源危机提供了参照。综合以上的分析，以下几个方面可供中国借鉴：

---

① 陈荣顺，李东珍，陈凯伦．清水，绿地，蓝天——新加坡走向环境和水资源可持续发展之路[M]．北京：团结出版社，2013:110.

② 人民网，《专家：2030年前后中国或面临水资源压力 水系治理迫在眉睫》，http://gs.people.com.cn/n/2013/0813/c183283-19301902.html.

第一，依托民众，注重节水。新加坡的成功在于其以群众的力量实现了“滴水成渠”的效果，在政府的宣传之下，珍惜每一点水的观念深入人心。但是，在中国由于民众节水意识不足，社会上浪费水的现象还是比比皆是。所以，增加政府对水资源保护宣传的投入，发动相关非政府组织的参与，鼓励民众珍惜水源是必须采取的举措。

第二，经济调控，双向刺激。经济调控这一强制性的手段也是增强人民节水意识的一种间接方式。此外，政府还可以通过对节水家庭的奖励和补贴的方式来减少水量的浪费，在双向刺激下，改革水价形成机制，鼓励社会节水，这必将有助于水资源的合理利用。

第三，技术研发，再度“生”水。新加坡的“新生水”技术，以及海水淡化技术，还有地下管道的雨水和污水分流的技术都是值得中国借鉴的。特别是“2011年全国废水污水排放总量为807亿吨，其中大于30亿吨的有江苏、浙江、安徽、福建、河南、湖北、湖南、广东、广西和四川10个省”。[①]假如这些废水能够再次回收利用，则可缓解中国水资源供求之间的矛盾。所以，加强与新加坡在水资源开发上的合作有利于应对未来中国可能面临的水源危机，切实维护中国的水源安全，缓解水资源供给和需求之间的矛盾，对实现经济和环境的可持续发展起到关键性作用。

第四，依法治理，从重处罚。新加坡以严法而著称，在水资源的管理上也不例外，严格的法律惩处使得人民以及企业对浪费水资源的行为慎之又慎。而中国对于水资源浪费和污染行为的处罚力度比较的少，加之相关企业唯利是图，贿赂官员，更是让水资源浪费和污染事件不断出现。所以，一方面加强企业和政府对于水资源污染的意识，另一方对污染水源的企业严厉处罚将成为减少水污染事件的有效举措。

第五，机制改革，专门管理。新加坡共用事业局的设立对其水资源的专向管理起到了重要的作用。虽然中国也有自己的水利部门，但是由于中国土地广袤，水资源又呈现南多北少的局面，水资源很难得到统筹管理，这就需要参照新加坡的水资源部门改革，将与水资源有关部门进行整合管理，实行水资源的统一科学管理，并引入市场机制使政府与企业共同为水资源的开发和节约做出努力。

新加坡的水资源综合治理给予中国许多启示，但是也应该注意到的是中国与新加坡在地理位置、水源状况以及国情等方面存在的差异，在借鉴新加坡的

---

① 中华人民共和国水利部，《2011年中国水资源公报》，http://www.mwr.gov.cn/zwzc/hygb/szygb/qgszygb/201212/t20121217_335297.html.

有益经验的同时，中国政府也该兼收并蓄、取长补短、实事求是、放眼长远地解决相关水资源问题。

参考文献

[1]陈荣顺，李东珍，陈凯伦.清水，绿地，蓝天——新加坡走向环境和水资源可持续发展之路[M].北京：团结出版社，2013.

[2]卜庆伟.新加坡城市水管理经验及启示[J].水文与水资源，2012(4).

[3]王军，王淑燕.水资源开发利用及管理对策分析——以新加坡为例[J].中国发展，2010(10).

[4]李长青.城市水域环境管理的典范——新加坡[J].城镇供水，2007(5).

[5]Teng Chye Khoo, Singapore Water: Yesterday, Today and Tomorrow, Water Resources Development and Management[J], DOI 10.1007/978-540-89346-2-1.

[6]Lvy Ong Bee Luan, Singapore water management policies and practices[J], International Journal of Water Resources Development, 26:1, 65~80(2010).

[7]Cecilia Toryajada. Yugal K. Joshi.water demand management in Singapore: Involving the public[J], Water Resour Manage(2013)27:2729~2746.

专题十二：美国土地和水资源保育基金研究

美国全国上下都非常重视国土资源的保护和开发。如今，出于同样的保护目的，美国为数众多的政府机构、基金会和第三部门在各自专注的环保领域采取持久的行动，并在此方面拥有成功的实践，积累了丰富的经验。美国土地和水资源保育基金（Land and Water Conservation Fund，LWCF）是其中的一支重要力量。LWCF作为国会下属的一家基金会，自成立以来，为保护美国的土地和水资源，使美国人民享有充足的户外休憩资源做出了巨大的贡献。国内对LWCF的研究尚属空白，但毋庸置疑，这种研究对于当前中国的国土资源保护和开发具有重要的意义。

一、美国土地和水资源保育基金概览

（一）土地和水资源保育基金的由来、目标与宗旨

美国很早以前就开始意识到保护境内自然资源的重要性。1849年成立的内政部即设有矿产管理局、土地管理局、公园管理局以及鱼类和野生动物局等近8个专业局，担负着保护美国的矿产、土地、森林、水以及野生动物等资源的职责，并对这些资源进行合理的产业开发。同时，美国在其后的数百年间不断通过立法以及设立相应机构、基金等方式对资源的保护开发活动提供补充。

1958年，国会指定美国户外游憩资源审查委员会（Outdoor Recreation Resources Review Commission，ORRRC）评估美国的户外休憩娱乐资源，并且为长期保护它们提出建议，这意味着国会准备在这方面采取实际行动。户外游憩资源审查委员会的研究发现，美国人民对户外休憩娱乐的需求正在日益迅速增加，故该委员会在1962年出台的研究报告中宣称，对户外休憩资源的保护、开发必须上升到国家层次来加以考虑。委员会表示，联邦政府必须为遍布全国的联邦公共土地承担管理责任，担负起各种保护资源活动的领导角色。户外游憩资源审查委员会强烈要求建立一个拨款计划，以便能够运用联邦的基金来增加各州的休憩资源。LWCF就是在这种背景之下诞生的。1965年，美国国会创设了LWCF。LWCF的建立并没有遭遇到阻力，它得到了民主和共和两党的共同支持。

LWCF创立的目标正如它的名称所宣示那般：保护美国的土地和水资源，传承文化遗产，并且为全美人民提供休憩娱乐的场所。LWCF建立之后即卓有

成效地在美国50个大州全面开展工作，并形成了一个完善的保护、开发系统。LWCF设立了著名的落基山国家公园、大峡谷国家公园、大雾山国家公园以及西尔维奥·孔戴国家鱼类和野生动物保护区等园区，同时在全美各地积极购买、开辟空地建设社区公园、林间小道和公共球场。LWCF通过类型繁多、大小不一的项目，对联邦基金进行了充分的利用，为美国人民提供优质的服务。

LWCF的宗旨是：使用消耗海洋石油、海洋气体等自然资源得来的回报来支持对另一珍贵资源——土地和水资源的保护。这一宗旨涉及LWCF最关键的资金来源问题。美国国会制定了专门的法律——《土地和水资源保育基金法案》（Land and Water Conservation Fund Act，以下简称lwcf法案），根据LWCF宗旨对它的资金来源作了规定。根据该法案，自1965年以来，对外大陆架的石油和天然气（oil and gas on the Outer Continental Shelf，OCS）进行钻探的能源公司每年都向LWCF注资近9亿美元，这笔钱原则上将用于创立国家公园，保护河湖周边地区、国家森林以及国家野生动物栖息地，并且为州和地方建设公园等休憩场所提供等额资助（Matching Grants）。

LWCF基金总共为大约41 000多个项目提供了支持以贯彻其宗旨。通过将荒地变成休闲小道以及游乐园地，LWCF使全美几乎每一个县都受益匪浅。此种“你出一半钱，我补你一半钱”的资助计划是最主要的联邦投资工具，以确保每个家庭都能够很轻松地享受到公共开放的游乐场地，比如公园、徒步旅行通道和骑马的小径以及就在家附近的娱乐设施。在该计划的生命周期内，LWCF向各州的拨款超过了30亿美元，这是一种高杠杆效应的投资，带来了超过70亿美元的非联邦配套资金。但是基金向各州的资助额是不可预测的，因为LWCF本身的资金状况波动很大，自1987财年以来，LWCF平均年度获得的拨款仅仅为4 000万美元——尽管需要更多。①

（二）土地和水资源保育基金的框架及运作规则②

1. 土地和水资源保育基金会与各方关系

LWCF的组织框架与它的运行相辅相成，LWCF法案对此有非常详细而严格的规定。LWCF通过“国家援助计划”（State Assistance）为联邦和各州发展户外公共休憩的项目提供资金支持，美国内政部国家公园管理局（National Park Service，NPS）对该计划实施监管。LWCF法案允许各州指定地方政治社团来接受LWCF的拨款，所有的拨款接受者都可以运用这些资金来管理或者开发他们需

① 综合自LWCF官方网站http://lwcfcoalition.org/

② Gelardi, Michael J. Ain' t nothing like the real thing:enforcingland use restrictions on land and water conservation fund parks[J].Washington Law Review,Aug 2007,82(3): 737～765.

要的土地和水资源。原则上LWCF的基金可以服务于各种各样与土地和水资源保护相关的目标，但这并非没有任何限制。州和内政部国家公园管理局必须签订协议，为每一个专门的项目设立明确的目标和规模，这些协议毫无疑问地能起到规范LWCF基金使用的作用，防止在各式合作项目中出现资金挪用、浪费等行为。

国会之所以要求LWCF与联邦和州的项目展开深层次合作，为后者提供资金和经验，其意图在于：LWCF作为国会下面的一个基金会，具有联邦政府背景，能够使联邦政府有充分的理由、资金和手段来获取全美位于联邦公共土地之内以及周边的私人土地，将这些土地公共化，以创造重要的休憩场所。众所周知，尽管美国是典型的土地私有制国家，但美国联邦政府拥有大面积的“公地”（public lands）。据统计，美国联邦政府拥有6.5亿英亩土地，约占全部国土的30%，联邦政府是美国的“头号地主”[①]。这其中，LWCF等基金会在扩展联邦公有土地的进程中发挥了重要作用；与此同时，LWCF与各州也保持紧密的关系，国家补助计划即是一个例证。由此可知，无论是在联邦还是在州的层面，LWCF都能得到官方的支持。

2. 土地和水资源保育基金会的拨款流程

LWCF在州设有联络官，想要获得LWCF拨款的机构最先必须向所在州的LWCF联络官员提出申请，联络官按照国家综合户外休憩计划（State Comprehensive Outdoor Rrecreation Program，SCORP）确定的优先级来对这些申请进行排序。国家公园管理局根据LWCF的年度可使用经费来决定哪些项目可以进行投入，然后与相关州进行谈判，分别签定项目协议。美国内政部长能够根据LWCF法案授予的权利自由地给各州分配LWCF的拨款，但在实践中，国家公园管理局各区域的主管负责为各州分配LWCF基金，各州则将援助资金一一分配给州机构以及州以下地方政府。可以看出，在LWCF的拨款过程中，联邦、州以及州以下地方政策制定者都扮演着重要的角色，各方互相协调立场，最后达成较为符合实际需要的、能够切合基金使用目的的协议，迎合各地对公共休憩场所的需要。

3. 规范土地和水资源保育基金会资金使用

任何涉及巨额钱款使用的问题都非常需要用完善的制度去进行约束。由于LWCF拨款被允许用于极其广泛的目的，拨款被挪用的担心并不是多余的。为此，LWCF法案要求工程必须严格遵循实施方在与国家公园管理局的协议中已经

① http://roll.sohu.com/20120710/n347784625.shtml.

详细阐明了的义务，满足协议所提出的条件。同时，法案还要求资金申请人证明款项的使用与国家综合户外休憩计划相一致，并且同意只将这些钱用于规定的目的。国家公园管理局认为这些协议具有合同性质和效力。作为接受联邦基金的条件，协议还要求申请人递交能够起支持作用的法律文件、保有及维护公园土地所需要的财力物力证明，承诺后续与LWCF展开长期合作。

总而言之，LWCF“国家资助计划”使得联邦以及地方政府能够有更大的能力获取和开发公共土地以满足人民广泛的休憩娱乐需要。国家公园管理局通过与申请方签订协议的方式在全美完成了许多的单项工程[①]（Individual Project）。国家公园管理局将这些协议视作合同，具有法律效应。利用协议，国家公园管理局对单项工程的实施方在土地利用和资金利用上进行有效约束。

4. 土地和水资源保育基金会鼓励民众参与

LWCF作为一家基金会，其良好的运作离不开美国民众的参与和支持。有学者就称，“LWCF造福我们每一个人，无论我们的乡村或者社区有没有接受过资助，我们都有责任支持这项有价值的计划，造福我们全体美国公民”。[②]LWCF建立了自己的官方网站并进行时时的维护和更新，在网站上向民众传达LWCF的理念、呼吁民众采取切实行动来保护美国的土地和水资源等。LWCF还在官网上公布了自己的社交网站账号、告知民众LWCF的最新行动计划、提供财务报表等相关资料的下载服务，通过各种方式满足民众的知情权，宣传自己的事业。LWCF向民众疾呼，“美国持续增长的人口需要更多的户外休憩场所和设施，如果我们希望我们的后代能够像我们现在这样享有打猎、垂钓、野营、徒步旅行以及水上游乐的机会，我们必须采取行动来保护美国的绿色空间，筑一道分水岭来防御住疯狂的发展压力对荒野以及城市空地等的威胁”。LWCF鼓励民众要求自己所在地的议员、代表们支持与LWCF有关的法案、议程，如LWCF就呼吁人们敦促代表们采取重要步骤确保室内和环境拨款委员会（Interior and Environment Appropriations Subcommittee）有足够的人士（超过80人）保证LWCF拥有稳定而持续的资金来源。民众还可参与每一财年“亲爱的同僚”发信行动[③]，给国会议员写信表达自己对LWCF的看法，以此向议员们施加影响来支持LWCF的工作。同时LWCF希望民众向身边的人们宣传LWCF，让更多的人参与进来。LWCF透明而开放的态度有助于树立基金会良好的形象，这具有很强的借鉴意义。

① 单项工程(Individual Project)，又称工程项目，它是构成建设项目的基本单位，具有独立的设计文件、独立概算、在竣工后能独立发挥设计规定的生产能力和效益。

② Dolesh, Richard J, Advocacy Update: The Fight to Save LWCF, Parks&Recreation[J], Nov 2006; 41(11):pg.14.

③ 综合自LWCF网站“TAKE ACTION”栏目，http://lwcfcoalition.org/take-action.html.

二、土地和水资源保育基金的法律保障

对一家基金会来说，业务能力和外在形象都很重要，而成立数十年来，LWCF在这两方面无疑都做得非常好，这除了LWCF本身的原因外，美国完善的法律体系功不可没，这个体系为LWCF提供了尽管不稳定，但十分成熟的保障。LWCF的资金链有时处于动荡之中，但绝对不会缺钱到难以运转的程度；它也会遭遇各方面的质疑与刁难，但绝对不会陷入各色丑闻以及国民信任危机当中。这是LWCF身后健全的法律体系及LWCF利益集团在国会的游说行动结出的美味果实。

（一）土地和水资源保育基金法案[①]

与LWCF相关的法律非常之多，但其中最为关键的是单独针对它的《土地和水资源保育基金法案》。上文提到的美国户外休憩资源审查委员会关于创设一个基金计划来保护美国土地和水等资源、为全美国人民提供户外休憩娱乐场所的研究成果披露之后，联邦政府作了积极的回应。时任美国总统肯尼迪给国会发去了一份关于土地和水资源保护基金的立法草案。国会最终颁行了这个法案，即1965年的《土地和水资源保育基金法案》（Land and Water Conservation Fund Act of 1965）。LWCF法案的立法历程显示出，美国国会正视日益增长的全国性的户外休闲娱乐的需要，并决心对休憩资源进行长久的保护。此后数十年间LWCF法案保证了LWCF能够有效保护和开发自然资源，也证明了美国国会在保护自然资源方面富有远见。

国会颁行LWCF法案的时候正是20世纪60年代中期，美国正在经历着深刻的变化，美国的公共政策和法律正从经济利益驱使下摆脱出来，开始意识到不具备经济价值的自然资源的重要性。例如，在LWCF法案之前的一年，国会制定了《荒野法案》（Wild Act），建立了一套法律系统来保护大自然的风景，《荒野法案》中的政策宣言和LWCF中的相差无几。因此，可以说，LWCF法案是美国20世纪60年代国会庞大的保护自然资源的立法努力中的一部分。

LWCF法案如此阐述它的目的："坚持保护发展并且确保为美国所有公民，包括子子孙孙，提供在数量和质量上都非常优质的户外休憩娱乐资源，使得个人享受这样的户外休憩成为必要的、可能的以及吸引人的，以此增强美国人民的体质和活力。"LWCF的此种表述显得较为模糊，从而使得LWCF法案的适用范围逐渐变得非常广泛。LWCF法案的内容正如法案名称所表示的，对

① Gelardi, Michael J. Ain' t nothing like the real thing:enforcingland use restrictions on land and water conservation fund parks, Washington Law Review[J], Aug 2007,82(3):pg.737～765.

LWCF的框架、目标、运行规则等做详细的规定，从而使LWCF有法可循。值得一提的是LWCF法案中有“转换条款”，“转换条款”对于联邦资金的安全使用至关重要，使联邦能够确保资金接受方保证LWCF提供的财产仅仅为了户外休憩的目的而使用。条款即：一旦接受了LWCF的资金，如果没有美国内政部的允许，这些资金不能够用于除了保护和开发户外休憩资源以外的其他目的。如果接受方要求仅仅转移一部分LWCF援助下建设的公园的资金，内政部国家公园管理局将对这种转移对整个公园的影响作出全面的评估。为接受LWCF资助，各州都必须要求所有地方项目执行方接受这个“转换条款”。

（二）土地和水资源保育基金会围绕立法机构的游说活动[①]

由于美国三权分立的政治体制，LWCF要想获得足够而稳定的法律保障，必须介入国会的立法进程，通过游说等方式来影响国会的立法。这对LWCF能够持续而健康的发展至关重要。LWCF有一个拥有共同利益的同盟，如国家公园管理局等联邦政府部门及地方接受LWCF援助的相关机构。同盟成员们致力于促进LWCF基金的发展。美国存在着许多的保护环境的政府基金会、项目以及各式计划，LWCF需要与它们争夺资金支持，因此每一财年，LWCF同盟都会游说国会和白宫以确保LWCF能够获得充足的资金支持、顺利走完拨款程序。不幸的是，自1965年LWCF创设以来，国会从未遵守过它的诺言，将LWCF法案规定的开采外大陆架石油和天然气的能源公司所缴纳的9亿美元特别经费全额拨给LWCF使用。为此，法律成为LWCF最后的武器。LWCF需要法律来保证全权拥有专用资金，以保护美国珍贵的土地和水资源，让全体美国人有机会享受到高质量的公园以及其他休憩娱乐机会。

自诞生那天起，LWCF在立法机构的行动就没有停止过。近年来，由于LWCF在基金问题上遇到了持续不断的危机，它在立法机构付出了更多的努力。根据LWCF在官方网站上提供的资料，LWCF的这些努力收获颇丰。

为保障LWCF拥有充分而专门的基金，2013年2月14日，民主和共和两党的议员共同向美国参议院提交了《2013土地和水资源保护授权和基金案》（Land and Water Conservation Authorization and Funding Act of 2013）[②]。在第112届国会上，相似的两党共同发起的提案获得了30个议员作为联合发起人，在第111届国会上有26名议员作为联合发起人。2013年3月，参议院通过了2014财年预算决议，这份预算蓝图为LWCF保留了完整的专用基金。2012年3月，一份修正案赋

---

① 数据等均综合自LWCF官方网站“LEGISLATION”栏目，http://lwcfcoalition.org/legislation.html.

② thomas.loc.gov/cgi-bin/bdquery/z?d113:s.338:

予LWCF未来两年每年获得7亿美元的资金，这一修正案在参议院得到了76票支持，得票数非常多，而且是超越党派的。LWCF所从事的公共事业并没有受到国会两党政治的不利影响。2011年7月26日国会口头表决通过的一项修正案使得LWCF在2012财年增加了2000万美元，使森林遗产计划（Forest Legacy Program，FLP）增加了500万美元，这两项修正案由众议院巴斯（Reps. Bass）以及众议院蒂普（Reps.Tipton）提议，故称作巴斯/蒂普顿修正案。

与此同时，LWCF一直在进行的“亲爱的同僚”发信行动（Dear Colleague Letters）2013年主要围绕着众议院和参议院对LWCF的拨款议程而展开。众议院的版本得到了151人支持，包括12名共和党人。参议院的版本有43人支持，其中包括5名共和党人。在2012年，有2封关于运输法案（Transportation Bill）中LWCF利益的信写给了众议院领袖们，一封在2012年5月份有146名民主党人士联署，另外一封在2012年6月有32名共和党人联署。而在2012年11月，49名参议员（其中8位共和党员）联署了一封信给多数和少数党领袖，强烈要求在112届国会跛脚鸭会议（lame-duck session）期间为LWCF永久性地解决基金困境。2011年，47名众议员（其中15名共和党人）同样联署了一封信强烈要求保护LWCF，防止将它的基金挪用到交通运输基础设施的支付上。

三、土地和水资源保育基金的成功案例[①]

在激烈的竞争环境下，LWCF的成败完全取决于它的行动能力。每一财年国会向该基金投入数亿美元，如果LWCF不能拿出一份漂亮的成绩单，那么它就存在着被国会“断粮”、解散的危险。LWCF所受的支持仰仗于它数十年来孜孜不倦地为美国的自然资源保护及户外休憩事业所作出的巨大贡献，LWCF本身也以此为豪，在官方网站中建有专门的栏目“CASE STUDIES”来宣传它成功的项目。LWCF计划已经永久性地保护将近500万英亩的公共土地，包括一些美国最有价值地方，比如大峡谷国家公园、阿帕拉契国家风景小径、白山国家森林，以及美国第一个联邦保护区——佩利肯岛国家野生动物保护区等，为美国人民的公共休憩娱乐以及美国的土地和水资源保护作出了巨大的贡献。这里选取它公布的两个保护案例：康涅狄格州、马萨诸塞州、新罕布什尔州、佛蒙特州西尔维奥·O·康特国家鱼类和野生动物保护区（CONNECTICUT，MASSACHUSETTS，NEW HAMPSHIRE，VERMONT Silvio O. Conte National Fish and Wildlife Refuge）以及华盛顿雷尼尔山国家公园来作简要介绍。

① 综合自LWCF官方网站“CASE STUDIES”栏目。

（一）西尔维奥・O・康特国家鱼类和野生动物保护区[①]

西尔维奥・O・康特国家鱼类和野生动物保护区是保护区系统中唯一真正的流域保护项目，保护着新罕布什尔州、佛蒙特州、马萨诸塞州以及康涅狄格州康涅狄格河流域720万英亩的主要鱼类和野生动物栖息地。该流域是新英格兰地区（New England）[②]最大的河流域，它跨越多样的生态系统，提供美国东北地区最重要的、与气候变化的大环境下野生动物和鱼类的适应需要紧密相关的栖息地走廊，是土地和水资源保护基金会分量极大的成果之一。康特鱼类和野生动物保护区的一些在全美范围内具有创新性质的法律的颁布，为美国其他地区的鱼类和野生动物保护提供了参照，为联邦、州、私人三者间的合作关系提供了指导，加强它们彼此间关系的协调。

土地和水资源保护基金会与联邦、州、大学以及非政府组织等合作伙伴正在保护区内展开合作，努力进一步节约土地、恢复栖息地、进行保护鱼类和野生动物的科学研究，并在保护区外的社区开展宣传、教育等工作。到目前为止，LWCF基金已在康涅狄格河流域保护了近250000万英亩土地，包括建立起来的超过32000英亩的保护区。通过对这些合作伙伴的资产进行收购，LWCF帮助他们应对重要的生态威胁，包括发展与保护鱼类和野生动物相矛盾的林业、住宅产业，以及将较大的森林地块所有权分成较小的地块所有权等。今天，仍然有许多拥有保护区周边的土地资源的地主想要卖出他们的土地，这被保护区确定为购买高优先级。不可忽略的是，持续的LWCF资金是保护西尔维奥・O・康特国家鱼类和野生动物保护区的完整性和康涅狄格河流域的关键，LWCF已经投入了近1000万美元的，而候鸟保护委员会（Migratory Bird Conservation Commission）的投资则超过了500万美元。

（二）华盛顿雷尼尔山国家公园[③]

西雅图摩天大楼的后面露出白雪皑皑的山峰，这是华盛顿最为靓丽的风景之一。这些雪山便是华盛顿雷尼尔山国家公园的一部分，作为每年有近200万人参观的国家公园，如何让游客方便而舒适地进入公园，同时对园区内的自然环境进行有效保护一直是一个很重要的问题。例如，在西北入口，碳河路（Carbon River Road）因为频繁地被环卫机构冲洗而导致了损坏，最后被关闭。国家公园管理局和土地和水资源保护基金会一直十分关注雷尼尔山国家公园

---

① http://lwcfcoalition.org/case-studies/16-silvio-o-conte.html.

② 新英格兰是位于美国大陆东北角、濒临大西洋、毗邻加拿大的区域，包括缅因州、新罕布什尔州、佛蒙特州、罗得岛州、康涅狄格州和马萨诸塞州（麻省）六州.

③ http://lwcfcoalition.org/case-studies/11-mount-rainier-national-park.html.

的保护开发。早在2004年，立法机构通过了一项法律，通过该项法律，管理方扩大了这一区域的边界，建立了新的露营地、建造了新的入园道路、降低了维护成本并且尽量减少频繁的水灾的影响。这种区域的拓展还将为危险而濒临灭绝的物种，比如斑海雀，北美花斑猫头鹰以及大鳞大马哈鱼提供栖息地保护。在新扩建的公园边界有一个地方叫碳河门（Carbon River Gateway），它交通方便，并且包含着一个美丽的小山丘，这让它成为一个理想的俯瞰风景之地。国家公园管理局以及土地和水资源保护基金会参与了这一拓展公园边界以及对碳河门地区进行保护开发的过程，它们的参与是使得这一片区域的环境得到保护，并且被有效开发成休憩之地的关键因素，这正是拓展公园边界的初衷。土地和水资源保护基金会投入了大量的资金，完成了碳河门地区以及由于公园边界拓展而新划入的地区的保护。

四、土地和水资源保育基金会资金危机

不可否认，围绕LWCF已经形成了一个庞大的链条，这条链子将相关的政府机构、公园、保护区以及休憩产业等紧紧联系在一起。LWCF是国家综合户外休憩计划名下全国性的可依赖的基金，它为联邦政府获取地方公共土地，为美国人民发展休憩娱乐设施，对自然资源进行有效地保护……尽管LWCF成效显著，使命不容置疑，它在政府与民间也都拥有强大的支持力量，但LWCF面临的危机却是持久而性命攸关的——这就是它的资金问题。

（一）土地和水资源保育基金会的资金受制于国会

LWCF类似于一个“信托基金”，将联邦户外休憩用户费用、联邦摩托艇燃油税、联邦剩余财产销售所得资金以及来自外大陆架石油天然气开采税收累积起来，直至达到年度9亿美元的授权金额，然后将这些钱用在基金会的目的上（在过去的十年间，外大陆架石油和天然气收入来源占据了90%）。但在它花钱的方式上，它又并非传统严格意义上的“信托基金”。普通的信托基金是指一个账户从指定的来源收集资金，然后将所有这些资金用作指定的活动或者相关的系列活动。但从LWCF资金的批准、使用权限来看，它与人们所理解的那种传统意义上的私营部门的信托基金有显著差异①。按照LWCF法案，原则上LWCF可以拥有大部分来自外大陆架石油和天然气开采税收的9亿美元款项，但问题的关键在于，这笔钱的使用必须得到国会的批准，如果没有获得批准，这些钱仍然

---

① Jeffrey Zinn.Land and Water Conservation Fund:Current Status and Issues[R]. CRS Report for Congress, January 28, 2002:pg3～10.

属于美国财政部，并且可以被用在其他联邦项目上。如果国会认为这些钱应该被用在其他更重要或者更急需的方面，那么LWCF的账户上将毫无所得①。

当然，美国国会的此种预算审批权是广泛的，它并不仅仅针对LWCF，但无疑这对LWCF类的基金会产生的影响是非常大的。几乎每一年国会都不会“痛快”地通过LWCF的资金预算，而将本该用来保护美国土地和水资源的钱转移给其他项目，导致LWCF基金每一年的变化幅度都非常大。在布什政府时期LWCF甚至因为缺钱而有关停的危险——这是由布什政府2006年之前的两个联邦预算案导致。布什政府不断削减LWCF基金②，布什执政的最后一年，即2007年，该基金已经减少到不足1亿美元。此外，国会在审核资金的过程中会指定该基金的使用方向。LWCF基金每年都必须与其他内政部的保护计划展开激烈竞争，尽管国会两党都愿意给LWCF资金支持，白宫一般情况下也不会激烈反对，但与其他计划的预算相较之下，LWCF就不那么具有优先性了。比如，从1965年至2001年，原则上属于LWCF基金的资金共达254亿美元，但仅有125亿美元真正被国会批准拨出供LWCF使用③。国家娱乐和公园协会（National Recreation and Park Association，NRPA）以及其他LWCF联盟组织一直在试图游说立法机关改变法律使得那9亿美元的资金能够完全地拨给LWCF，正如这笔钱最初设想的那样，但要想达到这一目标仍然有很长的路要走。长久以来，LWCF的资金问题尖锐而严峻，犹如一把悬停在LWCF项上的达摩克利斯之剑，让LWCF充满了浓郁的危机意识④。

（二）土地和水资源保育基金会资金危机的后果

预算上的阻碍给LWCF造成的后果是严重的。在土地和水资源保护上LWCF存在着巨大的联邦资金积压问题，今天，四个联邦土地管理机构（国家公园管理局，美国鱼类和野生动物管理局，美国林务局以及美国土地管理局）积压的联邦资金需求已经接近300亿美元。这不可避免地影响了很多保护和开发工作的进行，包括那些极其脆弱的地区，如佛罗里达州的沼泽地、亚利桑那州石化林国家公园、弗吉尼亚内战战场遗址以及其他珍贵的地方。对州政府的影响也很大，尽管大多数的州都有自己的资金系统，但在购买公园、壮大公园、建造社区中心以及建造户外休憩设施这一事业上，大多数州和地区仍然依靠LWCF作为主要的资金来源。根据国家公园管理局的报告，各州对户外休闲娱乐设施和公

① Pine, Stacey.The Importance of LWCF State Assistance[J]. Parks & Recreation,Sep 2010; 45(9):pg.25～27.
② Dolesh, Richard J.LWCF Grants: Going, Going...Gone?[], Parks & Recreation, May 2004; 39(5):pg.16～17.
③ Pine, Stacey.The Importance of LWCF State Assistance[J]. Parks & Recreation,Sep 2010; 45(9):pg.25～27.
④ Dolesh, Richard J.Advocacy Update: The Fight to Save LWCF[J]. Parks & Recreation,Nov 2006; 41(11):pg.15.

用场地的需要远未满足，需要LWCF基金提供近270亿美元来建造合乎条件的地方公园以及游乐项目[①]。LWCF无法单独满足各州的需求。作为美国各州以及地方社区的关键的合作伙伴，LWCF任重道远。

五、美国土地和水资源保育基金会对中国的启示

土地和水资源保育基金具有深厚的美国特色，如同其他美国政府在生态与环境保护领域设立的基金会一样，它的运作根植于公开透明的资金状况、开放信任的社会环境、完善的法律体系保障以及极强的公共服务意识。尽管土地和水资源保护基金会在政治、社会、经济等大环境上与中国的相关情况相比有很大的不同之处，但通过观察该基金会四十余年来的成功实践可以得到许多值得肯定与借鉴的经验。

（一）完善法律制度

如前文已经讨论过的，LWCF的健康运转离不开美国健全的法律体系。美国的法律制度非常完善，这种良好的法律环境是中国的环保基金会所难以享受到的。在环保领域，中国的法治仍然不健全，这给环保基金会带来了许多制度不便。但可喜的是，随着国家法治进程的加快，环保领域的法律体系正在变得越来越完善，如对环保法进行修订等都是有利于中国的环保基金会发展的。

（二）实现信息公开透明

作为一家基金会，LWCF保持着高度的公开透明性。在最为关键的资金问题上，LWCF通过各种手段向公众披露公众可能感兴趣的大量信息，它拥有及时更新并且内容丰富的官方网站、在社交媒体如twitter以及facebook上有自己的账号与民众进行互动。比如LWCF在官方网站的“我们在你身边”（LWCF IN YOUR STATE）栏目中，LWCF就详细地阐述了它在美国各个大州的工作及取得的成效，并有完整规范的文件以供下载。这种公开透明一方面满足民众的知情权，另一方面也有助于赢得公众支持，同时在国会与其他环保组织的激烈竞争中取得优势，而这都是LWCF主要的资金来源对象。在中国，不少政府背景的环保基金会在信息公开上都有所不足，甚至有大的环保基金会爆出资金管理上的问题，受到公众质疑。在民众的知情意识日益高涨以及政府信息公开广度和深度都日益加强的大背景下，LWCF在信息公开、实现透明化上的经验无疑是值得有中国有政府背景的环保基金会借鉴的。

① http://www.lwcfcoalition.org/about-lwcf.html.

（三）加强公共服务意识

LWCF作为一家国会下设的全国性基金会，它的项目深入到了美国的许多角落，大至国家公园，小至社区球场，LWCF都进行全心全意的建设与投入。许多项目与普通民众的生活息息相关，民众能够切身感受到LWCF在为保护美国的土地和水资源而努力。LWCF的众多服务于普通公众的项目使得它看起来非常接地气。它存在的意义便是服务于土地和水资源保护的公共目的，而非获取某种监管权力或待遇，这种目的是单纯的，这种“单纯”正是中国政府背景的环保基金会可以借鉴学习之处。

参考文献

[1]Gelardi, Michael J. Ain’t nothing like the real thing:enforcingland use restrictions on land and water conservation fund parks,Washington Law Review[J],Aug 2007,82(3):pg. 737~765.

[2]Dolesh,Richard J .Advocacy Update:The Fight to Save LWCF,Parks&Recreation[J], Nov 2006; 41(11): pg.14.

[3]Jeffrey Zinn.Land and Water Conservation Fund:Current Status and Issues[R]，CRS Report for Congress, January 28, 2002:pg.3～10.

[4]Pine, Stacey.The Importance of LWCF State Assistance[J]，Parks & Recreation,Sep 2010; 45(9):pg.25～27.

[5]Dolesh, Richard J.LWCF Grants: Going, Going...Gone?[]，Parks & Recreation, May 2004; 39(5):pg.16～17.

专题十三：日本水俣病事件及其启示

一、背景

水俣市位于日本九州岛西南端，熊本县的最南部，与鹿儿岛县接壤，三面环山，一面朝海，树木葱茏，碧海蓝天，风光秀丽，是水俣湾东部的一个小城，目前有3万多人居住，水俣湾外围的“不知火海”（也称作八代海）是被九州本土和天草诸岛围起来的内海，那里渔产丰富，是渔民们赖以生存的主要渔场，水俣市也因此格外兴旺①。

第二次世界大战之后，日本国内百废待兴，发展经济成了日本政府的首要任务。在20世纪50年代至70年代，日本经济迎来了高速增长的时期，但同时由于环境政策不健全，环境管理体系松散，监督执法不严，导致了环境问题集中爆发，熊本县的水俣病、新潟县的第二水俣病、四日市哮喘病和富山县痛痛病都在同一时期出现，并称为“日本四大公害病”，日本列岛一度成为“公害列岛”。其中，日本水俣病事件更是成为全球八大公害事件之一，被称为“公害的原点”，水俣市也因这场震惊世界的公害——水俣病事件而被世人所熟知。

日本人民因公害事件承受了巨大的痛苦，仅在水俣病事件中，日本有确认患者近3 000人，其中1 000多人已经死亡，至今仍有8000多人继续申请诉讼赔偿，而据专家估计，整个水俣病患者总数达到了近20万人，水俣病造成的直接经济损失高达3000多亿日元。

从1956年水俣病事件爆发至2010年“不知火患者会”诉讼达成和解，历经五十多年，然而，水俣病事件却并没有结束，水俣病患者虽然获得了相应的经济赔偿，但至今仍然承受着病痛的折磨。水俣病事件的爆发，引发了席卷日本全国的“反公害”市民运动，促使日本政府积极调整管理目标，完善环境政策，转变工业生产方式，构建了汞污染防治管理体系，取得了明显成效，成为了日本环保史的转折点。中国当前正处于经济高速增长时期，如何避免和防止水俣病以及其他公害悲剧在中国上演，日本的经验和教训给了中国深刻的启示，日本为水俣病事件付出的惨痛代价也为我们乃至整个人类敲响了警钟。

① 张延. 日本水俣病和水俣湾的环境恢复与保护[J]. 调查研究, 2006(5).

二、水俣病事件

（一）水俣病事件的爆发、扩大及其原因

1950年开始，日本水俣市接连发生猫狂躁而死的异常情况，当地人们把猫的异常情况称之为猫跳舞病。接着鸡、狗、猪等动物以及鸟类都出现了发狂而死的状况。水俣渔协的鱼产量也急剧下降，从1954年开始，每年都会比前一年减少1/3到1/2。1956年4月21日，一位5岁小女孩因为行走、说话困难，甚至狂躁不安等症状来到了医院看病，两天后，这位小女孩的2岁的小妹妹也出现了相同的症状，接着，又有4名同样症状的患者住进了医院治疗。5月1日，医院院长向水俣市保健所报告：发现数名致病原因不明的中枢神经疾病患者。后来这一天就被正式定为发现水俣病的日子[①]。

水俣市出现的怪病引起了当地的恐慌，包括当地政府和医院在内立即发起成立了怪病对策委员会并与熊本大学医学部一道展开了调查和研究。在调研过程中，水俣病曾被怀疑是不知名的传染病，水俣病患者被隔离起来治疗，因此遭到了社会公众的歧视和中伤。调研一步步地深入后，水俣病的致病原因被相继怀疑是锰、铊等重金属，但相继遭到实验的否定。随着时间的推移，越来越多的水俣市民出现了水俣怪病的症状。在熊本大学的努力下，很快查明水俣病与汞金属中毒有关，人和动物正是吃了遭受污染的鱼贝类而患病。熊本大学的调查还发现，病死者、鱼体和日本氮肥厂排污管道出口附近都含有有毒的甲基汞，水俣病的秘密始被揭开。综合这些调查和实验结果，1959年日本政府厚生省水俣病食物中毒委员会经过研究认为：水俣病是由于大量摄取水俣湾及周边生存的鱼贝类而产生的中毒性疾病，主要是中枢神经系统的障碍，主因是某种有机水银化合物。但这个结果直到1968年才得到日本官方的正式确认，并认定是由于窒素公司在当地的氮肥厂排放的大量含汞废水造成的。

水俣病的罪魁祸首是当时处于世界化工业尖端地位的氮生产企业——窒素公司。1908年，"日本窒素肥料株式会社"在水俣建成工厂，开始生产化肥，逐渐成为日本主要的化学工厂，也成为支撑日本战后经济增长的企业之一。1932年，窒素公司开始生产作为醋酸和氯乙烯等原材料的乙醛，成为日本第一大乙醛生产商。由于在制作过程中使用了无机水银作为催化剂，产生了具有剧毒性的甲基汞，工厂未将含有水银的废水做任何处理就直接排放到海中[②]。在原因被查明，矛头指向窒素公司后，窒素公司不但不停止污染行为，还以各种

① 原田正纯[日本]. 水俣病没有结束(清华大学公管学院水俣课题组编译)[M]. 北京：中信出版社，2013:1～2.
② 原田正纯[日本]. 水俣病：史无前例的公害病(包茂红，郭瑞雪译)[M]. 北京：北京大学出版社，2012:8～9.

理由和借口百般否认，以此迷惑大众和推卸责任，更为严重的是还更改了排水口（原先直接排放进水俣湾，而水俣湾呈口袋状，天然的能够防止污染的扩散），将包含水银的废水经过八幡池排入了水俣川，就这样将有机水银顺着水流扩散到了不知火海的全部地域，水俣病的范围因此被扩大了①。事实上，在1959年，窒素公司附属医院在猫身上做了实验，证明猫在饮用了还有工厂排出的废水之后患上了水俣病，这个实验被称为猫400号实验，但是窒素公司却隐瞒了这一事实，一直到1968年都在排放有毒的废水②。

由于窒素公司在当时是水俣市的支柱企业，相当多的水俣市民在该公司工作，窒素公司的缴税也是当地政府财政收入的重要组成部分。因此，在处理水俣病事件中，当地政府尤其是水俣市政府在初期甚至采取了包庇窒素公司的做法，未能及时地确认窒素公司的责任，未采取有效的防治措施，造成了更多的水俣市民不幸罹患水俣病。直到1965年3月，日本新潟县阿贺野川流域也出现了汞中毒患者，原因则是日本第二大乙醛生产商——昭和电工排放的废水中同样含有水银。1968年9月26日，日本厚生省及科学技术厅公布了政府的统一见解指出，在熊本发生水俣病的原因，是窒素公司水俣工厂“在乙醛乙酸设备内生成的甲基汞化合物”；新潟水俣病的中毒发生的基础，是昭和电工的“乙醛制造工序中副生的甲基汞化合物”③。至此，水俣病的致病原因终于得以由官方正式确认，窒素公司的责任也得以认定。

（二）水俣病患者遭受了严重的不公正待遇

水俣病是工厂排放的含汞废水中，有机（甲基）汞化合物经鱼、贝类的食物链在人体内蓄积而发作的公害病，其症状由视野狭隘、感觉障碍、运动失调、听力障碍、言语障碍和手足震颤等初期的中枢神经性疾病开始，发展为头痛、疲劳感等全身性疾患，严重的甚至危及生命，甲基汞还可通过胎盘转移至胎儿也会导致胎儿性水俣病④。日本水俣病事件爆发后，水俣病患者遭受了来自窒素公司、政府以及周围市民严重的不公正待遇，深受病痛折磨的患者遭受了严重的心理伤害。

1. 企业的重大责任

水俣病的肇事者——窒素公司将没有经过任何处理的含汞废水长期直接排入海中，造成了严重的后果。在水俣病事件爆发后，窒素公司仍执行利润第一

① 原田正纯[日本]. 水俣病没有结束(清华大学公管学院水俣课题组编译)[M]. 北京: 中信出版社, 2013:5.
② 原田正纯[日本]. 水俣病: 史无前例的公害病(包茂红, 郭瑞雪译)[M]. 北京: 北京大学出版社, 2012:4.
③ Environmental Health and Safety Division, Environmental Health Department. Lessons from Minamata Disease and Mercury Management in Japan [EB/OL], 2011(Tokyo: Ministry of the Environment, Japan, 2011), p4. (http://www.env.go.jp/chemi/tmms/pr-m/mat01/en_full.pdf.)
④ 木本忠昭[日本]. 水俣病和日本的产业转换(冯丹阳译)[J]. 世界环境, 2012(1).

的政策而毫不顾忌当地居民的生命健康，通过各种理由和借口百般抵赖和推卸责任。甚至在其下属医院通过猫实验证实是由其排放的废水引发了水俣病后，竟然立即封存实验数据，掩饰真相，继续在已经获悉缘由的情况下继续不作处理的排放含汞废水，甚至更改排放口，造成了更大范围的汞污染，使得更多的无辜市民不幸罹患水俣病，许多患者因此而痛苦地离开了人世。窒素公司极其不负责任的做法以及掩盖事实真相的行为是造成水俣病事件严重扩大的根源。

在水俣病患者获悉了造成他们痛苦的根源是窒素公司而采取各种措施表达诉求的时候，窒素公司不但不及时反省自身的错误和责任，反而压制水俣病患者合理的表达诉求的权利，这种极不负责任的不人道做法导致了水俣病患者承受了更大的痛苦，窒素公司在整个水俣病事件中要负主要责任。

2. 政府的责任

当地政府和日本中央政府在水俣病事件中也负有不可推卸的责任。在水俣病爆发后，当地政府出于私利竟然不顾市民的生命安全，采取了纵容和保护窒素公司的政策，未能及时地采取有效措施，遏制水俣病的扩散，导致了事态更加严重化。

在水俣病病因得到官方正式认定后，水俣病患者要求得到窒素公司的合理赔偿时，当地政府和中央政府以及窒素公司又一次不公正地对待水俣病患者。在对水俣病患者予以官方认定而给予赔偿时，政府和水俣公司设置了一些不尽合理的标准，导致到目前为止也只有少部分患者得以被正式认定，相当多的患者未能等到官方承认就已经痛苦地离开了人世[①]。直到今天，尚有数千患者在申请官方的正式认定。

当地政府的纵容以及日本中央政府的行动迟滞导致了这场悲剧的扩大，造成了更多无辜市民罹患水俣病，患者们在表达诉求之时又因官方的偏袒而遭受了严重的不公正待遇，这场悲剧中，当地政府与日本中央政府的不负责任的行为令人震惊。

3. 其他市民的误解与冷漠

在水俣病患者开始抗争时，周围市民和一些团体机构则持冷淡甚至反对的态度，认为水俣病患者的行动损害了他们的利益，甚至就水俣病本身也被视作是一种传染病而排斥水俣病患者，许多水俣病患者甚至害怕遭受冷漠待遇而不敢承认自己得了水俣病。

由于窒素公司在水俣市的重要地位，相当多的市民在其中就职，当水俣病

---

① 原田正纯[日本]. 水俣病没有结束(清华大学公管学院水俣课题组编译)[M]. 北京：中信出版社，2013:16~24.

爆发后，水俣病患者开始抗争，但周围许多市民投以不理解，冷漠甚至反对的态度，水俣病本身被视作是一种传染病，水俣病患者被人为地隔离开来，即使在确认水俣病没有传染性之后，仍然有不少市民不愿支持水俣病患者的抗争行为。直到越来越多的普通市民罹患水俣病之后，水俣市居民逐渐觉醒了，越来越多的人开始与水俣病患者站在一起，展开抗争。但对于那些未能看到后来的赔偿就已经辞世的水俣病患者们，他们遭受的生理与心理创伤，将是永远无法衡量和弥补的。这样严重的后果，与市民们的冷漠与误解甚至反对都有一定的关联。

水俣病事件中，水俣病患者在生理和心理上蒙受了巨大的痛苦，窒素公司是这场持续至今的悲剧的祸根，政府的不作为是造成水俣病扩大化的又一重要原因，其他市民们的冷漠则纵容了窒素公司的行为，日本人民为水俣病付出了惨重的代价。

（三）水俣病事件的解决

随着水俣病患者的持续抗争，日本社会公众掀起了反公害运动，日本政府终于正式认定了水俣病病因，确定了窒素公司的责任。围绕患者补偿问题，水俣病患者想通过与窒素公司的直接交涉来解决，然而该公司主张应该由第三者的机关出面解决，导致事情没有任何进展。

1969年6月14日，部分患者及其家属共112人向熊本地方法院提交诉讼，要求窒素公司支付总额6亿4200余万日元的慰问金（之后对要求总额提升到15亿8800余万日元）；1973年1月20日，被否决认定申请的34人和其他患者10人及其家属，向熊本地方法院提出诉讼，要求窒素公司支付每人2200万日元，总额为16亿8400万日元；1980年5月21日，未认定的69名水俣病患者及其家属，向熊本县地方法院提出诉讼，追究国家和熊本县在水俣病发生和防止扩大方面的行政责任，要求国家和熊本县代替窒素公司支付每人1800万～2800万日元，总额13亿7700万日元的损害赔偿；从1982年到1988年大阪地方法院（关西诉讼）、东京地方法院（东京诉讼）、京都地方法院（京都诉讼）、福冈地方法院（福冈诉讼）相继展开了要求国家进行赔偿的请求诉讼，2000人以上的原告参加了这场长时间的斗争；直到2010年不知火患者会诉讼（熊本地方法院）达成了和解的基本协议[①]。

窒素公司面对庞大的诉讼请求，已没有能力独自承担，水俣市政府与日本

① 日本水俣市立水俣病资料馆. 水俣病——历史和教训-2007（中国语版）[EB/OL]. 日本水俣市. 水俣市规划部(Minamata City Planning Division), 2007:24~25. (http://www.minamata195651.jp/pdf/Chinese/kyokun_all_ch.pdf.)

中央政府通过发行债券等形式帮助窒素公司支付患者的赔偿以及患者的医疗救济和保健费用。迄今为止，窒素公司水俣病而付出的赔偿金额，包括赔偿金等的借款利息已达3000亿日元（相当于人民币246.9亿元）[①]。另一方面，为了恢复水俣湾的生态环境，日本政府花了14年的时间，投入485亿日元，将水俣湾深挖4米才把含汞底泥全部清除。同时，在水俣湾入口处设立隔离网，将海湾内被污染的鱼统统捕获进行填埋。日本政府和企业因此至少花费了800亿日元[②]。

窒素公司由于水俣病事件而付出了惨重的代价，但据专家计算，如果窒素公司当年就采取有效措施治理污水，其花费大约是200万日元，与后来的赔偿额相比，相差之悬殊，令人震惊。水俣病事件的出现至今仍然影响着窒素公司的发展：生产力降低、投资萎缩、成本、物价上升、为治理环境花更多的钱，还要一直背着付巨额赔偿的重负。由此带来的经济萧条，也直接影响着水俣市的发展[③]。

（四）水俣市的重生

日本政府针对水俣地区的汞污染而采取了一系列措施治理污染，恢复水俣市的环境。与此同时，深受环境污染之苦的水俣市也开始了建立环境模范城市的进程，并取得了显著的成效。

1. 水俣湾污染应对政策

窒素公司自1932年开始生产乙醛到1968年彻底停止生产，混杂在工厂废水中而排放进大海的水银量达到70~150吨以上，堆积在海底水银量在25ppm以上的淤泥总量大约150万立方米，面积大约209万平方米，厚度达到4米，这对水俣市的环境安全产生了巨大的隐患，同时，被水银严重污染的鱼贝类仍然存在，这对水俣市民的生命健康构成了严重的威胁[④]。

熊本县于1977年10月1日，开始对总水银量为25ppm的淤泥进行处理，开始了水俣湾公害防止工程。此工程把水银值较高的湾内部的59万平方米用钢板隔开，水银值较低的151万平方米的区域内堆积的78万立方米的污泥用水泵抽出来然后进行填埋，然后在上面铺一层沙子进行表面处理，最后用山土进行覆盖，对被水银污染的淤泥进行了填埋处理。这项工程经历了13年的时间，花费了485亿日元，其中窒素公司负担305亿日元，其余的部分由日本政府和熊本县政府承担[⑤]。

① 黄浩明. 环境公害处理机制研究——日本水俣病事件之观察[J]. 学会, 2012(5).

② 杨伟利. 日本水俣病[J]. 环境, 2006(3).

③ "走访日本水俣病的故乡之九——油门和刹车在一个档上怎么走"[EB/OL], 清华大学公共管理学院产业发展与治理研究中心, http://www.cideg.org.cn/cms/gzlw/779.jhtml, 最后访问时间：2013年8月30日.

④ 日本水俣市立水俣病资料馆. 水俣病——历史和教训-2007(中国语版)[EB/OL], 日本水俣市, 水俣市规划部(Minamata City Planning Division), 2007:14. (http://www.minamata195651.jp/pdf/Chinese/kyokun_all_ch.pdf.)

⑤ 日本水俣市立水俣病资料馆. 水俣病——历史和教训-2007(中国语版)[EB/OL], 日本水俣市, 水俣市规划部(Minamata City Planning Division), 2007:14. (http://www.minamata195651.jp/pdf/Chinese/kyokun_all_ch.pdf.)

日本经济企划厅于1969年2月，把水俣海域定为水质保全法的指定水域，制定了水质标准，1970年12月制定了新的水质污浊防止法，对水银等有害物质进行了全国统一的排放规定，从源头上控制住了含水银废水的排放。同时，由于水俣川是流经水俣市主要河流，发源于熊本县和鹿儿岛县接壤的山中，也是当地饮用水源，水俣市也开始对水俣川流域进行水土保持。

1990年3月，水俣湾公害防止工程全面竣工，水俣湾地区环境得以成功恢复，从水俣川源头至河流入海口，植被保护相当完好，城市污水处理厂的排水口在河流靠近入海处，污水很多指标如溶解氧、总磷、总氮等都实行实时监测，均达标排放[①]。

2. 鱼贝类对策

由于仍然有大量被水银污染的鱼贝类存在水俣市海域，当地政府制定了严格的鱼贝类政策以控制水俣病的扩散。1974年，熊本县设立了隔离水俣湾口、拦阻水俣湾内的被污染鱼贝类的隔离网，同时，熊本县与水俣市渔协之间达成渔业补偿协定之后，于1975年4月1日开始到1990年3月31日的公害防止事业实施期间，禁止在水俣湾进行一切渔业作业。1997年10月，水俣湾环境得以恢复，水俣湾的隔离网至此完全撤出[②]。

3. 制定“建设环境模范城市计划”

1996年1月，水俣市政府批准“第3次水俣总规划”，拟将水俣建设成为注重环保、健康和福利的“工业-文化城市”，同年3月批准了“环境保护基础规划”，确立了“建设环境模范城市计划”，积极推动回收利用垃圾，减少污染排放，致力“零排放”社会的构建，积极降低石油与电的消耗。其总体规划的基本宗旨是：解决水俣病问题，重建生态环境；构建与自然和谐相处的生活方式；创建人性化的生活方式；创建有活力有激情的城市；提升水俣文化；继续促进社会公众参与和贡献。为实现上述宗旨，水俣市设立了7大基本规划：①保护清洁的河流与海洋项目；②循环城市项目；③环保研究城市项目；④健康城市项目；⑤水俣湾填海造陆及其邻近土地项目；⑥城市交换基地项目；⑦地区发展的公共活动支持项目[③]。

1999年水俣市取得了ISO14001认证，是日本第五个获得该项认证的城市。水俣市在取得ISO14001认定后，以相同的手法开始实施水俣市“家庭版ISO”、“学校版环境ISO”制度、“托儿所与幼儿园版ISO”、“酒店与日式旅馆版

---

① 张延. 日本水俣病和水俣湾的环境恢复与保护[J]. 调查研究, 2006(5).

② Environmental Health and Safety Division, Environmental Health Department. Lessons from Minamata Disease and Mercury Management in Japan [EB/OL], 2011(Tokyo: Ministry of the Environment, Japan, 2011), p14. (http://www.env.go.jp/chemi/tmms/pr-m/mat01/en_full.pdf.)

③ "General Projects" [EB/OL], Minamata City, http://www.city.minamata.lg.jp/1001.html.

ISO”，在70多个家庭以及全市所有中小学推行市长认定，开展创建环保家庭和学校的活动。水俣市于1993年8月开始了垃圾分类收集的制度，2000年开始对垃圾进行了24种分类，以实现垃圾的资源化以及再利用。与此同时，水俣市还展开了其他相关活动，如环保商店认定制度、地区环境协定、创建生物小区、选定环境共生模范地区、环保模范认定制度及召开环境自治体会议等活动①。

通过推行这些政策，大大提升了整个水俣市民的环保意识，提高了水俣市的环保水平，实现了水俣市的重生。

4. 水俣市长期环境政策

水俣市为了更好地实现可持续发展，并让子孙后代能够更好地继承环境保护事业，水俣市制定了十项长期的环境政策，分别是：

第一，促进环境模范城市发展；第二，减少能源消耗，阻止全球变暖。在公共建筑与公共设施领域减少能源消耗，限制二氧化碳排放；第三，促进循环利用，减少资源消耗；第四实施环境影响评估，评价政策的目标与效果，政府将会对环境政策进行年度审核，及时的跟进与修正政策，以确保政策与发挥最佳效果；第五，观察法律法规与环境的适宜程度；第六，构建环境管理体系；第七，与包括委员会，承包商，供货方等在内的环境管理协作实体合作；第八，为环境问题的解决与环境保护提供对人员的教育和培训；第九，实施公众调查，如城市政策是否反映了市民的生活方式等，市民通过评价城市政策，市政府吸收和采纳各种建议和意见；第十，促进环保信息传播，提升公众环境问题意识。②

三、日本政府汞污染防治与管理政策及其国际合作

水俣病事件爆发后，日本地方政府和中央政府吸取教训，采取有效措施应对汞污染，使水俣市获得了新生，并成功建构起了水银污染防治与管理体系，取得了显著的成效。日本政府还就水银污染防治积极展开了国际合作。

（一）汞污染防治体系的建立与完善

以水俣病事件爆发为标志，汞等环境污染造成的环境公害事件拉开了日本重视环境问题的序幕。经过多年的努力，日本现已逐步建立了相对完善的汞污染防治和管理体系。日本政府、地方政府、企业界、市民团体等多种主体均参与到汞污染防治体系中，针对环境破坏和健康危害，采取各种各样的措施，

① 日本水俣市立水俣病资料馆. 水俣病——历史和教训-2007(中国语版)[EB/OL]. 日本水俣市, 水俣市规划部(Minamata City Planning Division), 2007:37～38. (http://www.minamata195651.jp/pdf/Chinese/kyokun_all_ch.pdf.)

② " Environmental Policies" [EB/OL]. Minamata City, http://www.city.minamata.lg.jp/1002.html.

即日本中央政府设定环保标准、实施排放限制、设定产品以及生产工艺含汞标准、对废弃物进行恰当管理；地方政府根据广域回收和处理计划，对使用完的产品进行回收和恰当处理；产业界在工厂等实施环保对策，减少用于制造工艺，产品中的汞，开发无汞的替代品，并自主回收使用完的产品及再循环使用，进行恰当处理；再循环利用企业通过矿业中积蓄的汞炼制技术，进行汞回收和产品再循环利用；市民分别回收使用后的干电池、荧光灯等。

第一，转变观念，实现立法理念和环保目标的升华。经历了水俣病等公害事件，日本政府在处理环保与经济的关系上，从战后的经济发展优先转变到1968年的“经济发展优先环境保护”再到“环境保护与经济健康发展相协调”；在环保目标的定位上，由最初的污染源排放强度控制，过渡到环境质量和污染物排放强度并重，最终发展到保护生态环境和人体健康、建立可持续发展社会[①]。日本政府发展观念的实质性转变，真正的回归到了以人为本的道路之上，日本的环境保护也从被动防治转变成了主动预防、主动保护。

为真正落实新的发展理念，同时也为全方位的汞减排提供法律依据，日本政府相继颁布了一系列法律法规，如《公用水域水质保护法》《公害对策基本法》《电力工业法》等大量法律法规。

第二，建立汞污染防治标准体系，全方位有效控制汞污染。在水污染防治方面，从1974年开始，对公共用水水域与地下水设立了水质汞含量标准，对工厂和工作场所设立了污水汞排放标准，地方政府按自身需求制定了比中央政府更加严格的排放标准；在土壤污染防治方面，制定了土壤中汞含量标准以及土壤溶出量标准；在大气方面，也制定了汞的含量标准，推进企业自主控制排放；同时，针对汞及其化合物，按基于污染物排放及转移申报登记制度（Pollutant Release and Transfer Register，PRTR），企业有义务向政府申报登记含汞污染物的排放量与转移量[②]。

第三，清洁生产，加强涉汞工艺和产品管理。对于生产工艺中使用汞的行业如氯碱制造、氯乙烯单体制造等，日本以全部改进为不含汞生产工艺；对于像其他如氢氧化钠制造等含汞的行业，日本正在积极推进向无汞化转变；对于因使用汞而增添消费者健康损害风险的化妆品与农药等其他产品，日本政府制定了含汞标准，对于损害风险高的产品则禁止含汞[③]。

---

① 孙阳昭，陈扬，王祖光，方莉．构建重金属污染防治管理体系——从水俣病事件谈起[J]．环境保护与循环经济，2012(7).

② Environmental Health and Safety Division, Environmental Health Department. Lessons from Minamata Disease and Mercury Management in Japan [EB/OL], 2011(Tokyo: Ministry of the Environment, Japan, 2011), p22. (http://www.env.go.jp/chemi/tmms/pr-m/mat01/en_full.pdf.)

③ Environmental Health and Safety Division, Environmental Health Department. Lessons from Minamata Disease and Mercury Management in Japan [EB/OL], 2011(Tokyo: Ministry of the Environment, Japan, 2011), p23. (http://www.env.go.jp/chemi/tmms/pr-m/mat01/en_full.pdf.)

第四，含汞废弃物管理。从化石燃料的燃烧施设、金属炼制施设及废弃物焚烧施设等产生的灰尘、污泥等含汞废弃物，日本政府设定了相应的处理标准与要求。在运输、处理过程中执行比一般废弃物更严格的标准。

第五，绿色公共采购。为引导日本社会绿色消费，日本政府制定了国家机构等公共部门采购低环境负荷的物品和服务的“关于推进国家机构等采购环保物品的法律”，即俗称的“绿色采购法”，在“推进环保物品采购的基本方针”中规定了特定采购品目的判断标准中，设定了关于汞的含量标准，以促进无汞产品的开发、普及，引导企业削减产品中的汞含量①。

（二）日本汞污染防治及管理取得的成效

日本政府与企业、公众、NGO等民间团体合作，经过几十年的努力，成功建立起了有效的汞污染防治与管理体系，并取得了显著的成效，具体而言：

日本在1964年的汞用量约为2500吨，达到顶峰，在引进以其他物质和技术代替和减少了汞的使用量，近年来日本的汞用量降低至约10吨/年，下降了近99.6%，汞用量显著降低。

在日本主要的涉汞行业中，汞的使用量呈明显下降趋势，具体情况如下：烧碱制造行业，基于汞污染防治目标，政府联合工业协会推动烧碱制造行业由原来的汞法烧碱技术进行升级，到1986年烧碱生产已经基本实现了无汞化，从根本上减少了该行业的汞污染；电池制造业方面，日本采取了一系列废干电池的管理措施，如废电池的资源回收行动、电池生产中汞削减行动、含汞电池替代技术应用、碱性锌锰电池填埋对土壤环境影响研究等，促进了无汞锌锰电池的成功开发。到1995年，日本已经停止了含汞电池的生产。2009年成功研制了不含汞的碱性钮扣电池，确立了商品化技术。并且，日本还建立了废旧钮扣电池的循环利用体系；照明设备行业，政府通过绿色采购平台主动引导社会公众使用地汞的照明设备，从而促进照明设备生产业进行技术升级，大幅度地减少了汞的使用；其他行业如医疗设备，氯乙烯单体生产业等行业的汞使用量也呈显著的下降趋势②。

（三）日本汞污染防治与管理而展开的国际合作

日本人民因为水俣病事件而承受了巨大的痛苦，付出了惨痛的代价。经过

① Environmental Health and Safety Division, Environmental Health Department. Lessons from Minamata Disease and Mercury Management in Japan [EB/OL], 2011(Tokyo: Ministry of the Environment, Japan, 2011), p24. (http://www.env.go.jp/chemi/tmms/pr-m/mat01/en_full.pdf.)

② Environmental Health and Safety Division, Environmental Health Department. Lessons from Minamata Disease and Mercury Management in Japan [EB/OL], 2011(Tokyo: Ministry of the Environment, Japan, 2011), p26～33. (http://www.env.go.jp/chemi/tmms/pr-m/mat01/en_full.pdf.)

几十年的努力后，水俣市终于从汞污染中得以重生，日本在汞污染防治与管理方面也取得了显著的成效，积累了十分宝贵的经验，因此，日本政府积极与国际社会就汞污染防治与管理而展开合作。

第一，日本是联合国环境规划署汞类废弃物管理领域合作伙伴关系的主导国家。在联合国环境规划署推行的汞类废弃物管理领域的合作伙伴关系中，共有47个国家、国际组织及非政府组织参与其中，一同合作推进全球汞类废弃物管理进程。日本在该伙伴关系中处于主导国家的地位，日本政府通过将有关汞类废弃物管理的经验整理总结成相关资料，以供包括发展中国家在内的国际社会在进行汞废弃物处理时参考，由此，积极为合作伙伴计划做出贡献。

第二，编写巴塞尔公约的技术指南。2006年第8次巴塞尔公约缔约国会议决定，日本是正确管理汞类废弃物相关技术指南编写的主导国，为此，日本政府与各缔约国、专家、民间团体等通力合作，积极完成编写工作。

第三，通过JICA向发展中国家提供支援。日本政府通过独立行政法人国际合作机构（JICA）向众多发展中国家积极提供援助，帮助这些国家克服和防治汞污染问题。具体实施了以下项目，如在巴西的“Tapajos河流域的甲基汞相关保健监测系统强化项目”、在哈萨克斯坦的“Nura河流域汞环境监测项目”等技术合作项目，及以“有害金属等污染对策”、“水俣病的经验和教训”等为题的研修课程等，积极为各国培养有关汞对策的行政及组织人才。

第四，为国际社会制定防止汞污染相关条约的国际谈判而做出贡献。国际社会为防止水俣病悲剧在其他地区重演，正就达成有汞污染相关条约而展开谈判。为此，日本政府作为亚太地区的联络人，正通过汇总本地区的意见等措施，积极行动，为条约的形成做出了重要贡献。该条约的最终签字仪式及会议将于2013年10月左右在日本召开，条约名已拟定为“水俣条约”，以此向全世界展示整个国际社会防止汞污染的措施和决心①。

四、水俣病事件的教训及对中国的启示

（一）水俣病事件的教训

日本水俣病事件造成了极其严重深远的影响，水俣市环境虽然得以复原，但水俣病事件受害者至今仍遭受着病痛的折磨，承受着巨大的痛苦。纵观整个事件发生始末，有太多的教训值得总结吸取，警示后人：

第一，水俣病事件的肇事者——窒素公司为自己当年的错误付出了惨痛的

① Environmental Health and Safety Division, Environmental Health Department. Lessons from Minamata Disease and Mercury Management in Japan [EB/OL]. 2011(Tokyo: Ministry of the Environment, Japan, 2011), p46～47. (http://www.env.go.jp/chemi/tmms/pr-m/mat01/en_full.pdf.)

代价，仅受害者赔偿金、医疗保健等费用就已经达到了3000多亿日元，迄今为止，仍有数千受害者正在申请国家认定，窒素公司将不得不继续为当年的错误付出代价。据专家计算，如果当年窒素公司采取措施处理污水，其花费也仅为200万日元左右。窒素公司不但继续背负着巨额赔偿，而且因为水俣病事件造成了公司生产力降低、投资萎缩、成本上升、企业竞争力下降。窒素公司的教训深刻的说明了企业在追求利润时，必须注意保护环境，及时地采取有效措施减少对环境的损害与污染，否则付出的代价很有可能远远超过获得的利润。对企业来讲，越早采取环保措施，越能减少未来可能的损失。

第二，日本地方政府与中央政府在水俣病事件中处置不及时，甚至采取了包庇肇事企业的行为，造成了水俣病大范围扩散，更多无辜的市民不幸罹患水俣病。由于窒素公司是水俣市的支柱企业，也是纳税重点企业，在水俣病爆发后，当地政府不但没有及时地采取措施治理污染，反而纵容窒素公司开脱责任，造成了后来的悲剧，日本中央政府在处理水俣病事件时，处置失当，未能阻止悲剧扩大。究其根本，在水俣病事件中，日本政府的失误源自于发展理念上的偏差。在战后，日本政府以经济发展优先，忽视环境保护，造成了包括水俣病事件等公害事件的相继爆发，使日本付出了惨痛的代价。后来的事实证明，不顾环境保护而一味追求经济发展是得不偿失的，环境保护并不必然影响经济发展，相反，及时采取环境保护措施，提升节能技术，可以降低企业成本，提高国家GDP的正增长。日本的沉痛经历告诉世人，环境保护与经济发展同样重要，及时的采取措施保护环境并不必然影响国家发展，长期来看，在环境保护中的投入会在未来的发展中收到回报，相反，越是忽视环境保护而一味的发展经济，在未来造成的损失越是严重。

第三，社会公众在水俣病事件中的责任。水俣病爆发后，社会公众对水俣病患者采取了冷漠的态度，甚至歧视患者。在水俣病患者为表达诉求而采取行动的时候，部分社会公众甚至采取了敌视的态度。社会公众的冷漠与敌视对水俣病患者造成了严重的精神压力，在某种程度上，甚至纵容了窒素公司在事件爆发后依旧肆无忌惮的排放含汞废水的恶劣行径，造成了悲剧的扩大。事实上，如果当初社会公众能够及时的与水俣病患者站在一起，表达市民的合理诉求，水俣病事件或许就不会扩大到后来的严重程度。

（二）日本水俣病事件对中国的启示

研究表明，中国已经成为世界上最大的汞生产、使用、消费、贸易和排放国之一，中国汞消费量超过1000吨/年，约占世界消费总量的50%。

中国当前的汞污染问题也同样不容小觑。20世纪70年代，中国东北第二松花江和河北省蓟运河流域曾发生过严重的汞污染事件，2007年，贵阳市水源地之一的百花湖，其底泥汞含量被查出严重超标。同时，中国局部地区汞污染严重，特别是在废弃汞矿、老旧高污染冶炼厂附近地区，高汞背景企业周边百姓食用的农作物如谷类作物和蔬菜等，也遭受到汞污染。此外，其他无意排放汞的行业（如钢铁生产、垃圾焚烧等）也可能加重局地、区域和全球环境的汞污染负荷，特别是部分中小型企业技术装备水平差，管理手段落后，环境意识薄弱，造成汞的大量无组织排放①。近年来，中国的汞排放也因为煤电在我国终端能源消费中所占比重的不断攀升而呈现出增长的趋势，汞污染前景堪忧。同时，中国尚未建立一定规模的汞污染监测网，信息不充分不透明，这也造成了中国的汞污染问题也严重化的趋势。

日本水俣病事件造成的深远影响在整个人类发展史上都留下了极其浓重的印记，日本政府为治理和管理重金属汞污染而采取的措施给中国环境保护与经济发展留下了深刻的启示：

第一，在发展理念上，中国必须摒弃以经济发展优先的传统理念，实行环境保护与经济发展并重，更加注重保护环境与防治环境污染，建构绿色低碳经济，实现可持续发展。发展观念影响整个社会的前进方向，中国的传统以经济发展优先的理念已经给中国的环境造成了严重的损害，中国已经为此付出了不菲的代价，未来，中国在发展经济时，必须注重环境保护，防止环境污染，绝不走先污染后治理的老路。

第二，建立健全汞污染防治管理体系，防止中国重演日本水俣病悲剧。环境保护的根本目的是为了改善环境质量，最终目标是为了保护生态，保障人民生命安全与健康。我国已经建立了初步的汞管理体系，但是同国外发达国家相比，中国汞管理还处于初级阶段，管理体系还较薄弱，缺乏系统性和针对性，不利于指导未来汞污染防治的技术和政策导向，缺乏与未来汞公约履约相匹配的管理框架②。为此，我国需紧密结合汞等污染物的产生和排放特点，充分借鉴国内外经验和教训，从提升人体健康水平的特定目标出发，探索切实可行的汞污染防治对策与措施，包括技术、管理以及经济措施等，建立起基于风险的完善的汞污染防治管理体系，不断改善我国总体环境质量，全面促进我国结构

① 孙阳昭，陈扬等．中国汞污染的来源、成因及控制技术路径分析[J]．环境化学，2013(6)．
② 王英．中国汞污染治理势在必行[N]．21世纪经济报道，2011-11-04．

型、复合型、压缩型环境问题的解决[①]。

第三，建立汞污染环境应急机制。我国需吸取日本水俣病事件的教训，借鉴日本当前构筑的汞污染应急机制，明晰中国汞在生产、分布、使用、排放、回收和处置方面的汞物质流信息，切实反映涉汞行业、重点区域/流域以及重点污染源的动态，建立汞环境风险控制和预警体系[②]，即由政府、企业、公众与NGO等力量联合互动的应急机制，为确定管理措施和开展社会经济影响评估提供依据，有效应对汞污染，降低汞污染风险以及由此造成的损失。

第四，推进绿色公共采购，加强政府技术与资金支持，推进产业转型。日本为应对汞污染等环境问题而建立了绿色公共采购体系，由政府引导和支持企业进行技术升级，实现产业转型。我国应以日本为师，推行绿色公共采购体系，引导和扶持低汞和无汞化替代产品和技术研发，实现源头控制积极推进产业结构调整，并通过行业准入条件和行业规划，逐步实现产业升级，为实现技术减排和结构减排提供资金与技术支持。

第五，完善环境保护法律法规，切实提高环保制度建设水平。环境保护的根基在于完善的法律体系与制度，我国当前在环保制度建设方面仍然存在很多问题，环境保护的法律体系尚不完善，应吸收包括日本在内的其他国家的先进经验，构建完善的法律体系，为我国的环境保护事业提供充分的法律依据和制度基础。

第六，在环境保护中，注重社会公众，舆论媒体和NGO等其他民间组织的参与，切实保护民众对于环境问题的利益诉求表达权利，充分发挥好社会公众、媒体、NGO等的监督作用，通过社会公众的广泛参与，既能够充分保障民众的权利，又能在参与过程中培养民众的环保意识，从而提升整个社会的环境保护意识。

第七，充分利用国际合作与交流的平台，共同分享工业发展的经验和教训。水俣病事件发生五十多年来，国际组织、国际知名人士等介入和促进了日本政府的改革，推动了事件有序公正地处理和解决。在这一方面，中国民间社会还缺乏经验，同时中国也有不少跨国企业和本土企业在中国出现了污染环境的事例。中国需要充分的利用国际合作与交流平台，促进污染处理技术的引进，保证企业能够真正承担起应有的社会责任，减少环境污染，充分保护环境，实现可持续发展[③]。

中国在未来的发展中，需要真正吸取日本水俣病事件的教训，避免悲剧在

---

① 孙阳昭，陈扬，王祖光，方莉．构建重金属污染防治管理体系——从水俣病事件谈起[J]．环境保护与循环经济，2012(7)．
② 孙阳昭，陈扬等．中国汞污染的来源、成因及控制技术路径分析[J]．环境化学，2013(6)．
③ 黄浩明．环境公害处理机制研究——日本水俣病事件之观察[J]．学会，2012(5)．

中国重演，真正地重视环境保护，切实保护人民的生命健康，为子孙后代创造一个美丽的中国。

参考文献

[1]原田正纯[日本].水俣病没有结束（清华大学公管学院水俣课题组编译）[M].北京：中信出版社，2013.

[2]原田正纯[日本].水俣病：史无前例的公害病（包茂红，郭瑞雪译）[M].北京：北京大学出版社，2012.

[3]日本水俣市立水俣病资料馆.水俣病——历史和教训–2007（中国语版）[EB/OL]，日本水俣市，水俣市规划部（Minamata City Planning Division），2007,（http://www.minamata195651.jp/pdf/Chinese/kyokun_all_ch.pdf.）

[4]Environmental Health and Safety Division, Environmental Health Department. Lessons from Minamata Disease and Mercury Management in Japan [EB/OL], 2011(Tokyo:Ministry of the Environment, Japan, 2011),（http://www.env.go.jp/chemi/tmms/pr–m/mat01/en_full.pdf.）

[5]孙阳昭，陈扬等.中国汞污染的来源、成因及控制技术路径分析[J].环境化学，2013(6).

[6]Minamata City, Environmental Policies [OL], http://www.city.minamata.lg.jp/1002.html.

[7]孙阳昭，陈扬，王祖光，方莉.构建重金属污染防治管理体系——从水俣病事件谈起[J].环境保护与循环经济，2012(7).

第五编

若干发达国家的特色生态环境政策及其借鉴

专题十四：美国环境教育

一、美国开展环境教育的背景

工业革命以来，随着科技水平的提高，人类征服自然和改造自然能力的增强，人类与自然环境之间的关系呈现出微妙的变化，环境问题开始凸显。

二战以后，人类发展速度进一步加快，人类与自然环境之间的关系变得愈加不可调和，环境问题开始成为困扰各国发展、影响人们生活水平提高的一块绊脚石。因此很多国家开始意识到这一问题的严重性并开始着力解决问题。

美国自第二次工业革命始，逐渐追上并赶超英国，成为世界上头号强国。在二战后，美国更是进入了飞速发展的黄金时期。然而，在光鲜的经济成就背后则是巨大的代价。在过去经济高速发展的过程中，高自然资源消耗的工业部门比如钢铁业、石油开采等行业飞速发展，消耗了大量的自然资源并带来了严重的污染。同时在当时放任自由的经济发展模式下，这一现象因为有利可图导致了人们对煤炭、石油、天然气等一系列不可再生资源无节制的开采和利用。这自然也就给美国带来了一系列的资源枯竭和环境问题，比如，空气污染、水污染、土壤污染等。其中最著名的、给美国人民带来最直接危害的就是洛杉矶光化学烟雾事件。洛杉矶光化学烟雾事件始于20世纪40年代初期，直到20世纪70年代才渐渐好转。洛杉矶光化学烟雾事件使当地很多居民患上了呼吸系统等一系列疾病，使当地的死亡率不断上升，仅1955年一年，因呼吸系统衰竭死亡的65岁以上的老人达400多人，1970年，约有75%以上的市民患上了红眼病。

鉴于不断增多的环境“公害事件”，越来越多的人开始感觉到自己处于一种不安全的环境当中，开始找寻一种新的人与自然的关系并反思过去人类对自然的错误认识。1962年美国生物学家雷切尔·卡森的《寂静的春天》一书问世。该书不仅反思了人们过去的错误做法，还对人与自然的新关系提出了自己的认识，在当时的美国激起了热烈的反响。

受到环境“公害事件”的刺激，以及卡森《寂寞的春天》的启发，大众的环境意识开始觉醒，20世纪六七十年代，一场环保运动爆发。这场环境运动彻底唤醒了美国人的环保意识。1965～1970年的盖洛普民意调查显示，认为政府关注的头三件大事，应该包括“减少空气和水污染”的公众比率，在5年内翻了3倍多，从17%增加到53%。同一时期，认为“他们周围的空气污染非常严重”的公众比率，从28%猛增到69%；认为“他们周围的水污染非常严重”的公众比率，也翻了一番多，从35%增加到74%。[①]

在环境局势刻不容缓，公众环境意识增强的情况下，环境问题成为一个炙手可热的话题，受到了社会各界的关注，环境保护方面的法律和措施不断出台，旨在增强公民环境意识的环境教育也开始在全国范围内展开。

二、美国环境教育的措施

在发达的工业化国家中，美国是非常重视环境教育和对公民生态文明意识培养的国家。在环境教育领域，美国采取了多方面的措施，包括法制建设、课程开设、机构设置、师资建设以及一些民间的措施等，取得了很大的成就。

（一）法律方面

1970年，美国制定并颁布了世界上最早的《国家环境教育法》，成为世界上最早在全国范围内推行环境教育的国家之一，使得环境教育走上了正规化，法制化的轨道，并获得了强制性地位，能有效保障环境教育的实施。下面主要列举美国环境教育领域几部重要的法律。

1. 1970年《国家环境教育法》

1970年美国制定并颁布了世界上最早的《国家环境教育法》，根据该法案的规定，制定该法律的目的有7点，分别是：提高环境质量，保持生态平衡，鼓励开设新课程并给予支持；为中小学开设或者继续开设环境教育课程提供资助；发放教材等资料以在全国范围内开展环境教育活动使用；培训教师、公务员以及民间人士；提出野外生态研究中心的计划；在保护和提高环境质量等方面为社区准备教育方案；通过宣传工具准备和分发处理环境教育和生态问题的教材。[②]

根据该法律的要求，美国政府新成立了包括环境教育司、环境教育顾问委员会等行政部门，作为协调和管理环境教育工作的组织机构。该法律规定了联邦政府自法律颁布后对环境教育每年拨款500万～2500万美元的计划。该法律也对教育署为高等院校、州和地方教育机构、地区教育研究机构以及其他公私立机构、图书馆和博物馆等组织机构提供资助做了规定。根据这一规定，这些资助款项应该用于环境教育课程开设，环保知识传播，中小学环境教育支出，教师和政、商界以及民间机构雇员及领导的培训，野外生态研究中心计划，环境生态方面传播媒介制作和分发等方面的支出。

---

① Riley E. Dunlap, Angela G. Mertig (eds.).American Environmentalism: The US Environmental Movement, 1970-1990. Philadelphia: Taylor& Francis, 1992:91. 转引自高国荣. 美国现代环保运动的兴起及其影响[J]. 南京大学学报(哲学人文社会科学版), 2006(4).

② 顾明远. 国际环境教育的理论与实践[M]. 北京：人民教育出版社，1999:113~114.

1970年《国家环境教育法》是世界上第一部规定在全国范围内开展环境教育的法律，对于明确各界职责，呼吁美国政府、民间共同致力于环境教育具有重要作用。这部法案虽然由于没有得到法定水平的基金支持而没能贯彻执行，但是对美国环境教育作出了重要贡献，它把环境教育同早期的自然学习、保护教育和户外教育区别开来，为以后美国甚至是其他国家开展环境教育提供了指导和借鉴。①

2. 1990年《国家环境教育法》

1990年11月16日，美国总统老布什签署通过了《国家环境教育法》，该法案的通过标志着美国环境教育法制建设得到进一步发展，也标志着美国环境教育进入一个崭新的发展阶段。与1970年的环境教育法相比，1990年的环境教育法显得更加系统和完整。它不仅对法案的目的、环境教育的机构设置、环境教育资金支持、环境教育计划等做出了规定，也对环境教育教师培训，环境教育奖学金做出了规定。②

该法案是在环境问题对美国人健康和生存空间构成严重威胁的背景下通过的，目的在于唤起和增强国民的环境意识和危机意识，加大国家对环境教育的投入，协调国家、地方、非政府团体以及个人行动，制定各种环境教育规划。

根据1990年环境教育法的规定，在环境保护署下设置环境教育处，改变了过去把环境教育司设在教育署（后改为教育部）下的做法，使环境教育处成为协调环境教育事务的官方机构，这一机构调整也使得环境教育迎来了新的发展时期。法案对环境教育培训计划、环境教育拨款、环境实习奖金和奖学金、环境教育奖金也做了阐述。该法案也提出要支持成立非营利性的国家环境教育与培训基金会。

1990年环境教育法是一部系统、完整的法律，对环境教育相关各方都做出了规定，很好地协调了官方、非官方，国家与地方，团体与个人的行为，使相关各方形成合力，共同致力于环境教育事业的发展。

3. 各州的环境教育法制建设

到目前为止，美国已经有2/3的州通过了各自的环境教育法。目前除了特拉华、夏威夷、弗吉尼亚这三个州外，其他州都设有北美环境教育协会的分支机构，执行北美环境教育协会在相应州的环境教育项目；除了阿拉斯加、印第安纳、马里兰、西弗吉尼亚等若干州没有建立以州为单位的环境教育交流网站外剩下的大多数州都设有该网站。③

① 崔建霞. 公民环境教育新论[M]. 济南：山东大学出版社, 2009:225.
② America congress. Public Law 101-619-Nov.16.1990.
③ EE in Other States, http://eeinwisconsin.org/content/eewi/65342/StateEESitesWeb.xls.

威斯康星州在环境教育立法方面较有作为。1985年，威斯康星州确立了两条法律，规定：①获得教师资格必须具有接受正规大学环境教育课程的经历，②该州的400个学区，必须为学生提供系统且不断发展的环境教育。1990年，州政府又通过了环境教育支持行动，建立了威斯康星州环境教育中心和环境教育委员会，配合和监督学校实施环境教育计划。威斯康星州还在其他多份法律文件中提到了环境教育，比如在该州一份法律文件中就提到：从幼儿园到12年级课程计划中必须包含环境教育这一项。[①]

科罗拉多州的环境教育也是走在前面的。科罗拉多不仅设立了各种环境教育机构、开展多种多样的环境教育项目，而且就在2010年刚刚通过州环境教育法（Colorado Kids Outdoors Grant Program Bill）。该法律规定要积极支持青年人开展户外环境教育活动，法律指示教育部、自然资源部创立州教育理事会开发环境教育计划，并对环境教育计划和活动提供资金支持。[②]

州环境教育立法以及环境教育官方机构的成立很好地配合了联邦环境教育的发展。它在联邦环境教育的框架下，创建和执行了各种环境教育计划和项目，使更多的主体参与到环境教育中去，巩固了环境教育的根基，为民众环境意识的增强创造了良好的条件。

总之，通过立法明确了国家对公民进行环境教育的职责和义务，表明了国家增强国民环境意识的决心，保障了环境教育项目、计划开展的经费，规范了环境教育官方机构、师资培养、野外教育中心设置等事宜，同时也鼓励了社会团体、非营利组织等主体的参与，极大地推动了环境教育事业的发展。

（二）美国环境教育教学

1. 中小学环境教育

美国非常重视中小学环境教育，从幼儿园到12年级，每一个阶段都开设有相应的课程，辅之以丰富的教材。虽然美国各州的环境教育课程开设状况差别较大，各州基本上根据各自的特点因地制宜、灵活开展，但是，它们在开设环境教育课程的时候都会运用以下两种较为经典的教学模式。

（1）渗透式教学

渗透式教学是指将环境知识（包括环境主题、态度与技能等）渗透在其他学科（例如：自然、地理、生物、科学、美术等学科）的教学当中，将环境教育化整为零，既简洁又高效。目前，美国中小学基本上都采用了这一经典教育

---

① Wisconsin congress.School district standards, http://docs.legis.wisconsin.gov/code/admin_code/pi/8/01/2/k/

② The Colorado senate.HB10-1131 Colorado Kids Outdoors Grant Program Bill,http://www.caee.org/sites/ default/files/HB10-1131%20Colorado%20Kids%20Outdoors%20Grant%20Program%20Bill.pdf.

模式，各门课程都或多或少地渗透了环境教育内容，同时环境教育内容的难度也会随着年级的升高而逐渐加大。这种教学模式其实是在保持了原本课程框架的基础上灵活地加入了环境教育的元素，具有简洁、高效、完整保持原有课程体系的等特点。

（2）独立课程模式

这一教学模式其实就是通过化零为整，将各学科中关于环境教育的内容有机综合到一门课中，进行集中学习。这一教学模式较为系统，也能够有效培养学生的动手能力和独立思考的习惯。

目前，美国中小学环境教育通常都将这两种教学模式结合起来，零整结合，取长补短，同时也根据自身实际采取其他方式。

美国中小学环境教育向来都坚持灵活多样的教学实践，鼓励学生通过自身实践和经历更加了解周围环境，增强与自然和社会环境的互动。户外教学法就体现了美国环境教育的这一理念。户外教学法是指在环境中教学，让学生接触自然、观察自然、感受自然从而培养学生热爱自然、保护自然和改善自然意识的一种教学方式。这种通过观察、调查和思考并获得认识的教育实践活动能唤起学生的环境意识，培养责任意识。另外，问题教学法、环境主题活动以及设置野外教育中心的也是在美国环境教育教学实践中经常被采用的方法。

为了提高中小学生的环境意识，有效推动中小学环境教育的有序发展，美国针对幼儿园到12年级的学生还开展了大量的环境教育计划和项目。这些计划和项目一般由环境保护署、北美环境教育协会、各环保组织和协会等牵头开发，由学校或者地方环境组织执行。著名的计划包括：《环境经验学习计划》《国家环境教育发展计划》《环境教育和培训计划》《为了环境教育的卓越性之全美计划》等。

如今美国的环境教育教学计划已经非常系统和完善，在EPA（美国环保署）的网站上可以看到它将环境教育课程计划分为几大类，包括：空气、气候变化、生态系统、能源、健康、减排和循环利用、水等。这些课程计划框架完整，根据不同的年龄段课程各异，比如有适合K～5年级，6～8年级的，也有适合K～8年级，9～12年级的。试以空气类课程计划为例。该计划中就包括适合K～5年级开展的空气质量指数课程，适合6～8年级的酸雨、噪声污染、臭氧层课程，适合9～12年级的即时空气、室内空气以及清洁空气法（Clean Air Act，1970）学习课程①。

① United State Environmental protection Agency.Teacher Resources and Lesson Plans, http://www.epa.gov/students/teachers.html.

总的来说，美国中小学环境教育采取的经典教学模式、灵活多样的教学实践以及丰富多彩的环境教育计划形成了美国中小学环境教育教学的主要框架和特点，使得中小学成为开展环境教育的主要阵地，使美国民众从小就树立起了环境意识，有效增强了国民的环境素养。

2. 高校环境教育

20世纪六七十年代以来，美国高校环境教育事业得到了迅速的发展，有效提高了大学生的环境意识。特别是在20世纪90年代，1990年环境教育法通过、里约“环境与发展”大会的召开极大地推动了美国高校环境教育事业的发展。

在3215所美国四年制大学中，设有环境类专业的学校有472所，占学校总数的14.68%，设置专业种类共49种，排名前5名的专业为：环境科学/自然资源维护、环境控制技术、环境健康工程、环境研究和环境健康①。在这472所设置有环境类专业的高校中，有256所学校设置了环境科学和自然资源维护专业，充分反映了环境教育对自然资源保护的重视，反映了美国环境人才培养的方向。在重视环境技术类专业设置的同时，美国也重视环境类人文社会科学的设置。在本科人文社会学学科中，37%的专业与环境相关，而研究生则是14%。这些环境人文社会学包括：环境伦理和技术、环境政策与行为、环境技术和社会、能源与环境研究、资源环境和发展的政治经济学、人类环境科学等。这一现象体现了美国对于环境问题有了更加深刻的领悟：环境问题不仅仅是技术问题，而且是复杂的社会问题，意识形态问题，价值观、道德标准和教育问题。

美国对高校环境教育的重视不仅仅体现在学科和专业设置上，在其课程设置上也非常明显。2001年美国496所大学中，55%以上的高校开设环境伦理、环境哲学和环境素养通识课；11.6%的高校将其纳入必修的核心课程；30%的高校将其作为研究型设计课程供部分学生必选。②

（三）环境教育师资建设

早在1970年，美国《国家环境教育法》就对教师培训作出了规定，要求对教师、公务员培训提供资金和相关环境材料和资源的支持。据有关数据显示，1970～1981年，美国为环境课程的开发、教师培训等方面的支出就多达1.2亿美元。到1990年，美国《国家环境教育法》对环境教师的培训及支持作出了更为系统的规定，不仅在知识技能上，而且在财政上给教师提供保障。

美国中小学教师接受环境教育的比例已经位居世界前列。目前，美国中小

---

① College Entrain Examination Board, College Handbook, Thirty-Third Edition, New York, 1996. 转引自崔建霞. 公民环境教育新论[M]. 济南：山东大学出版社，2009.

② 崔建霞. 公民环境教育新论[M]. 济南：山东大学出版社，2009:245.

学教师中，有39.2%的人员接受过环境教育方法的培训，有62.1%的人参加过环境科学和生态知识方面的学习。美国各州对老师接受培训都有作要求。比如威斯康星州在1985年通过的法令中就提到了获得教师资格必须接受正规大学的环境教育课程。有的学校在这一点上也会做特殊要求，比如：美国北伊利诺斯大学迪卡文布分校教师都要接受与环境教育相关的培训。

在教师培训方面，EPA以及NAAEE都有一些培训计划。比如EPA开发的一些针对K-12年级学生的环境教育计划都对教师免费开放，老师可以在线学习一些教学方法。

为了调动老师的教学积极性，美国也设置了各种各样的奖金去激励老师。1990年的环境教育法中就提出给在环境教育或者行政领域有卓越贡献的人士颁发罗斯福奖学金（Theodore Roosevelt Awards），获奖教师得到一笔2 500美元的奖金。白宫环境质量委员会和环境保护署联合设立的总统创新奖，则是颁给在K-12年级环境教育中采用创新型教学方法的教师的，获奖教师将获得一笔2 000美金的奖金。①类似的还有北美环境教育协会设置的年度教师奖等。②

（四）民间力量的推动

在美国除了官方、学校提供正规环境教育外，其他社会组织、民间团体、基金会、工商企业、新闻媒体等各种政府机构和非政府组织，也通过多种途径和方式参与环境教育，对学生产生非常积极的影响，并在环境教育中扮演着非常重要的角色，发挥着重要的作用。

例如，美国国家环境教育基金会就是一个正规环境教育体系外的一个组织，它是根据1990年环境教育法由国会特许成立以促进环境知识传播的全国领先的基金会。③国家环境教育基金会2011年的年度报告显示，2011年度它向37个州环境教育者、学校、学生、公众发放了超过339 000美元的拨款和奖励。④类似的基金会还有非常多。单在威斯康星州就有超过66种基金支持该州的环境教育计划，例如沃尔玛基金会、东芝基金、三菱基金、劳伦斯基金等。⑤

此外，非营利的自然保护区、野外中心等机构也在美国非正规环境教育中发挥着不可低估的作用。以乌杜邦峡谷牧场为例，它3个分区中的两个都设置了环境教育中心，为学生与自然亲密接触，了解自然、认识自然、敬畏自然，树立正确的环境价值观创造了良好的条件。

---

① EPA. Presidential Innovation Award for Environmental Educators, http://www2.epa.gov/education/presidential-innovation-award-environmental-educators.

② NAAEE.2013 Nomination for K-12 Educator of the Year Award, https://www.surveymonkey.com/s/ZJM3D9M.

③ NEEF.Knowledge to Live By, http://www.neefusa.org/about/index.htm.

④ NEEF.Connecting collaborating catalyzing, 2011 Annual Report, http://www.neefusa.org/pdf/Annual_report_FY11 .pdf.

⑤ Grants, http://eeinwisconsin.org/core/item/topic.aspx?s=0.0.0.2209&tid=85010.

当然，非政府组织、社区等其他民间力量也在美国非正规环境教育中发挥着重要的作用。美国社区的环境教育活动非常丰富，包括一些自愿活动、地球日活动、环境讲座等，这些社区活动能够培养民众的环境意识，增强责任感。在一些社区，自愿活动的开展能够让更多的人了解废物管理法案、当地的资源循环设备以及如何处理大宗家庭危险废弃物①。在马里兰的蒙哥马利县，学生们作为环境志愿者积极在社区开展一系列活动诸如：收集可回收物品，回收电子垃圾，开展美国循环日、地球日活动。②这些活动能够让大家都意识到每个人都应该而且有机会为环境保护做一些力所能及的事。非政府组织的一些活动在美国环境教育中的作用也不能被忽视，尤其是环保类的非政府组织在提高公众环境意识，制定和实施环境项目、校园讲座宣传、资金援助环境教育等方面发挥了重要作用。

三、美国民众环境意识的变迁

经过美国环境教育的良好熏陶，以及几代美国人的不懈努力，美国民众的环境意识有了较大的提升。这一点我们通过美国一家全球著名的民意检测和商业调查咨询公司——盖洛普咨询公司在环境方面的一系列调查报告可以看出。在盖洛普2013年4月发布的一项主题为“你觉得美国政府在环境保护方面的作为是太多，太少，或者刚刚好？”的调查报告（详见图14-1）中显示，2013

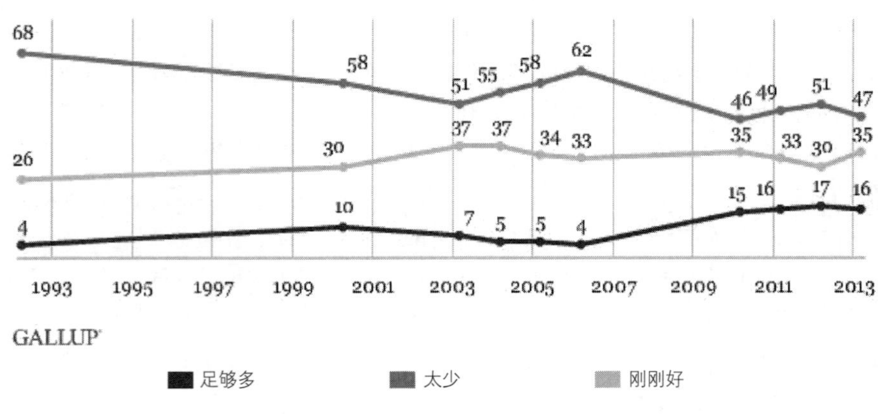

图14-1 美国民众对政府在环境保护中作为的满意度调查③

① EPA.Service-learning, http://www.epa.gov/osw/education/pdfs/svclearn.pdf.
② EPA.Service-learning, http://www.epa.gov/osw/education/pdfs/svclearn.pdf.
③ Nearly Half in U.S. Say Gov't Environmental Efforts Lacking, http://www.gallup.com/poll/161579/nearly-half-say-gov-environmental-efforts-lacking.aspx.

年度认为美国政府在环境保护上作为不够的人数比例为47%，远多于刚刚好的35%，和太多的16%。再看看这一主题调查报告往年的结果，可以看出，自1993年到2013年，大多数民众对于政府在环境保护方面的作为一直都持不满意的态度。这份调查也可以从侧面看出大多数美国民众已经能够深切体会到环境问题以及环境问题所带来的危害，具备了较强的环境意识，对美国政府在环境治理上的表现表示出较大的不满。

盖洛普2013年3月发布了另一项环境方面的相关调查，该调查意在了解美国民众在能源发展与环境保护问题上的取舍态度。该报告显示，从2001年到2009年，美国多数民众（多于50%的民众）都赞同即使美国可能会有面临石油、天然气和煤等能源供给危机的风险也应该优先考虑环境保护问题，杜绝盲目开采。而最近几年由于受全球金融危机的影响，世界经济发展缺乏活力，美国经济也相对不景气，国内问题凸显，认为为了能源供应的优先发展，可以在一定程度上牺牲环境的人数比例上升，甚至在2011年和2012年，赞同优先发展能源供应的人数比例还一度略微大于赞同优先保护环境的人数比例。但是，总的来看美国大多数民众在支持发展能源的时候还是充分考虑到了其可能带来的环境破坏问题，并且在环境保护和能源发展取舍问题上也有较好的表现，这也在一定程度上体现美国民众的环境意识在长期的环境教育熏陶下得到了提升。而这种提升在盖洛普过去的一些调查中也得到了体现。在它的一份调查中，美国民众在被问及“是否赞成加强联邦政府对环境的监管”时，2001～2003年支持者的人数都超过75%。而美国民众在被问及“未来25年中美国所面临的最重要的问题”时，10%的受访者提到环境问题，而环境问题也在此次调查美国所面临的问题：包括恐怖主义、总体经济状况、对战争的恐怖、失业、教育、道德、国土安全、无家可归/贫困、对政客和国家政策不满意，以及毒品等问题中的受重视程度较高，统计结果位居第二，仅次于总体经济状况。这表明，美国人一直把环境问题看作未来发展要解决的重大问题，是关系到美国和全人类长远利益的重大问题。

四、对中国开展环境教育的启示

美国是一个非常重视环境教育的国家。美国环境教育的框架体系构建非常完善，上有完善的法律体系、机构设置、官方措施保障，下有非政府组织、社区、草根团体推进，又有学校教育贯彻执行，环境教育层层紧扣，互相促进，取得了非常大的成就。因此，笔者认为美国环境教育措施可以作为一个成功的案例折射出中国环境教育的不足并启发中国环境教育的发展。

（一）加快我国环境教育立法步伐，早日建立起环境教育法律保障体系

中国的环境教育起步较晚，最早比较全面提出解决环境教育的机构、经费、教材以及职责分工意见的文件可以追溯到1985年，由国家环保局、原国家教委办公厅和中国环境科学学会在“全国中小学环境教育经验交流及学术讨论会”上提出，而这一意见也成为其后指导地方开展环境教育的重要文件。而中国最早涉及环境教育的法律文件则是1989年通过的《中华人民共和国环境保护法》。环保法第五条指出：“国家鼓励环境保护科学教育事业的发展，加强环境保护科技水平，普及环境保护的科学知识。”这条法律对环境教育也只是轻微带过而已。

到目前为止，尽管中国政府也日渐意识到环境问题的严重性，并出台了一系列环境保护法，但是，中国还没有一项专门规定环境教育的法律。反观同为发展中国家的巴西，其早在1999年就出台了《国家环境教育法》；中国的东亚两个邻国日本、韩国也分别在2003年和2008年通过了各自的环境教育法。在这种环境教育立法缺失的条件下，我国的环境教育缺乏确定的法律地位、无专门机构和人员、无确定的目标和评价标准、环境教育得不到足够的重视，处于可有可无、操作“弹性”过大的状态，导致我国环境教育出现的“虚化”和弱化状况，非常不利于国民环境意识的培养和提高。世界生态文化组织首任主席北京大学世界文学研究所所长赵白生教授曾从法律关系与伦理关系的角度去论证环境教育立法的必要性，他认为法律手段可以有效地推动伦理关系的确立。

回顾美国环境教育的成功，不难发现环境教育立法功不可没，法律具有强制性能准确地规定相关各方的权利义务，能有效落实各种措施，避免环境教育只流于形式。因此，笔者认为我国也必须尽早出台环境教育相关的法律。

（二）培育民间力量，推动环境教育全面发展

美国环境教育成绩斐然与美国民间力量推动的非正规环境教育的开展也密不可分。社会组织、民间团体、社区、基金会以及非政府、非营利组织在美国环境教育中发挥了非常重要的作用。来自民间的想法、资金等能够有效作用于美国环境教育，保障环境教育计划能够有效落实，使更多的人能够亲身参与到环境保护的行动中去。

但是，在中国，由于市民社会发育不完善，非政府、草根的民间力量在环境教育中发挥的作用非常有限。一些环境保护方面的宣传、推广由于受资金、人力、物力所困只能波及较小的受众，作用和影响力非常有限。因此，我国应当鼓励和推动市民社会发展，让社会团体、民间组织、环保协会、非政府组织在环境教育中发挥更重要的作用，应该让这些组织更经常的出现在中小学校园、社区当中去做有关环境保护的讲座、演讲，宣传环境知识，传授环境问题的解决方法。另外，美国有很多成熟的基金会对环境教育进行资助和奖励，而国内目前成熟的基金会不太多，并且这些基金会更偏向做慈善，对于环境和环境教育关注还不够。因此，社会也应当呼吁各界更多关注环境教育事业。

（三）更新教育理念，学用相济

美国在开展环境教育时，非常重视学生参与实践，擅长采用户外教学法，把课堂设在大自然当中，让学生亲身经历周边的环境，去培养学生观察自然、了解自然的能力以及热爱自然、保护自然和改善自然的意愿；而各州设立的环境教育中心或者野外教育中心都使得户外教学法得以大展拳脚。同时，在环境教育教学模式上美国采取了化整为零和化零为整相结合的渗透式和集中式教学法，根据实际需要既能在保留教学框架大致完整的情况下进行，又能独立开课，集中系统地进行环境教育。

目前，中国的教育理念对于开展环境教育是不利的。中国人推崇“一心只读圣贤书，两耳不闻窗外事”，喜欢在课堂上、在教室里接受教育，因此，环境教育多在教室进行，无法实现“在环境中学习环境”的理念，往往造成环境知识与实际脱节，使学生无法深入领悟环境教育的真谛。而我国的应试教育更加剧了这一现象。另外，在教育模式上，虽然我国一直呼吁和提倡将列入大纲的正规环境教育（例如中小学的自然、地理课）同渗透教育相结合。但是，在实际操作中，两种模式并没能有效结合产生合力，结果往往是环境教育只靠大纲课程完成，而渗透教育受制于多种原因往往不能达到预期的作用。所以，我国环境教育必须要摆脱过去陈旧教育理念的束缚，与时俱进，理论联系实际，学以致用，学用并济。

（四）加大教师培训和激励力度，完善专业及课程设置

美国环境法、环境计划中都特别强调重视师资建设，加大环境教育教师培养力度，对教师进行职前培训和在职培训，同时推行奖励机制，对在环境教育

中作出过杰出贡献的教育工作者进行表彰。而在环境教育课程设置上，中小学生不仅仅接受正规环境教育，还有许多环境教育计划可以参加，大学里的环境专业设置不仅仅包含技能类的，还包括人文社会科学类的。

在中国，由于没有环境教育立法，环境教育的受重视程度不够。所以，环境教育教师培训无法机制化、常态化，环境教育教师培训陷入可有可无的尴尬境地。目前，中国虽然对于在环境保护事业中做出过杰出贡献者有进行奖励，但是并没有设立环境教育专门的奖项，无法肯定和鼓励在环境教育事业中有突出贡献的集体和个人。

另外，在中小学环境教育中，我国大都靠环境教育指定课程开展，很少有环境教育计划的实施。而在大学环境类相关专业开设上又体现了我国在环境保护问题上重技术、技能，轻意识形态的问题。我国高校环境技术类专业开设得不少，但是，环境伦理、环境哲学等则鲜有。

因此，我国非常有必要加大教师培训力度，加大对环境教育事业有突出贡献的教育者的专项奖励和肯定，同时完善大、中、小学环境课程排，完善大学环境类相关专业设置，更加注重环境意识的培养。

总而言之，美国环境教育之所以能取得如此大的成就，成为世界各国环境教育的样板，主要是因为：①美国较早意识到了环境问题的危害，较早开始采取环境教育，并最早通过了环境教育法，有效规范了相关各方的权利义务，以法律形式确立了环境教育的重要地位，并且从联邦到各州有一套相互协调、相互促进的法律体系。②美国在环境教育中的课程开设非常成功，教学方法新颖、教学理念独到，各种环境教育发展计划贯穿其中，从中、小学到大学都有相应配套的课程内容。③美国环境教育师资建设领先。不仅培训体系完整，而且奖励机制完善。④美国非正规环境教育运转良好，发挥重要作用，各类社会团体、基金会、非政府、非营利组织、社区在美国官方环境教育之外发挥了不可忽视的作用。

而我国作为一个环境教育起步晚、环境教育立法缺失的国家，应该以美国为师，学习美国环境教育的成功经验，应该不断推进环境教育法制建设；加强民间力量对环境教育的参与；更新教学理念，让环境教育与实际紧密联系起来，学以致用；同时也要加大环境教育教师培训力度，不断完善学校课程和专业设置。

参考文献

[1]顾明远.国际环境教育的理论与实践[M].北京：人民教育出版社，1999.

[2]崔建霞.公民环境教育新论[M].济南：山东大学出版社，2009.

[3]EPA, Service-learning, http://www.epa.gov/osw/education/pdfs/svclearn.pdf.

[4]United State Environmental protection Agency, Teacher Resources and Lesson Plans, http://www.epa.gov/students/te achers.html.

专题十五：德国的可再生能源开发与利用研究

德国是全球最大的能源消费国家之一，对能源的需求非常旺盛，而它的传统能源大部分需要进口。自20世纪70年代开始，德国政府致力于推进可再生能源的应用。经过长期不懈的努力，德国逐渐建立起了完善的经济、法律体系来对可再生能源的发展进行调控和监管，对之给予政策、资金、技术等多方面的支持。这种政府层面的引导和推动目标明确、有条不紊地分步进行，取得了非常显著的效果。如今，在可再生能源开发与利用领域，德国当之无愧地成为世界范围内的领头羊。在德国的能源结构中，可再生能源已经占据着非常大的比例，这个比例在将来还会按照规划进一步得到提高。可再生能源在德国具有广阔的发展前景。

一、德国发展可再生能源的背景

可再生能源（Renewable Energy）是与传统的煤、石油等相反的能源概念，它涵盖的范围非常广泛，包括太阳能、风能、生物质能（沼气等）、水能和地热能。简而言之，它的能量来源是可以再生的。当下全球面临严峻的能源危机，不少传统能源都会在一定时期内消耗殆尽，因而可再生能源的这种特性使它成为代替传统能源的不二之选，受到能源消费大国的重视。

就世界范围内来说，石油、天然气、煤炭等传统燃料的生产和消费情况随着全球经济的变化而变化。根据2013年发布的《BP世界能源统计年鉴》，过去10年全球能源消费增长了30%，到2012年，全球一次能源消费增长了1.8%。石油仍然是世界主要的燃料，占全球能源消费的33.1%，但这一份额已经达到了有记录以来最低的层次；同时，全球天然气消费量达到33 144亿立方米，占全球一次能源消费的23.9%，年增速仍然低于2.7%的历史平均水平；煤炭、核电等均出现增长趋缓。在可再生能源方面，其在全球一次能源消费中的份额继续增加，从2002年的0.8%上升至2011年的2.2%，2012年上升至2.4%。到2012年，可再生能源发电增长15.2%，达到10 492亿千瓦时，略高于历史平均水平，在全球发电总量中的比例升至4.7%，为历史最高值。2012年风力发电增长18.1%，占全球可再生能源发电量增长的一半以上，太阳能发电增长迅速（58%），但基数较小。全球生物燃料生产出现了2000年以来的首次下滑（–0.4%，10万吨油当量）[①]。总的来说，全球能源消费增速放慢，能源结构出现持续的新变化，可再生能源异军突起。

① 王立敏. 能源市场灵活调整应对世界变化——《BP世界能源统计年鉴2013》发布[J]. 国际石油经济, 2013(7).

在德国，近二十多年来，能源结构经历了一番剧烈的变化过程。在过去，燃料以及清洁的核能一直得到欧洲各发达国家的青睐，德国也不例外，特别是在石油需求爆发的20世纪70年代。德国本身是个资源匮乏的国家，能源严重依赖进口。到90年代初期，德国能源市场结构仍然非常单一，常规化石燃料、核能、石油、天然气等传统能源占据了市场，到1995年，可再生能源仍然只占一次能源总消费1.9%的比重，但这一结构后来得到了改善，原因便是可再生能源呈现出强势发展势头，绿电、生物燃料等得到了更广泛的使用，到2008年，可再生能源占一次能源总消费的比重已经达到了8.1%①。在德国环境部的“能源路线图”（Energy Roadmap）中，要求德国的能源需求在2020年30%由可再生能源提供②。日本核泄漏事件后，德国政府一次性关闭了17座核反应堆。德国的可再生能源主要应用领域是电力生产，德国风电一直稳居全球第一的位置，在德国国内其规模也大大超过水电；生物质发电规模也超过水电，仅次于风电；太阳能光伏发电在国内尽管无法与风电和生物质发电相提并论，但近年来在德国发展的速度非常快。红绿政府（Green-Red Government）决定在几十年内终止德国的核电，德国的可再生能源发展迎来了新一轮机遇，将会得到更大扩张，预计将提供近380 000个工作机会。总而言之，可再生能源在将来会占据更大的能源比例，这种结构的变化对于德国经济的发展和全球气候的改善都有显著的效果。

二、德国成为世界范围内可再生能源首要生产者的广泛因素

（一）欧洲良好的发展环境

燃料以及核能电力的生产在过去一直得到欧洲政府层面的支持，全球经济经历着对常规能源的急剧消耗期，这是能源消费的原始阶段，事实上这种状况一直延续到今天。在受支持的程度上，可再生能源远远不及传统的燃料以及核能电力，后者的开发和利用是主流，特别是在20世纪70年代。但欧洲逐渐认识到，可再生能源同样需要政府和公众的支持，它在某些层面并不与燃料以及核能等产生“非此即彼”的直接的冲突，它作为一种新的手段，有助于解决在能源安全以及气候变化领域面临的挑战。欧盟通过在立法层面进行监管，鼓励和规范可再生能源的发展，这种良好的环境对德国产生了积极的推动作用。早在20世纪80年代，欧洲就出现了第一部支持可再生电力的方案③。欧洲各国也都走

---

① 相震. 德国可再生能源开发与利用现状及促进措施[J]. 四川环境, 2012(1).
② Hatch, Michael T. The Role of Renewable Energy in German Climate Change Policy[J]. Renewable Energy Law and Policy, RELP1.2 (2010):pg. 141~151.
③ Lauber, Volkmar. The European Experience with Renewable Energy Support Schemes and Their Adoption:Potential Lessons for Other Countries, Renewable Energy Law and Policy, RELP2.2 (2011):pg. 120~132.

在发展可再生能源的前列。如丹麦早在20世纪80年代就基于自愿协议，第一个提出了固定价格方案，这后来被德国所借鉴。德国在90年代后期出台了固定价格方案，并第一个把其置于法律框架之内。同时，不同的国家实行不同的电价制度，这也在欧洲内部引发了争论，如西班牙就实行固定价格方案和分红制相结合，但这些争论是良性的，反过来能够促进德国的可再生能源政策的反思、自我更正。如今，欧盟的可再生能源普及率已经成为全球最高。

（二）德国对气候变化问题的重视

在应对气候变化的领域，德国面临着艰巨的任务，但也已经成为地区乃至国际层面的领导者，可再生能源在德国此番减少温室气体的国际努力中扮演着关键角色。在应对气候变化领域，德国是一个相当负责任的发达国家。在一系列漫长的气候变化谈判中，德国都是非常积极主动的角色，作出了巨大的努力。在1990年代围绕气候变化的政府间谈判刚刚启动时，德国政府就制定了国内目标，即到2005年时，将在1987年的基础上减少25%的二氧化碳排放。此后数十年间，德国不断地更新其目标，如其在1995年主办了联合国气候变化框架大会（UNFCCC），把基准年从1987年变成1990年；1997年京都议定上，2012年的国内温室气体排放量减少目标定为21%，承担了欧盟近3/4的京都议定书任务。在后京都时代欧盟承诺如果国际社会能订立一项国际协议，愿意在2013至2020年间削减20%的温室气体排放量，如果其他排放大国加入这项协议则增加30%，德国则承诺将在2020年削减40%的国内温室气体排放量[①]。

而这一切都离不开德国可再生能源的发展：德国将继续保持可再生能源的世界领导地位，在2020年将可再生能源比重提升到20%至30%。

（三）德国独特的政治结构因素

欧洲能源消费大国众多，它们在开发新能源方面技术、经济实力强劲，在经历了20世纪70年代政治局势影响能源供应的事件后，不少大国都意识到了能源问题的脆弱性。此时，国内外加强环境保护的呼吁声音也持续高涨。但德国独特的政治结构下对气候问题的格外关注是德国能在这些国家中异军突起，成为可再生能源领域的佼佼者的重要原因之一。1980年代联邦德国的政治体制深刻地影响了德国的可再生能源政策，使得要求能源改革、加强可再生能源的利用以减少温室气体排放、保护国土环境的声音变得重要，从而很早以前德国就在一定程度将可再生能源的发展与气候变化等全球性问题联系了起来。众所

① Hatch, Michael T. The Role of Renewable Energy in German Climate Change Policy, Renewable Energy Law and Policy, RELP1.2 (2010):pg.141~151.

周知，联邦德国是一个多党制的国家，各个政党都有它所代表的利益。在不少国家，当时环境问题也许只是一个非常微不足道的政治小议题，因为无论在哪个地方，关心环境问题因而要求能源改革的选民都只是极少数，参与竞选的政党甚至可以忽略掉这一部分环保主义者。但在德国情况有些不同，这种“极少数”的选民是“不存在”的，对参选政党来说，每一个选民，每一票都非常重要，这是由德国的选举和政党制度来决定的：一个单独的党几乎不可能在选举中得到绝对多数选票，因而需要小党盟友，这些小党盟友以及小党对手在选战中都非常关键，它们背后所代表的少数人的利益也必须得到整个政党联盟的关切，这其中就包括环保主义者的利益。政党联盟执政后也必须对环境问题施加重要关注，自然地便要直面传统能源的污染问题，发展新能源以及可再生能源。在1980年代，德国有两个大党，其一为中间偏右的基督教民主联盟（the center-right Christian Democratic Union，CDU），它代表大工业资本的利益，它的盟党包括在巴伐利亚的兄弟党（the Christian Socialist Union，CSU），其二是社会民主党（Social Democratic Party，SPD），代表贸易联盟运动的利益，它的盟党包括自由民主党以及基督教社会主义联盟（Free Democratic Party，FDP）[1]。这一时期，绿党（Green Party）在德国政坛崛起，基督教民主联盟以及社会民主党被迫在环境问题上作出积极的回应，重视环境问题，加强各自党派的环保努力。所以，在上述因素的作用之下，德国可再生能源在1990年代后期的高速发展也就不难理解了。

（四）代表不同利益的环境部与经济部的博弈

德国政府针对可再生能源建立起了一整套完善的政府监管机制。由于可再生能源的特殊性，德国的能源政策与气候变化目标之间形成了一种紧密的机制联系，负责环境保护的部门和负责能源事务的部门都有权对其进行管理。但是，同当前的中国一样，德国各相关政府部门、强力的能源经济利益方以及拥有广泛影响力的环保NGO也曾经为了经济与气候环境的关系问题争论不休。在规划能源政策方面具有代表性的两个角色是德国环境部（Bundesministerium f ü r Umwelt，Naturschutz und Reaktorsicherheit，BMU）以及经济部（the Ministry for Economics，Bundesministerium f ü r Wirtschaft，BMWi），BMU毫无疑问是支持采取措施来应对越来越严重的气候变化威胁的，但BMWi却扮演了阻止者的角色，它传统上即与势力强大的工业能源利益相关，这种联系导致经济部的官员们强

---

① Hatch, Michael T. The Role of Renewable Energy in German Climate Change Policy, Renewable Energy Law and Policy, RELP1.2 (2010):pg.141~151.

烈地反对上马可再生能源项目。随着气候变化的问题日益受到重视，1988年，环境部从交通运输部接管了应对气候变化的责任，从而成为了应对气候变化领域的领头部门①，这无疑十分有利于德国可再生能源的发展。但此后经济部与环境部的争论并没有停止，德国可再生能源仍然受到这些争论的影响。但总的来说，这种争论是有益的，因为这有助于各方利益的协调。

三、德国促进可再生能源开发利用的政策与实践

在现阶段，可再生能源的发展仍然在很大程度上依赖政府的政策支持与投入。德国在促进可再生能源的发展方面相继建立了完善的政策体系，这种体系涵盖了立法、价格确立等诸多方面。在拥有良好政策的大环境下，德国利用可再生能源的实践取得了非常好的效果，走在了欧洲各国的前列。

（一）政策

1. 施行《可再生能源法案》

1998年的德国联邦选举结束了执政长达16年的基督教民主联盟、基督教社会主义联盟执政联盟，绿党第一次加入了政府，与PSD组建成了一个联盟，这大大加强了德国的环境保护力量。作为为德国的气候改善所做出的努力的一部分，新的红绿联盟寻求可再生能源的发展。1999年1月，“100000个屋顶计划”（100000 Roof Program）正式创立，随后第二年被规模更大的《可再生能源法案》（Erneuerbare-Energien-Gesetz，EEG）所代替。与1991年的《可再生能源购电法》相反，《可再生能源法案》提出了“年降低率”的概念，电价以固定的2年为周期进行下行的调整，同时根据生产成本以及工厂的规模和位置等因素的不同，不同的可再生能源电力的价格也有所差别。这种更优化的定价策略能够刺激发电企业采用新的技术，改善管理，降低可再生能源发电成本。

《可再生能源法案》在2000年出台时为21条，内容涵盖地热发电、生物技能发电以及风能发电、太阳能发电等方面，并对相应的价格以及计算规则等做了规定。其后在2004年8月进行了第一次修订，增加了9条法案，包括对发电设施、发电设施经营商等相关概念的界定、电网经营商接收与输送义务以及电网运营商的透明度义务等一系列法条。2009年1月法案进行了第二次修订，增加了45条法条，并将66条法条分为8章，包括：总则；接入与输电配电；优惠措施；补偿机制；法律和规章程序；透明度；监管力量，实验报告和过渡性条文以及

① Hatch, Michael T. The Role of Renewable Energy in German Climate Change Policy, Renewable Energy Law and Policy, RELP1.2 (2010):pg.141~151.

附件，更加具有逻辑上的严密性与完备性[①]。法案的基本政策方针是优先入网、固定入网电价、相关机构必须在一定程度上利用再生能源和不断降低新能源发电成本[②]，即电网运营商必须以法律规定的固定费率，全部收购可再生能源供应商的电力。《可再生能源法案》对德国可再生能源的发展起到了巨大的推动作用，尤其是风电、生物质发电和太阳能光伏发电在该法案的促进之下发展迅速。

2. 实行固定电价方案（Feed In Tariffs，FITs）

（1）固定电价方案简介

可再生能源的一个最为广泛的应用之一即是发电，在早期可再生电力的市场推广上，资金支持、政府的领导能力以及合适的监管机制是最重要而且紧密相连的。电力公司力求能够保持合理的定价，降低成本，以获取利润进行可再生电力的生产。德国在1991年实施了《可再生能源购电法》（Feed-in Law），实行固定电价方案（FITs），即政府直接明确规定各类可再生能源电力的价格，电网企业必须按照这样的价格向可再生能源发电企业支付费用[③]。

固定电价方案使得可再生能源的收益和风险得到降低，并且这种收益和风险都能够被预期。同时不同可再生能源电力的不同价格能直到引导生产的作用，避免了生产的无序和盲目。但在20世纪90年代初到2000年之间，固定电价方案存在着诸多类似“计划经济”通有的一些缺陷，比如固定的价格难以鼓励企业进行技术创新和良好的竞争，为其生产提供足够的动力。为此，德国在2000年的《可再生能源法》中对固定电价方案的实施细则进行了相应的调整[④]，2004年7月31日又公布了修订后的版本。

2004年新修订的可再生能源电价标准是：风力发电、光伏发电和采用先进技术的生物质发电的价格分别是8.7欧分/kWh（约为平均上网电价的2倍）、45.7～57.4欧分/kWh和10.5～15欧分/kWh[⑤]。

（2）抵住质疑坚持固定电价方案

固定电价方案的定价策略越来越复杂，越来越科学和完善，但对它的争论从未平息过。与固定电价方案并存的一个电力定价方案是可交易绿色证书方案（tradable green certificates，TGCs），后者是对配额制的一种延伸和辅助措施。在配额制中，政府根据电力情况给电力生产企业分配一定额度的可再生能源发电比例，这是发电企业必须完成的义务，同时，在一个完善的可再生能源电力

---

① 蒋懿. 德国可再生能源法对我国立法的启示[J]. 时代法学，2009(7).
② 相震. 德国可再生能源开发与利用现状及促进措施[J]. 四川环境，2012(1).
③ 李瑞庆，赵筠筠，王艳，王磊. 英国和德国可再生能源制度比较分析[J]. 电力需求侧管理，2009(11).
④ 孙振清，赵秀生. 我国实施可再生能源发电长期保护性电价制度案例分析[J]. 太阳能学报，2006(11).
⑤ 时璟丽. 关于在电力市场环境下建立和促进可再生能源发电价格体系的研究[J]. 可再生能源，2008(30).

表15-1　德国1991.1～2000.3可再生能源电力上网电价

（单位：欧分/kW·h）

能源种类 \ 年份	1991	1994	1997	2000.3
风能/太阳能	8.49	8.66	8.77	8.23
生物质能（<5MW）/水电，污水填埋气发电（<500kW）	7.08	7.21	7.80	7.32
水电，污水填埋气发电（500～5000kW）	6.13	6.25	6.33	5.95

交易的市场上，允许发电企业以一定价格对可再生能源电力进行交易，这种交易是配额制非常重要的配套措施。

欧洲委员会一直致力于促进电力领域的开放，担负监管责任的欧洲议会以及欧洲委员会在1996年通过了《电力自由化指令》（The Electricity Liberalisation Directive）对固定电价方案表达了一定程度上的批评和反对，因为后者与电力市场的自由原则并不相匹配。该指令出台后，委员会内部很快便达成共识，即它的首要优先任务是去使这类指令与市场的自由相兼容。当时它的观点认为，固定电价方案不能够实现这一点，因为这种方案下可再生电力的价格不是在自由市场的竞争当中实现的。委员会的观点对德国的状况形成了挑战。同时，德国的大发电生产企业认为固定电价方案是一种非法的国家行为，与欧盟的法律是相违背的，这些企业企图采取措施去阻止固定电价方案的实施，或者促使政府对它进行调整。这些企业向欧盟委员会竞争总署（DG Competition）抱怨。起先，竞争总署强烈秉持新自由主义的政策原则，要求德国政府重新审视这一政策；其后，它要求欧洲法院对之进行审查。与此同时，竞争总署还提出将可交易证书方案作为替代选择，并认为这在促进可再生能源发展方面是非常有效率的，最关键的是，总署认为交易证书方案更加基于市场，依靠的是不同生产家之间的竞争，体现了自由的原则①。

可以看出，在采用哪种模式——自由市场模式或是固定电价方案——来支持可再生能源的发展是最合适的问题上一直存在着争议，德国不可避免地卷入了这场争论。不容否认的是，德国1991年的《可再生能源购电法》强烈刺激了可再生电力的生产，竞争总署的判断是错误的，自由经济理论的优越性并不是在所有领域都适用。显著的事实证明，那些使用固定电价方案的国家比其他国家更加成功，德国抵住了对固定电价方案的“不自由”质疑，成功推进了可再

① Lauber, Volkmar. The European Experience with Renewable Energy Support Schemes and Their Adoption:Potential Lessons for Other Countries, Renewable Energy Law and Policy, RELP2.2 (2011):120～132.

生能源发展。

3. 组建可再生能源平台，整合资源

2012年，德国联邦环境部组建了由“能源转型”政策实施过程中相关方共同参与的“可再生能源平台”，以统筹可再生能源发展，协调可再生能源与传统能源在市场集成、网络扩建等方面的计划。“可再生能源平台”框架内容广泛，包括了来自联邦政府、地方州政府、城市和社区、学术界、环保组织协会、可再生能源企业及传统能源企业界等方面的代表，并下设了三个工作组：一为可再生能源市场与系统集成工作组，负责进一步研究和完善《可再生能源法》；二为可再生能源发展与网络建设工作组，为德国联邦经济技术部研究制定经济高效和绿色环保的可再生能源发展与网络建设建议方案；三为可再生能源、传统能源与需求方相互合作工作组，为可再生能源供应商、传统能源供应商和能源需求方研究制定经济可行和安全可靠的合作建议方案。

4. 采取多种经济奖励激励手段

德国政府通过了一系列的刺激政策来对可再生能源利用方进行鼓励。一是针对可再生能源在成本等方面的弱势，德国政府用优惠贷款及补贴来吸引企业参与可再生能源开发与利用，包括对新设备提供基于设备投产年度的投资补偿，期限为20年。同时为了鼓励企业创新，降低成本，补偿幅度每年降低1.5%。德国政府对再生能源利用的补贴幅度也非常大，涵盖发电、取暖等领域。二是在税收方面实行差别政策，对象包括矿物能源、天然气等征收生态税，对使用风能、太阳能、地热等可再生能源发电则免征生态税。三是融资政策支持，对可再生能源利用效果好的企业，政府给予国家担保贷款或低息优惠。德国复兴银行对于开发利用可再生能源的企业可以100%提供贷款①。

5. 加强技术创新，推进可再生能源利用宣传

作为一种高度依赖技术的能源，技术在可再生能源的发展上所扮演的角色无疑是极其关键的。德国认识到了这一点，利用产业化和市场化的方式对企业的技术更新进行支持，不遗余力地加大在技术储备方面的投入。从1977年至2012年，德国联邦政府先后出台了5期能源研究计划，从2005年开始实施的计划以能源效率和可再生能源为重点。2007年制定了“气候保护高技术战略”，联邦政府将在未来10年内增加10亿欧元研究经费用于气候保护、可再生能源开发利用技术研发②。同时，德国政府在企业、公众中对可再生能源的利用进行宣传，鼓励公众转变能源利用观念，在热能、电能等使用上从传统能源向可再生

① 郑慧. 德国利用可再生能源的措施与启示[J]. 现代物业, 2011(4).
② 相震. 德国可再生能源开发与利用现状及促进措施[J]. 四川环境, 2012(1).

能源进行转型。

（二）实践

1. 可再生能源发展成就概览

21世纪的第一个10年，德国可再生能源发展迅速。在风力发电方面，1999年末，德国风电容量仅为2 875兆瓦，而到2008年年末，这一数字猛增到23 903兆瓦，提高近9倍。风电价格也相对较为便宜。长期来看，风能在德国能源结构中的份额能够增加，技术进步也将降低风电价格。光伏技术方面，政府对太阳能发电投入大笔资金。2008年，光伏设备安装获得了62亿欧元资助，而新高效能风力发电场仅获得了23亿欧元（当时1欧元约合11.02元人民币）支持。在热能方面，德国有《可再生热能法案》作为保障，在这一法案之下，一部分对热能或者冷能有需要的新建筑，或者正在进行重大更新的公共建筑，都被要求由可再生热能来进行热能供应。将来，在联邦法律之下，更多的责任将赋予现存的建筑物，可再生热能将得到更加广泛的应用[①]。但具体到太阳热能方面，由于其转换效能低，价格较高，因而在德国的发展一直遭遇着瓶颈。不过专家预计，随着技术进步，2020年前太阳热能发电成本有望下降到10美分/千瓦时，那里太阳热能的普及可能会达到一个新的层次[②]。巴登（Baden-W ü rttember）、尔德海姆（Feldheim）和弗赖堡（Freiburg）三个地区是典型的案例。

（1）巴登

德国北部蕴藏着丰富的风能资源。巴登是德国北方的一个联邦州，是著名的温泉疗养胜地。Baden在德语中是“温泉浴”的意思。从古罗马时代就开始在此设浴场，19世纪发展成欧洲皇室、显贵休闲疗养的地方[③]。在可再生能源领域，巴登致力于促进州内风力发电的发展。巴登已经设立了它的发展目标，即到2020年来自风能的电力总产量要达到总发电量的10%。目前，这个比例仅在0.1%左右变化，可以说，巴登还有很长的路要走。

巴登的风力发电技术拥有极大的潜力，这种技术潜力是根据地理信息系统（Geographical Information System，GIS）的分析和州内土地使用情况来确定的。据统计，巴登可以开发风能的地区达到2 119平方千米，占巴登总土地面积的5.9%。根据风力涡轮选择的不同，容量从18.5GW到24.5GW的发电装置将被安装起来，根据发电装置中心重量和涡轮的不同，将生产29.3Twh到40.7Twh的电

① Martin Altrock, Andrew Whitehead, Henning Thomas and James Stanier. Support of Renewable Heat in the UK and in Germany.

② 薛亮. 德国可再生能源发展十年回顾[J]. 资源与人居环境, 2010(3).

③ http://www.khly.net/news/news_detail.asp?id=6297.

力，电力的费用依据涡轮的类型以及平均风速来确定，从2010年的3.99欧分/kwh到21.42欧分/kwh，减少到2030年的3.33～7.84欧分/kwh[①]。

（2）尔德海姆和弗赖堡

尔德海姆是德国东部的一个乡村地区，弗赖堡是在德国西南方一个角落的大学城。尽管尔德海姆只是柏林以南的一个小小村庄，却吸引到了一家年轻的能源企业的注意，这家企业认为尔德海姆所处的位置非常适合安装少数风力涡轮机装置。同时，村子在一些欧盟基金的支持下，建设了自己的沼气工厂，以猪粪、玉米芯以及其他废料作为原料生产可再生气体。

一家主要的公共电力供应机构拒绝卖给尔德海姆输电网，该机构认为，如果卖给尔德海姆输电网络就需要对现有的电网重新进行设计和建造，以适应该村的新能源。为此，尔德海姆的150名居民筹集了资金，建造属于他们自己的输电网络。尔德海姆现在实现了能源自给自足，它生产所有自己需要的电力以及热力，并且实现了零碳排放，没有得到使用的能源，会返回系统，以一定的利润（当然，这里需要遵循固定电价制度）进行出售。这种对可再生能源充分而完整的利用令村民们感到自豪，这一模式也受到了一些外国能源领域革新人士的关注，经常有人来此地考查，看是否能借鉴尔德海姆的模式。

弗赖堡作为聚焦着很多知识分子的大学城，比尔德海姆更加的都市化。Freiburg在德语中的字面意思是“自由的城堡”，早在12世纪这里就出现了城堡，随后围绕城堡发展起来集市，逐渐成为重要的贸易集镇，并享有很多的自由贸易的特权，弗赖堡因此得名[②]。弗赖堡的黑森林集镇（Schwarzwald）景点在全欧洲都非常受欢迎。弗赖堡也被认为是全欧洲甚至全世界最有经济意识的城市。弗赖堡称自己为“日光区”，绝大部分能源都是来自太阳能。它那数量庞大的研究机构以及光能公司自20世纪70年代以来便深深扎根于此，那时德国保护环境的呼吁声正日渐高涨。作为一个环境友好型的交通系统，弗赖堡整个城市中心都是一个徒步区域，而它的一些郊区完全是行车自由的。它拥有300英里的自行车道，穿越了弗赖堡，这是它的绿党市长以及在环保领域坚持不懈的市民团体的遗产。弗赖堡可再生能源的发展离不开每一个弗赖堡人的努力。罗尔夫·迪希（Rolf Disch）是一个推动弗赖堡能源革新的公民艺术家，它建造了一个充分利用了能源科技的房子，房顶的太阳能电板产生的电量可以用来支付房价，对热能的消耗达到了非常低的水平[③]。

---

① R. McKennan, S.Gantenbein, W.Fichtner .Determination of cost-potential-curves for wind energy in the German federal state of Baden-Wü rttember[J], Energy Policy, 2013 (57):194～203.

② http://www.khly.net/news/news_detail.asp?id=6.

③ Paul Hockenos.Germany's Renewable Energy Gamble, Hockenos, Paul.E[J]:the Environmental Magazine, Sep/Oct 2012:28～33.

德国还拥有许多这样的城市，能源转型（Energiewende）只是在它的早期阶段，未来还有很多的变化即将发生。

四、德国可再生能源的潜在挑战

德国可再生能源的发展并非一帆风顺，对可再生能源未来发展的大部分挑战都来自传统的因素：金融危机的影响，老旧的输电网络，风能和太阳能的“间歇性”与不稳定性，以及德国核能退出进程的缓慢。

（一）公众的抵制

虽然可再生能源得到非常广泛的公众支持，邻避主义（not in my back yard，NIMBYism）思想仍然存在，在地方反对风能项目中体现得尤其明显。所谓邻避主义，即公众会认为“这件事情本身非常好，但如果这件事情出现在我生活中并影响了我，我就要反对它”。出于环境美观、噪音以及可能的对野生动物的伤害的考虑，不少地方的市民团体们组织起来对风能项目表示反对，地方政府也默默支持这些反对的声音。

针对这种情况，可再生能源法鼓励厂商在已经进行了开发的地方进行投资，未来把这种开发扩展到近海。在近海发展风能的话有两个优点：其一从陆上看不到风力发电的设备，对环境美观没有影响；其二海上的风力强大而稳定。但是，它的花费却要比在陆上高出至少40%，这对资金投入的要求非常高。自2008年金融危机开始直到现在，全球经济仍然没有完全恢复，有多少资金愿意投入近海风能发电，这并不能作出过于乐观的估计。

（二）发电企业的反对

当可再生能源达到一定规模，就会对大的电力供应机构产生一系列的问题，因为它们要以规定的价格去购买来自可再生能源的电力，这使得机构不能够去利用更多的煤或者核能来获取比可再生能源更多的利润。2009年的9月，联邦政府推出了一个计划，为40家的离岸风能企业提供帮助，将它们产能提高到25 000兆瓦的电力。此外，按照德国的“能源路线图”（Energy Roadmap），德国的能源需求在2020年30%由可再生能源提供。在这种情况下，大的电力供应机构担心可再生能源规模增长过快，尤其是在德国政府重申将退出核电的情况下，因而它们对其充满了抵触情绪。

（三）输电网络的老化及可再生能源高价格

输电网络的老化问题以及可再生能源的高价格也是一个很严重的问题。输电网络费用是电费的重要组成部分，持续增长的可再生电力也会增加这部分的消耗。针对固定电价方案怨言非常之多，因为上网电价让消费者们为电力支付了极其高的价格。而且自从风电成为最大的可再生能源后，它就没能够享受免税的待遇。工业消费者的批评是最多的。在2009年，离岸风电的固定电价是43分/千瓦时，这个价格比市场价格高8倍，非离岸风电的价格则高4倍。其次，根据最近的情况来看，这种高价格将在未来持续很长时间，至少20年以内不会有大幅度降低的可能①。

（四）其他因素

此外，还存在着其他或大或小的问题。如可再生能源的供应尽管保持着持续增长，但人们对它仍然存在着不可靠的担心，这是由于可再生能源的自然属性决定的。而核电的退出相对缓慢也在一定程度上影响了可再生能源的发展。早在2001年，能源企业与红绿政府就签订了一个协议，在2021年之前停止所有的核能。但在2011年之后，考虑到能源需求难以满足，核能的退出仍然面临着重重阻力，存在着延误的可能。欧洲出现的经济方面的问题也对政府在可再生能源方面的投入产生了不利的影响，如在出现债务危机等情况下，限于预算紧张，对可再生能源的财政支持势必受到影响，但从长远来说，德国仍然将保持可再生资源的领先地位。

参考文献

[1]王立敏.能源市场灵活调整应对世界变化——《BP世界能源统计年鉴2013》发布[J].国际石油经济，2013(21).

[2]相震.德国可再生能源开发与利用现状及促进措施[J].四川环境，2012(1).

[3]Hatch, Michael T. The Role of Renewable Energy in German Climate Change Policy[J], Renewable Energy Law and Policy, RELP1.2 (2010):141~151.

[4]Lauber, Volkmar. The European Experience with Renewable Energy Support Schemes and Their Adoption: Potential Lessons for Other Countries, Renewable Energy Law and Policy, RELP2.2 (2011):120~132.

---

① 本部分综合参考Hatch, Michael T. The Role of Renewable Energy in German Climate Change Policy[J], Renewable Energy Law and Policy, RELP1.2 (2010):141 ~ 151.

[5]Paul Hockenos. Germany's Renewable Energy Gamble, Hockenos, Paul.E[J], the Environmental Magazine, Sep/Oct 2012:28~33.

[6]R. McKennan, S.Gantenbein,W.Fichtner.Determination of cost-potential-curves for wind energy in the German federal state of Baden-W ü rttember[J], Energy Policy, 2013(57):194~203.

[7]Martin Altrock, Andrew Whitehead, Henning Thomas and James Stanier. Support of Renewable Heat in the UK and in Germany.

专题十六：新加坡固体垃圾处理新模式
——实马高岛垃圾填埋场案例

新加坡的实马高岛垃圾填埋场案例是世界上处理固体垃圾问题的一个经典案例，其成功之处在于作为一个专门用于垃圾填埋的人工岛的实马高岛，在有效处理新加坡全国固体垃圾的同时也是一个以良好的生态环境和生物多样性闻名的生态旅游目的地。

位于新加坡本岛以南8千米处的实马高岛垃圾填埋场（Semakau Landfill）是一个用垃圾改建的垃圾填埋岛，这里过去曾是新加坡主要的废弃物堆放地和垃圾焚烧厂。1994年，新加坡政府投入重金对旧实马高岛进行改造，以无机废料（即新加坡四个固体垃圾焚烧厂的垃圾焚烧灰烬）为填海材料，通过人工建堤填海的方式将旧实马高岛和相邻的锡京岛（Pulau Sakeng）两座岛屿及其中间的海域衔接在一起建成了现在的实马高岛。作为新加坡唯一垃圾填埋场的实马高岛垃圾填埋场在1999年4月1日投入使用，负责处理占新加坡垃圾量90%的固体垃圾，其容量预计可满足新加坡固体垃圾处理需求至2045年。与此同时也保持了岛上原有的生态环境和生物多样性。改造后的实马高岛在保持原有的生态环境的基础上更加注重环境建设，原生物种生长繁盛，包括珍稀物种在内的700多种动植物在此和谐相处。除了有名的红树林和珊瑚礁之外，这里还是新加坡最大近距离观赏海草的地点。

一、实马高岛垃圾填埋场的建立背景

19世纪中叶的新加坡曾是一个几乎不重视垃圾清理和处理的国家。1856年，面对人口的爆炸式增长，政府开始第一次重视街道的垃圾清理以用来抑制传染病的蔓延，但垃圾的处理仍未受到重视。20世纪60年代初，新加坡的街道上开始随处可见堆放的垃圾和倾倒的废物并吸引了大量的苍蝇、蟑螂和老鼠，低下的垃圾收集处理能力加之新加坡湿热的气候，垃圾处理的乏力严重威胁到了新加坡的公共健康。之后新加坡建立了三个垃圾填埋场，将未经处理的固体垃圾倾倒进沼泽中，并在其被填满后又开辟了新的填埋场。

然而，这种简单的处理方式很快便不再适用。随着新加坡不断增长的人口和迅速发展的经济，固体垃圾的数量也迅速增长，从1972年到1980年的8年间，固体垃圾的数量从60万吨增加到了94万吨。面对加速增长的固体垃圾数量和新

加坡国土面积有限的情况，新加坡政府意识到传统的垃圾处理方式无法长期维持下去，通过对丹麦、德国、日本等在垃圾处理技术领先国家的学习研究，寻找新的、能够长久解决固体垃圾处理问题的方法。于是，传统的倾倒入沼泽的方法被焚烧所取代，情况得到了很大的改善，然而问题仍没有完全的解决。经过不断地摸索研究、调研分析、与各方协商以及全面的可行性分析等复杂的程序后，新加坡政府最终找到了能够长久解决新加坡固体垃圾处理的办法——实马高岛垃圾填埋场方案。

二、实马高岛垃圾填埋场

（一）实马高岛垃圾填埋场基本情况

1995年，在新加坡政府征得旧实马高岛岛上居民同意从居民手中全额购买实马高岛的股份，并将居民全体迁出后，实马高岛垃圾填埋场正式开工建设。1999年3月31日，新加坡关闭了本国最后一个城市垃圾场——罗弄哈鲁士垃圾填埋场。次年的4月1日，实马高岛垃圾填埋场作为全国第一个离岸垃圾填埋场，同时也是唯一的垃圾填埋场正式启用。

实马高岛垃圾填埋场由旧实马高岛、锡京岛和由一条长7千米的人工海堤所围住的海域构成。耗资6.1亿新币（约3.6亿美元），历时四年完工的实马高岛垃圾填埋场总面积为350公顷，负责填埋固体垃圾焚烧灰烬和不可焚烧固体垃圾，日处理能力2400吨，预计将满足新加坡全国固体垃圾处理需求至少至2045年。除了新建的环岛海堤外，岛上还新建有码头、中转基站、渗滤液和污水处理设施，行政大楼以及发电机设备。其中，填海作业使用的材料是新加坡四个固体垃圾焚烧厂的垃圾焚烧灰烬。人工海堤和填海获得的垃圾填埋区海堤为了防止有害物质渗漏采用了多层结构。首先是在海底铺设致密的沙层，其上覆盖着的聚乙烯土工膜防止垃圾填埋区内的有害物质渗入大海的最重要一层结构，聚乙烯土工膜上为海成黏土层，最外层的由岩石形成外围表面。

岛上的中转基站是世界上首个密封垃圾中转站，由混凝土浇筑而成，能够抵御海浪及恶劣天气的影响，以确保站内运送到岛上的灰烬和不可焚烧垃圾能安全顺利的从驳船装入自动倾斜卡车以送至填埋区。

实马高岛外围堤岸包围中有海水注入的区域分为两类。一类是由沙堤彼此隔开来的11个区。另一类是如图16–1所示，岛屿左上部通过堤岸上的缺口与海洋直接相连的泻湖区块。尚未启用填埋垃圾的区被称为注水待填埋区（wet

图16-1　1999年4月实马高岛垃圾填埋场建成后的鸟瞰图①

tipping cells），这些区块经由土堤上与泻湖相连的水泥管道，借助每天的潮汐力保持区块内的海水与海洋中海水的交换更新。

当需要启用某一注水待填埋区向其中填埋垃圾时，工作人员会将这一区块与泻湖及与它相邻待填埋区相连接的管道封堵，将它与海洋彻底隔离。排空其中的海水后就可以作为填埋区开始使用了。

（二）实马高岛垃圾填埋场的运作方式

新加坡的固体垃圾从被丢弃到最终被埋入实马高岛垃圾填埋场一共要经历四个步骤。了解了这一过程，才能真正了解实马高岛垃圾填埋场的运作方式。

1. 固体废弃物的收集

为了维持清洁和高标准的新加坡公共卫生标准，新加坡每天都会进行固体垃圾的收集工作。从1996年4月开始新加坡将全国划分为9个垃圾收集区，350家由新加坡环境局监管获得许可的垃圾收集商在各自所属的收集区内从居民、商户、工厂产生的固体垃圾进行收集和分类。这些固体垃圾按照去向不同分为三类：将进行循环再利用的垃圾、可焚烧固体垃圾及不可焚烧固体垃圾。除了第一类将进行循环再利用的垃圾，其余两类垃圾最终都将被送入实马高岛垃圾填埋场进行填埋。

2. 垃圾焚烧发电站

各垃圾收集商收集来的可焚烧固体垃圾会被分别送到新加坡正在运行的四座垃圾焚烧发电厂大士垃圾焚烧厂（Tuas Waste-to-Energy Plant）、圣诺哥垃圾焚烧厂（Senoko Waste-to-Energy Plant）、大士南垃圾焚烧发电厂（Senoko South Waste-to-Energy Plant）和凯帕尔西格斯垃圾焚烧发电厂（The Keppel Seghers

① Marcus Fu, Chuan Ng, Habitats in Harmony: The Semakau Landfill Story 2nd Edition[M]. National Environment Agency, Singapore, 2009:P17.

Tuas Waste-to-Energy Plant）进行焚烧处理。通过焚烧后垃圾的体积变为原先的10%，焚烧产生的热能以蒸汽的方式带动涡轮发电机发电，焚烧产生的烟气则在除去有害的气体和粉尘后被排放到大气当中。

3. 大士海上转运站（Tuas Marine Transfer Station）

在大士海上转运站，不可焚烧固体垃圾和从垃圾焚烧发电站运来的可燃固体垃圾灰烬和被从卡车直接卸载到大型接驳船上，由特别设计的拖船沿单程33.3千米的海上航线在3小时后运送至实马高岛，一次可运送约2千吨垃圾。

4. 在实马高岛垃圾填埋场进行填埋

拖船到达实马高岛后，将装有不可燃固体垃圾和灰烬的驳船推入到中转基站内，然后将中转基站中的空驳船拖回大士海运中转站。在中转站内，安装有特别设计的可更换抓手的大型挖掘机将驳船中装载的垃圾和灰烬直接卸载到单量有效载重35吨的越野自卸卡车上。卸空一辆驳船平均需要6小时的时间。随后装载着垃圾的自卸卡车沿着中转基站周围10米宽的道路驶向指定的垃圾填埋区，将垃圾倾倒入填埋区后，推土机和压路机会将这些垃圾再一次挤压并推平。当一个填埋区的垃圾填埋到了地表的高度也就是最大容积后，会在上边覆盖上厚厚的一层泥土，随着花草树木的发芽生长成为一处新的绿色景观。然后启用新的垃圾填埋区，将选定的注水带填埋区与泻湖（海洋）连接的管道封锁，抽空其中的海水，新的填埋区就可以启用了。

（三）污染检测措施

由于建在海上，实马高岛垃圾填埋场对于防止垃圾污染渗漏也有着特别的设计。除了在预防渗漏上做了对填埋区和环岛海堤进行多层铺设等措施外，也设有多重的污染检测措施。首先，在填埋区隔断和外围堤坝上，以不小于每200米一个的密度设置有井深30米的水质监测井，每15天一次对已填有垃圾的填埋区周边监测井水质进行检测，严密监控各种污染迹象。同时以稍长一些的时间间隔对尚未进行填埋的注水待填埋区同样进行水质观测以确保不会测漏。此外，作为将生态环境和实用性结合的优秀案例，新加坡政府在将旧实马高岛海岸上原有的对毒素极为敏感的红树林进行了扩大来作为另一个污染检测手段，如果红杉树落叶或变黄，就说明附近的水质发生了改变，相关负责机构立刻对水质进行全面的检查。以上的水质检测的均由政府管辖外的独立第三方专业实验室负责，检测报告同时对公众开放接受监督。这些措施相互配合很好地发挥了作用，到目前为止，在投入使用的14年间，实马高岛尚未出现任何污染情况。

（四）和谐绿色的生态旅游目的地

实马高岛是世界上唯一一个在接受焚烧灰烬和包括工业废料在内的固体垃圾的同时还大力发展生态环境的垃圾填埋场。在实马高岛，有700多种动植物和谐共处，其中包括许多珍稀物种。大嘴鹭、马来西亚环颈鸻都在岛上筑巢，濒临灭绝的中国白海豚也时常出现在附近海域。作为主要景观之一，岛上的海岸还有着两片总面积达13公顷，共有四个红树品种的红树林，其中一部分是旧实马高岛原有的被保存下来的红树林，另外一片则是在全数移栽因之前建设新垃圾填埋场而不得不挪动的部分红树林的基础上又增加而成。另外，一些环保组织还在实马高岛栽种了一些新的树种，如来自南美洲、佛罗里达和加勒比海的植物海葡萄，它会结出成串的果实，成熟时从绿色变成紫红色，可用来酿成类似酒的饮料。其他新树种包括琼崖海棠树和棋盘脚树，总共360棵，遍布在岛上的路旁和岸边。

2005年7月，实马高岛开始向游客开放，游客可以在星期一至星期五期间登岛游览。由于垃圾埋置工作还会继续进行，因此目前实马高岛在旅游方面主要向团体组织开放，首批获准组团到实马高埋置场展开消闲活动的团体有新加坡自然学会、钓鱼运动协会和生态学会。这三个团体的共同点是爱好大自然，又能照顾自然生态的平衡。例如，钓鱼运动协会的宗旨是抓到鱼后再把它们放回水里，以确保鱼群数量不受影响。岛上优美的自然环境甚至使它成为了婚纱照的拍摄地点。根据新加坡政府的统计，前来实马高岛旅游的人数已经从2005年开放之初的4 000人上升到2010年的1.3万人，五年间游客的人数增长了3倍。

三、实马高岛垃圾填埋场方案成功的原因

实马高岛垃圾填埋场方案能成功解决新加坡固体垃圾处理问题，是建立在新加坡整体的固体垃圾处理体系之下的。这一与实马高岛密切相联系的体系的成功建立，得益于许多方面。

（一）认真研究、结合实际、长远考虑

这一点在实马高岛方案的最终确定和实马高岛顺利运营的今天新加坡出台的新政策中都有所体现。

20世纪70年代，新加坡政府已经意识到解决好伴随着人口增长和经济快速

发展而来的固体垃圾处理问题的重要性。于是新加坡开始认真了解研究丹麦、德国、日本等垃圾处理技术领先国家的经验作法并进行实地考察，以期从中找到从长远上解决新加坡的固体垃圾处理问题的方案。在这其中，新加坡政府第一个研究的，是选择何种垃圾处理技术。在全面的了解了存在的固体垃圾处理技术后，新加坡首先对两种很受好评的技术进行了评估：打包和堆肥。所谓打包是通过物理挤压将固体垃圾压缩，使其体积减小40%～50%。堆肥则是将固体垃圾进行分解后提取生产出可用于农业生产的肥料。然而在经过进一步的分析研究后，新加坡政府还是否决了这两项技术。原因是将固体垃圾打包后仍需要不断占用大片的土地来进行填埋，对国土面积仅718平方千米的新加坡来说将大片土地用于垃圾填埋显然不现实。而采用堆肥法处理垃圾后得到的化肥对于国土面积有限、农业比重极小的岛国新加坡来说也并无多少用处。经过层层评估和考虑，最后新加坡选定了焚烧作为固体垃圾的处理方式。尽管这项技术的启动成本高，但新加坡政府看中了这项技术在所有方式中固体垃圾减容率最高的这一优势，大幅减少垃圾体积可以降低土地稀缺的新加坡未来对垃圾填埋场数量和面积的需求。此外，新加坡约9成的国内固体垃圾是可焚烧的，而这些固体垃圾体积的50%是水，去除水和其他可燃的部分，固体垃圾的体积将减少到原体积的近10%，从而提高现有和未来的垃圾填埋场的容量和使用年限。在空气污染方面，当时的技术已经可以对焚烧产生的烟气进行处理，虽然需要花费一定费用，但能够在排放前去除有害气体和粉尘，杜绝空气污染的发生。此外，焚烧所产生的热能也可用于发电。鉴于这些优点，焚烧被确定为新加坡处理固体垃圾的最佳选择。

接下来新加坡政府面临的是垃圾填埋的问题。需要庞大资金投入，对技术要求高，在选址方面，建设离岸垃圾填埋场方案在最初并不受欢迎。然而，在负责这一方案官员最终找到适合的选址地——旧实马高岛后，政府将这一方案其他方案进行了比较与长时间的讨论，认为从成效上看这个方案具有明显的优势。于是政府开始对居民意愿、安置等事务进行可行性研究。同时，委托了专门的环保工程项目咨询机构Camp Dresser & McKee International（CDM）对这一项目的设计、实施、运营以及对周边环境的影响等展开技术方面详细的研究和可行性分析。经过全面的调查研究，政府一侧的研究和CDM的最终报告都显示建立离岸垃圾填埋场的方案是可行的，CDM还按照新加坡政府不影响环境的要求同时给出了保护选址地实马高岛红树林和珊瑚礁的建议措施。最终，建立实马高岛垃圾填埋场的方案于1994年被批准，1995年在包括迁移岛上居民在内的一系列的准备工作就绪后，项目正式动工。

这些投资和固体废物管理措施，伴随着来自家庭和工业产出的固体废物，其在2011年达到6 898 300吨稳步增长。其中4 038 800吨的固体垃圾被回收。余下的2 656 000吨固体垃圾被焚烧。向实马高垃圾填埋场运送了203 500吨不可焚烧固体垃圾和焚烧灰烬。

2012年，实马高岛垃圾填埋的使用寿命刚刚过去四分之一，新加坡的固体垃圾回收率达到了60%。一直正常运营的实马高岛垃圾填埋场在此情况下预计至少可以满足接下来30年，新加坡的固体垃圾处理需求。在这种情况下，新加坡政府又提出了“环保绿化计划2012”，以期进一步优化固体垃圾处理状况，并达到延长实马高岛的使用时间的效果。计划提出在2012年固体垃圾回收率60%的情况下，到2030年实现70%的垃圾可回收。具体措施包括：首先，在社区垃圾循环方面，国家环境局的“全国循环计划”提供每一家住户分类垃圾箱，以提高垃圾分类率，并每两个星期由指定的环保所收集可循环垃圾。其次，计划减少送往垃圾填埋场的垃圾。在循环不可焚化的垃圾方面，新加坡已取得了不小的成果，目前国内已有再循环建筑业废料和造船厂铜渣的设施。为了更进一步减少垃圾埋场的垃圾，一系列的再循环灰烬与淤泥，包括把焚化厂的底渣转化成有用的物质，也都在进行中。此外，新加坡全国推动减少垃圾。为了从源头上抑制垃圾量的增长，新加坡国家环境局已与制造商和零售商研讨如何减少制造产品所需要的材料和包装，以及设计更好的环保产品。

（二）政府的角色和私有化

为了优化政府职能的实施和适应新的情况，政府职能不断整合，在20世纪50年代，公共场所的清洁、环境卫生和污水处理是市议会下政府卫生署与农村委员会的职责。1959年新加坡自治后清洁和其他公共卫生服务的职责被划归给新成立的卫生部下的公共卫生部，国家发展部下属的公共工程局则接管了污水处理和排水设施发展的工作。1972年6月，为了进一步提升环境和公共卫生服务的服务水平，提高管理效率，新加坡新成立了环境部，公共卫生局和公共工程局并入其中。

环境部成立后的第一个举措就是建立了一个统一的常态化的从家庭和企业收集固体垃圾的系统，来改善长久以来的固体垃圾收集散乱、不规范的情况。

到了1999年，新加坡开始实行固体垃圾收集私有化政策。政策将新加坡划分为九个地理区域，各区域由通过审批许可的私营垃圾收集商负责以提升固体垃圾收集的效率和竞争力。

现在新加坡有通过国家审批获得许可的固体生活垃圾收集商和固体工业垃圾收集商约350家。居民垃圾为政府划定范围，企业则可以自由选择垃圾收集商。2001年，新加坡政府进一步放开允许私人公司进入焚烧发电厂行业。全面开启了固体垃圾处理领域公司合作的序幕。

2009年，作为政府允许私人公司进入固体垃圾行业第一座垃圾焚烧发电厂，由与大士南焚烧厂相邻的私人焚烧厂——凯帕尔西格斯垃圾焚烧发电厂（The Keppel Seghers Tuas Waste-to-Energy Plant）取代与同年停工的新加坡第一座焚烧发电厂乌鲁班丹焚烧发电厂开始投入使用。这也使得新加坡每天的固体垃圾焚烧能力达到7900吨，处理能力超过了日垃圾产生量，实现了全覆盖。随后，圣诺哥工厂也被私有化由吉宝西格斯公司运行。至此，新加坡在用的四座固体垃圾焚烧厂中由政府运营的和由私人运行的各为两座。这种公私共同参与其中的模式，使得政府能够不仅从政府这一方，而是能从公私这两方面对这一领域经行调节，并借由竞争和经济更好地促进相关领域的发展。

（三）良好的运营模式

为了鼓励减少固体垃圾以及垃圾的循环再利用，新加坡政府于1999年开始收取垃圾处理费。居民缴纳定额的垃圾处理费，企业则是按照产生固体垃圾的多少缴费，数量不同收费基数也不相同。此举配合同年实施的垃圾收集商私人准入制度，使得国内垃圾收集、分类的效率大大提高同时处理费用显著下降，受到了收集商和被收集方的一致好评。

此外，新加坡的国有垃圾焚化厂和垃圾填埋场都不是自负盈亏的企业，而是直接隶属于国家环境局的政府机构，所有工作人员都是政府公务员身份，所有投资都来自政府财政，也没有税收，所有利润均上缴财政。这种运营模式，有效地保证了垃圾处理费的收缴，也保证了垃圾焚化厂的正常运营和投资回收。

新加坡国有垃圾焚化厂和垃圾填埋场采取收支两条线，收费上交国库，运营费用由国家拨款。以大士南垃圾焚化厂为例，其运营成本主要包括人工薪资和日常维护费用，运营收入主要来自两个方面：一是垃圾处理费，每吨77新币；二是发电收入，工厂的热量回收发电，其中20%本厂利用，其余80%并入电网。每千瓦时约0.15元新币，与普通发电厂价格一致。垃圾处理费和发电收入占运营收入的比例约各占一半。大士南焚烧厂每年这两项收入可达到1.6亿新币，成本约6000万，完全可以自负盈亏。其实，仅收垃圾处理费每吨40新币就可以维持运营，但因为还要负担其他不能赢利的垃圾焚化厂和垃圾填埋场的成本，因此，收费高于成本。2011年大士南垃圾焚化厂发电量占到新加坡用电总量的2%，实现收入1亿新币。

（四）高标准的要求与国民的支持

尽管政府在固体垃圾处理事业上花费不菲，且民众需要强制交纳垃圾处理费并执行复杂的垃圾分类工作。新加坡的民众和舆论都很理解也赞成新加坡政府在国体垃圾处理上的一系列举措。究其原因主要有两个：①政府在环境质量和监管上的高标准以及切实的成效。②信息公开并鼓励民众参与其中。

政府高标准的一个例子是焚烧厂的废气排放浓度。政府管理下最大的大士南垃圾焚烧厂排放出的废气浓度少于1微克每立方米，是新加坡法律许可范围的1%。其中二恶英含量少于0.1纳克。而1000纳克仅等于1微克。政府管理下的焚烧厂的排放量在新加坡的本就很高的环境标准上又上了很大的一级。

新加坡4座国有的垃圾焚化厂初建时共计投资18亿新币，设备绝大部分是进口的。2001年，为了进一步降低二恶英排放量，新加坡政府出资给焚化炉更换最先进的气体过滤带。每个焚化炉投入200万新币。在环境监测监管方面，新加坡政府环保部门与各垃圾焚化厂之间联网，并装有实时监视系统，24小时检测废气排放量、二恶英含量等。

实马高垃圾填埋场不仅作为旅游目的地向公众开放，还与学校和研究机构相互合作建立了“志愿者科研”模式，欢迎学者、学生等在岛上研究参观。国营的垃圾焚烧发电厂三十余年以来，终对公众开放，任何民众都可以通过预约免费参观，由焚烧厂的工作人员陪同为其讲解，并带领参观去大部分可以用肉眼观看的焚烧过程。此外，经常举办面对以年轻人为主的不同阶层环境类项目，提高民众的了解和参与度，使民众在了解的基础上能够进一步给予支持。

五、对我国固体垃圾处理的借鉴意义

随着我国城镇化进程的加快以及人民群众生活水平的不断提高，城镇生活垃圾的产量迅速增加。2010年，我国城镇生活垃圾产量达到1.58亿吨，2011年达到1.64亿吨，同比增长3.7%，预计到2015年将突破2亿吨。目前我国垃圾处理的方式以填埋、焚烧、堆肥为主。与目前固体垃圾处理问题日益重要的情况相比，作为主要方式的填埋和焚烧技术仍停留在初级水平，并且缺乏整体性的方案设计。

实马高岛垃圾填埋场案例对我国固体垃圾处理的借鉴意义首先在于其先进的焚烧和填埋技术在我国有着广泛的应用和很大的提升空间。其次，实马高岛案例的成功，为城市垃圾的生态化处理提供了很好借鉴，尤其对于我国珠江三角洲城市圈有着很强的现实意义，它表明将城市垃圾处理、填海造陆、生态恢复和生态旅游联系到一起，实现“一举四得”的这类方案是可能的。最后，作为新加坡固体垃圾处理成功的最大原因，引导其成功的理念及国家层面的整个相关、辅助体系的建设思路和理念，是最值得学习研究和借鉴的地方。正是依靠这些新加坡找到了真正适合自身情况的长期有效的解决方案，并且很好的实施和维持了下去。从这一点来说，不仅是与这个案例中情况类似的珠江三角洲地区，即便是适用的固体垃圾处理方式，所处地理、经济等情况上会跟此案例有所差异不尽相同的我国的不同地区，相信都是可以有所借鉴的。

参考文献

[1]Marcus Fu, Chuan Ng. Habitats in Harmony: The Semakau Landfill Story 2nd Edition[M]. National Environment Agency, Singapore, 2009.

[2]Renbi Bai, Mardina Sutanto. The practice and challenges of solid waste management in Singapore[J]. Waste Management 22 (2002), pp 557~567.

[3]Reginald B.H. Tan, Hsien H. Khoo. Impact Assessment of Waste Management Options in Singapore[J]. Journal of the Air & Waste Management Association, Volume 56 (2006), pp 244~254.

[4]S. Teo, R. K. H. Yeo etc. The Flora of Pulau Semakau: A Project Semakau Checklist[J]. Nature in Singapore 2011 4: pp 263~272.

[5]Marcus A. H. Chua. The Herpetofauna and Mammals of Semakau Landfill: A Project Semakau Checklist[J]. Nature in Singapore 2011 4: pp 277~287.

[6]楚杰.出垃圾而不染的实马高岛[J].科学之友，2007(7).

[7]袁婷.从国外经验看我国城市固体废弃物的循环利用[J].山东工商学院学报，2006(1).

[8]龙金光.新加坡90%垃圾转成电力[N].南方日报，2013-09-06.